Im Team entwickeln – einfach, methodisch, erfolgreich

Klaus-Jürgen Peschges · Steffen Manser · Andreas Starker

Im Team entwickeln – einfach, methodisch, erfolgreich

2., vollständig überarbeitete Auflage

Klaus-Jürgen Peschges
Laudenbach, Deutschland

Steffen Manser
Mannheim, Deutschland

Andreas Starker
Heddesheim, Deutschland

ISBN 978-3-658-31842-0   ISBN 978-3-658-31843-7   (eBook)
https://doi.org/10.1007/978-3-658-31843-7

Die Deutsche Nationalbibliothek verzeichnet diese Publikation in der Deutschen Nationalbibliografie; detaillierte bibliografische Daten sind im Internet über http://dnb.d-nb.de abrufbar.

Lektorat: Thomas Zipsner
Springer ist ein Imprint der eingetragenen Gesellschaft Springer Fachmedien Wiesbaden GmbH und ist ein Teil von Springer Nature.
Die Anschrift der Gesellschaft ist: Abraham-Lincoln-Str. 46, 65189 Wiesbaden, Germany

V0 Inhalt

V0.1 Inhaltsübersicht

Alle Anlagen zu den entsprechenden Kapiteln in diesem Buch finden Sie online mit dem folgenden QR-Code:

V0.2 Inhaltsverzeichnis

Alle Anlagen zu den entsprechenden Kapiteln in diesem Buch finden Sie online mit dem folgenden QR-Code:

V1 Autorenverzeichnis

Kapitel	PES Verantwortlich für Inhalt	PES Inhalt-Beitrag	Feß Text/Bild - Beitrag	Feß Mediale Gestaltung	MAN Text/Bild - Beitrag	MAN Mediale Gestaltung	STA Text/Bild - Beitrag	STA Mediale Gestaltung	TSC Text/Bild - Beitrag	TSC Mediale Gestaltung	Lektorat ZIP Lektor	Lektorat ZAN Co-Lektor	Lektorat KLA Co-Lektor	Sonstige
Deckblatt	X	X									X	(X)	(X)	
V0 - Inhaltsverzeichnis	X	X				X	X				X	(X)	(X)	
V1 - Autoren und Mitwirkende	X	X			X	X	X				X	(X)	(X)	
V2 - Wissen vorab	X	X				X	X				X	(X)	(X)	
V3 - Sinnvolle Arbeitsschritte	X	X	X	X		X	X				X	(X)	(X)	
V4 - Zusammenfassung	X	X				X	X				X	(X)	(X)	SCH
1 - METEOR	X	X				X	X	X			X	(X)	(X)	SCH
2 - Blackbox	X	X				X	X		X	X	X	(X)	(X)	SCH
3 - Anforderungsliste	X	X	X	X		X	X				X	(X)	(X)	
4 - Funktionsstrukturen	X	X	X	X		X	X				X	(X)	(X)	
5 - Lösungsprinzipien	X	X				X	X		X	X	X	(X)	(X)	SCH
6 - Konzeptvarianten	X	X			X	X	X				X	(X)	(X)	
7 - Schwachstellenanalyse	X	X			X	X	X		X	X	X	(X)	(X)	SCH
8 - Optimalkonzept (OK)	X	X				X	X	X			X	(X)	(X)	
9 - OK Ausarbeiten	X	X	X		X	X	X		X		X	(X)	(X)	SCH
10 - Projektdokumentation	X	X				X	X	X			X	(X)	(X)	SCH
Anhang Kapitel 1-10	X	X	X	X	X	X	X	X	X	X	X	(X)	(X)	
N1 - Quellenverzeichnis	X	X				X					X	(X)	(X)	
N2 - Dank	X	X	X		X		X		X		X	(X)	(X)	
N3 - Sachwortverzeichnis	X	X				X					X	(X)	(X)	

Legende:

PES = Prof.Dr.-Ing. Klaus-Jürgen Peschges
Feß = Christoph Feßler
MAN = Steffen Manser
STA = Andreas Starker
TSC = Alex Tschumak
ZIP = Thomas Zipsner
ZAN = Imke Zander
KLA = Ellen-Susanne Klabunde
SCH = Kristine Pretzsch-Schmitt

X = Hauptbeitrag
(X) = Ergänzungsbeitrag

V2 Was Sie vorab wissen sollten

Die nachfolgend in den vier Kernaussagen

- **Anlass (IST-Zustand)**
- **Lösungsansatz (Wege zum Ziel)**
- **Ergebnis (Lösungserfolge)**
- **Ausblick (Zukunft)**

dargestellten Vorbemerkungen finden sich als Verständnis förderndes Strukturierungselement auch in *Kap. 1* des Buches wieder.

Anlass (IST-Zustand)

Kommt Ihnen diese Situation auch bekannt vor? Sie bearbeiten in Ihrer Firma, während Ihres Studiums, in Ihrem Verein ein neues Projekt oder eine Aufgabe gemeinsam in einem "Team". Bei jedem Meeting wird der in der Regel "top-down" eingesetzte Projektleiter seine Machtposition für die einzuschlagende Richtung ausnutzen, die in "Briefings" von weiter oben vorgegeben wurde. Die einzelnen Team-Mitglieder sind unter anderem ausgesprochen redselig, schweigsam, irritiert, gedankenverloren, dominant, introvertiert, usw.. Häufig endet dies in überlangen Sitzungen ($Kosten = \left(\frac{\text{€}}{h} \, pro \, TN\right) \cdot h \cdot Teilnehmerzahl \, (TN)$), heißen Diskussionen, Retourkutschen, Ideenfixationen, usw. bis hin zu bleibenden Animositäten. Darüber hinaus sind oft die Ergebnisse schlechter als erwartet, und im Nachhinein sind einzelne "gute/ weiterführende" Ideen nicht mehr dem Urheber zuzuordnen oder werden dem falschen Teilnehmer angehängt. Des Weiteren führt der zwanghaft schnelle Griff zum Computer zu Kreativitätsblockaden, die das Spektrum der Lösungen sehr einschränken. Die häufig erst im Nachhinein erstellten Sitzungsprotokolle hinterlassen zudem bei Details oft das Gefühl, dass von einer anderen Veranstaltung berichtet wird. Mit einem Wort: frustrierend!

Seit 1981 lehre ich an der Hochschule Mannheim "Konstruktionsmethodik" und die damit verbundenen rechnerunterstützten Ingenieurtechniken. Sehr bald dämmerte es mir, dass mit den während meiner Hochschulausbildung und in Lehrbüchern/ VDI-Richtlinien zum Methodischen Konstruieren dargestellten Vorgehensweisen, weder für Einzelkämpfer noch für Arbeitsgruppen, erfolgreich Industrieprojekte durchführbar sind:

zu abstrakt, zu theorielastig, kaum teamorientiert, wenig kreativitätsfördernd, geringes Nutzen-zu-Aufwand-Verhältnis, etc.!

Zwangsläufig tauchten in mir die Fragen auf:

"Wie kann ich den Studierenden „leichtes Brot" statt „schwere Kost" reichen?".

"Wie lassen sich bei konstruktiven oder allgemeinen Projekten am einfachsten optimale Lösungen erzeugen?".

Lösungsansatz (Wege zum Ziel)

Die Basis zur Beschreibung der in diesem Buch dargestellten Handlungsmethoden für eine konstruktive Teamarbeit, lässt sich in der Frage

"Wie hätte ich's denn selbst gern?"

zusammenfassen. Die wichtigsten Grundlagen entstanden bei der Leitung eines großen interdisziplinären Forschungsprojekts [PES 93], mit mehr als 300 aktiv Beteiligten aus den Personalabteilungen mittlerer und großer Unternehmen, sowie den Mitarbeitern und Professoren zahlreicher Universitäten und Hochschulen aus Baden-Württemberg.

Gegenüber der Einzelarbeit bietet die Projektarbeit in interdisziplinären/ heterogenen Gruppen einen ungleich größeren Erfahrungs- und Wissensschatz. Die Ergebnisqualität korreliert hierbei maßgeblich mit der Summe der Lebensjahre der Beteiligten. Um das volle Potenzial zu entfalten, hier die wichtigsten Punkte, um die Voraussetzung zu schaffen:

- durchgehend methodisches Vorgehen
- hierarchiefreie Rahmenbedingungen
- authentische Ideendokumentation
- demokratische/ anonyme Entscheidungstechniken
- heterogener Teilnehmerkreis (Geschlecht, Alter, Nationalität, Fachgebiet…)
- problemangepasste „hohe" Teilnehmerzahl
- Konkurrenz vermeidende Methodik
- systematisierte Hilfsmittelverwendung
- und weitere Veränderungen gegenüber konventioneller Projektarbeit.

Besonders wichtig ist die uneingeschränkte fachliche Mitwirkung des Teammoderators/ Lehrenden, was durch entsprechend angepasste Methoden erreicht wird.

Ergebnis (Lösungserfolge)

Die in mehr als 30 Jahren entwickelte und leicht anwendbare Systematik/ Methodik zeichnet sich dadurch aus, dass sie nicht auf den Bereich der Konstruktionsprojekte beschränkt ist, sondern nahezu gleichbleibend auch für allgemeine Projekte/ Problemlösungen nutzbar ist. Der eigentliche "Trick" beruht auf einfachen, „fraktalen" (selbstähnlichen) Methoden (Skills), die von der Gruppe (Team) unmittelbar bei der Projektbearbeitung („on the job") und innerhalb der systematischen Arbeitsschritte („just in time") angewendet werden. Diese **METEOR**-Strategie genannte Vorgehensweise (eine am **ME**nschen orientierte Gestaltung von **TE**chnik und **OR**ganisation) ermöglicht erst die durchgehende Realisierung projektorientierter Lehrveranstaltungen, die inzwischen mit nahezu 3000 Studierenden in den Vorlesungen *Arbeitsmethodik, Konstruktions- und Entwicklungsmethodik, Projektmethoden* und *Projektmanagement* angewendet wurde. Dabei arbeiten jeweils zwischen 10 und 40 Studierenden an einer gemeinsamen, von ihnen selbst gewählten, Themenstellung. Mit Hilfe von einfachen Kreativitätstechniken werden bei Konstruktionsentwicklungen in der Regel zwischen 200 und 400 Lösungsprinzipien gefunden, aus denen in Untergruppen mehrere aussichtsreiche Konzeptvarianten entwickelt werden, aus denen wiederum ein gemeinsames optimales Konzept generiert wird.

Die Übertragung auf sehr viele andere Themenstellungen in der Industrie, mit inzwischen mehr als 100 Studien-, Diplom-, Bachelor- und Masterarbeiten, die im interdisziplinären Team mit jeweils bis zu acht Teilnehmern sehr erfolgreich durchgeführt wurden, hat die Wirksamkeit der Methodik auch für die Projektbearbeitung an Hochschulen bestätigt.

Auch die Entwicklung eines interdisziplinären, projektorientierten Masterstudiengangs „Sustainable Energy Competence (SENCE)", an denen sieben Hochschulen Baden-Württembergs lehrend sowie forschend beteiligt sind, und der an der Hochschule Rottenburg koordiniert wird, geht auf die Anwendung der **METEOR**-Strategie zurück.

Selbst die inhaltliche Erstellung dieses Buches basiert auf der systematischen Anwendung dieser „konstruktiven Teamarbeit" durch die Autoren.

Teile der Methodik wurden inzwischen bei allgemeinen Projektbearbeitungen für eine Teilnehmeranzahl von 2 bis 100 angewendet (z. B. Energie-, Verkehrs- und Infrastruktur-konzepte, Forschungsstrategien der Hochschulen Baden-Württembergs, VDI-Attraktivitäts-verbesserung, uvm.).

Die 2. Auflage dieses Buches wurde aus didaktischen Gründen völlig neugestaltet und um wichtige Details erweitert. Hierdurch erleichtert sich die praktische Anwendung der Methodik und verbessert die erzielten Ergebnisse.

Ausblick (Zukunft)

Dieses ausschließlich praxisorientierte Lehr-, Lern- und Mitmachbuch fasst die einfache und leicht anzuwendende Vorgehensweise einer konstruktiven Teamarbeit zusammen, die vom verantwortlichen Autor und vielen Unterstützern aus diversen Hochschulen und der Industrie in etlichen Entwicklungsschleifen optimiert wurde. Aus der voraussichtlich letzten projektbasierten Veranstaltung "Konstruktionstechnik für Mechatroniker" an der Hochschule Mannheim (Prof. im Ruhestand) haben sich spontan vier studentische Mitautoren für die Arbeit an diesem Buch bereit erklärt. Damit ist eine ideale Voraussetzung für die zukünftige Aktualisierung sowohl dieses Buches als auch für die Entwicklung von Begleitmedien geschaffen worden. Diese werden das Erlernen der Methodik und die praktische Anwendung in Zukunft noch leichter machen.

Darüber hinaus erhofft sich das Autorenteam durch Rückmeldungen der Anwender eine noch bessere Anleitung für zukünftige Leser (am besten bereits bei der Durchführung des frei wählbaren "Mitmach-Beispiels"!):

Nichts ist so gut, dass man es nicht noch besser machen könnte!

 **Beachte** 

Die Abbildungen in jedem Kapitel und Unterkapitel werden mittels *Kap.*-Nr. und laufender *Abb.*-Nr. gekennzeichnet, damit jede Abbildung (= Abbildung, Diagramm, Tabelle, Bild, Foto, usw.) eindeutig einem Kapitel zugeordnet werden kann.

Wenn im Folgenden ausschließlich die männliche Wortform verwendet wird, so nur wegen der flüssigeren Lesbarkeit des Textes. Damit wird die häufig praktizierte und die Wirklichkeit besser treffende Schreibweise, wie z. B. „LeserIn", ersetzt durch das besser lesbare „Leser".

Es sind aber immer alle Geschlechter angesprochen!

Fazit

Anlass (IST-Zustand)	Teamarbeit zu teuer, zu aufwendig, zu wenig effektiv ↔ Kontruktion
Lösungsansatz (Wege zum Ziel)	Konstruktive Teamarbeit = einfache, methodische Begleitharmonie
Ergebnis (Lösungserfolge)	Optimale Lösung: besser – schneller – kostengünstiger als konventionell
Ausblick (Zukunft)	Gemeinsam geht's immer besser! Wir sind das Team!

Mannheim im Juni 2020   Klaus-Jürgen Peschges

V3 Sinnvolle Arbeitsschritte bei der Projektbearbeitung

Wie Sie bereits in *Kap.* V2 gelernt haben, werden im Folgenden alle Einzelkapitel durch vier logische Abschnittsbezeichnungen gegliedert:

- Anlass (IST-Zustand)
- Lösungsansatz (Wege zum Ziel)
- Ergebnis (Lösungserfolge)
- Ausblick (Zukunft)

Anlass (IST-Zustand)

Die in der Praxis anzutreffende Spannbreite der Vorgehensweisen bei der Projektbearbeitung reicht von "chaotisch" bis "Mikroschritt genau". Das eigentliche Ziel sollte aber sein, sowohl ein leicht verständliches "Kochrezept" zu haben als auch "erfolgsbetonte Einzelschritte" abzuarbeiten, die zu einer optimalen Lösung führen. Gibt es das?

Lösungsansatz (Wege zum Ziel)

Eine sehr schöne Metapher für sinnvolle Arbeitsschritte findet sich in dem Buch und dem Film von Michael Ende „Momo". Das kleine Mädchen Momo, fragt seinen Freund, den Straßenkehrer Beppo, wie er bei seiner täglichen Arbeit mit dreckigen Straßen trotzdem so glücklich sein kann? Und Beppo antwortet sinngemäß:

"Ich weiß zwar, dass ich die Straße abends sauber haben muss, also mein Ziel kenne, doch lege ich meine ganze Konzentration und Liebe in den ersten Besenstrich. Dann freue ich mich und bin stolz darauf, diesen ersten Straßenbereich erfolgreich geschafft zu haben. Dann kommt der zweite Arbeitsschritt mit dem freudigen und stolzen Ergebnisgefühl. Und das geht so weiter, bis am Abend die Straße vollständig sauber ist, ohne dass ich voller Sorge ständig an die gesamte verschmutzte Straße denken musste!"

Der folgende Abschnitt und schließlich das gesamte Buch haben genau diese Grundeinstellung als Ziel:

Überschaubare, logische Teilaufgaben und erfolgreich erhaltene Zwischen- und Endresultate!

Ergebnis (Lösungserfolge)

Ein sinnvolles Erfolgsrezept für eine konstruktive Gruppen-Projektarbeit, besteht aus 10 aufeinander abgestimmten Arbeitsschrittbereichen, denen wichtige Fragen unterlegt sind (Fragen zwingen zum Nachdenken und fordern eine Antwort):

1. Methodisch Teamarbeit organisieren (METEOR)

   - Wer sind die Teilnehmer?

   - Wie kann man sich erreichen?

   - Lassen sich feste Gesprächszeiten vereinbaren?

   - Wie kann man Ergebnisse gemeinsam einsehen?

   - Welchen Namen und welches Ziel sollten das Projekt haben?

2. Hauptfunktion des Projekts allgemein festlegen (BLACK BOX)

   - Welche Eingangsgrößen stehen uns zur Verfügung, und welche Hauptfunktion müssen wir realisieren, um die beabsichtigte Wirkung (= Konstruktionsziel) bei den Ausgangsgrößen zu erhalten?

3. Anforderungsliste erstellen (ANFOLI)

   - Welche genauen Anforderungen stellen wir an das Entwicklungsergebnis?

   - Existieren Checklisten zur leichteren Erarbeitung?

4. Ablaufplan der Teilfunktionen erarbeiten (FUTURE)

   - Wie würde ein Roboter die beabsichtigte Funktionswirkung herbeiführen (Taktung)?

   - Wie kann man die Teilfunktionen des zukünftigen Produkts strukturiert und anschaulich darstellen?

5. Lösungsprinzipien und sinnvolle Prinzipkombinationen finden (LP + PK)

   - Welche physikalischen, chemischen, … Lösungsprinzipien lassen sich für die (wichtigsten) Teilfunktionen von Schritt 4 finden?

   - Welche Kreativitätstechniken für Einzelarbeiten oder Gruppen lassen sich sinnvoll einsetzen?

   - Wie lassen sich die Lösungsprinzipien übersichtlich darstellen?

   - Wie können die besten Lösungen gefunden werden?

   - Welche Lösungsprinzipien lassen sich am besten zu Prinzipkombinationen verknüpfen?

6. Konzeptvarianten erstellen ($KV1$ bis KVn)

   - Wie lassen sich die von Einzelnen oder in Teams erarbeiteten Konzeptvarianten auf vergleichbarem Interpretationsniveau darstellen?

7. Schwachstellen-Analyse der Konzeptvarianten und deren Optimierung (KV-OPT)

   - Wie kann man systematisch die Schwachstellen erkennen und diese vermeiden?

8. Optimalkonzept systematisch finden (TOP)

   - Mit welchen Methoden lässt sich aus den bereits optimierten Konzeptvarianten ein für die Aufgabe optimales Konzept ableiten?

9. Optimalkonzept detailliert ausarbeiten (WORK)

   - Welche Zeichnungen und Fertigungsunterlagen sind zu erstellen etc.? Dieser Arbeitsschritt ist allerdings nicht buch- sondern ausbildungsrelevant!

10. Projektergebnis dokumentieren, präsentieren und umsetzen (OK)

   - Welche Informationen benötigen Außenstehende/ Entscheider und welche erfolgreichen Kommunikationsformen existieren zur Umsetzungsakzeptanz?

Hinweis: Natürlich benötigt man für eine erfolgreiche Entwicklungs-/ Konstruktionsarbeit die richtigen Werkzeuge. Wer aber nur den Hammer kennt, wird jedes Problem für einen Nagel halten! Deswegen sind den 10 Arbeitsschritten die passenden Methoden- und Hilfsmittel- „Werkzeuge" zugeordnet (vgl. Abb. V3-1). In den praktischen Beispielen sind diese nachvollziehbar beschrieben.

Falls ein allgemeines Projekt zu bearbeiten ist, bieten sich für die methodische Teamarbeit die „7 Schritte des fraktalen Projektmanagements" an. Diese sind zum Vergleich in Abb. V3-1 den vorgenannten 10 Arbeitsschritten bei konstruktiven Projekten gegenübergestellt. Die Methoden finden natürlich in beiden Fällen eine analoge Anwendung.

Die „7 Schritte des fraktalen Projektmanagements" sind:

1. Fragestellung analysieren/ beschreiben

   - Worin besteht die Aufgabe?

   - Welches Ziel verfolgen wir?

2. Lösungsweg entwickeln

   - Wird ein experimenteller, theoretischer, innovativer, … Weg verfolgt?

3. Aufgaben verteilen

   - Welches Teammitglied kann welche Teilaufgabe am besten bearbeiten?

4. Synchron arbeiten (parallel, aber vernetzt)

   - Wie können wir uns organisieren, damit alle Informationen und Zwischenergebnisse gleichzeitig erhalten werden?

   - Wie arbeiten wir „passend" zusammen?

5. Teilergebnisse verknüpfen

   - Wie wird aus den Teilergebnissen der einzelnen Bearbeiter ein widerspruchsfreies Gesamtergebnis erzeugt?

6. Ergebnisse dokumentieren und präsentieren

   - Wie lassen sich erfolgreich für den Lehrer/ Zuhörer/ Geldgeber … zielgruppen-orientiert verständliche Dokumentationen und Präsentationen erzeugen?

7. Lösungen umsetzen

   - Welche Bedingungen stehen einer Umsetzung im Wege und was fördert eine Umsetzung?

Der Begriff „fraktal" bedeutet „selbstähnlich", d. h. die Arbeitsschritte sind allgemein gültig und sinnvoll einzusetzen, unabhängig von der Projektart, Projektgröße, etc. (s. *Kap. 1.10*). Er ist abgeleitet von den „Mandelbrot´schen Fraktalfiguren" aus der Mathematik, die unabhängig von der Vergrößerung stets das gleiche Aussehen haben. Das Detail (das Feine) ist identisch mit dem Überblick (das Grobe).

Sinnvolle Team-Methoden | **Projektbereich**

Matrix: **10 Schritte – Methodisches Entwickeln / Konstruieren** (und **7 Schritte – Projekt Management**) gegen **Sinnvolle Team-Methoden**.

Legende der Symbole: ● bevorzugte Anwendung · ◐ bedarfsweise Anwendung · ○ untergeordnete Anwendung · – keine Anwendung

10 Schritte – Methodisches Entwickeln / Konstruieren	7 Schritte Projekt Management	Team – Spezial-Skills	Morphologischer Kasten	Team – Problemverfremdung	Team – Spontanwort / Pingpong	Team – Ideenkrebsel	Team – Entscheidung	Team – Ideen-Galerie	Team – Organisationspräsentation	METEOR – Strategie
1 Methodisch Teamarbeit organisieren (METEOR)	1 Problem analysieren / beschreiben	●	◐	–	–	–	●	●	●	●
2 Hauptfunktion des Projekts allgemein festlegen (BLACK BOX)		◐	–	–	–	–	◐	○	○	○
3 Anforderungsliste erstellen (ANFOLI)		○	◐	–	–	●	●	◐	○	○
4 Ablaufplan der Teilfunktionen erarbeiten (FUTURE)	2 Lösungsweg entwickeln	●	–	–	–	–	◐	○	●	○
5 Lösungsprinzipien (LP) und sinnvolle Prinzipkombinationen (PK) finden	3 Aufgaben verteilen	●	●	●	●	–	●	●	●	◐
6 Konzeptvarianten (KV) erstellen		●	–	–	–	–	●	●	●	◐
7 Schwachstellenanalyse der Konzeptvarianten und deren Optimierung (KV-OPT)	4 Synchron arbeiten	●	○	–	–	–	●	●	◐	●
8 Optimalkonzept systematisch finden (TOP)		●	◐	–	–	–	●	●	●	○
9 Optimalkonzept detailliert ausarbeiten (WORK)	5 Teilergebnisse verknüpfen	●	◐	–	–	–	◐	◐	◐	◐
10 Projekt – (Zwischen-) Ergebnis dokumentieren, präsentieren und umsetzen (OK)	6 Ergebnis präsentieren / 7 Lösung umsetzen	●	○	–	–	–	◐	◐	◐	○

Legende:
● bevorzugte Anwendung
◐ bedarfsweise Anwendung
○ untergeordnete Anwendung

Abb. V3-1: Projektablauf-Schritte und sinnvoll einsetzbare Team-Methoden

Ausblick (Zukunft)

Bei Konstruktionsprojekten sind alle 10 Schritte zu durchlaufen. Bei allgemeinen Projekten beschränkt man sich häufig auf eine geeignete Auswahl oder man wendet die 7 Schritte des fraktalen Projektmanagements an.

Die in diesem Buch dargestellten fraktalen Methoden zur Teamarbeit eignen sich auch zur wirkungsvollen Verbesserung derselben! Entsprechende Vorgehensweisen werden auch als Kaizen-Prinzip oder kontinuierlicher Verbesserungsprozess (KVP) bezeichnet. Wenn Ihnen das gelingt, sagen Sie es uns in einer E-Mail an:

im.team.entwickeln@springer.com

Fazit

Anlass (IST-Zustand)	Teamarbeit" zu chaotisch oder zu theoretisch strukturiert
Lösungsansatz (Wege zum Ziel)	Praktische Arbeitsschritte analog „Beppo-Straßenkehrer-Prinzip"
Ergebnis (Lösungserfolge)	10 (7) Arbeitsschritte mit passenden Methoden-Werkzeugen reichen aus
Ausblick (Zukunft)	Methoden-Werkzeuge methodisch verbessern als Team-Zusatzziel KVP

V4 Zusammenfassung

Dieses Buch mit dem Titel *„Im Team entwickeln – einfach, methodisch, erfolgreich"*, fasst die wichtigsten Handlungsanweisungen für das *Methodische Entwickeln/ Konstruieren* im Rahmen von *Teamarbeit praxis- und projektorientiert* zusammen. *Alle* beschriebenen Methoden, Techniken und Skills haben eine *über 30-jährige Anwendungsentwicklung in Hochschul- und Industrieprojekten mittels Teamarbeit* hinter sich. Nur das, was wirklich bei Teamarbeit funktioniert, findet sich in diesem Buch. Auf theorielastige „Ausflüge" wurde verzichtet, dafür sind praktisch sofort nutzbare Details in der erforderlichen Tiefe beschrieben. Durchgehend wird auf die Anwendung der Vorgehensweise von der Entwicklung/ Konstruktion auch auf allgemeine Fragestellungen/ Projektaufgaben hingewiesen. Das Ziel dieses Buches im doppelten Sinne ist es somit, nicht nur *konstruktive (= aufbauende, brauchbare) Teamarbeit* im Bereich der *Entwicklung/ Konstruktion*, sondern auch für *allgemeine Projekte praktisch erlebbar* zu machen. Dazu haben es die Autoren für sinnvoll erachtet, für alle Kapitel, also auch für diese Zusammenfassung, eine teamdidaktische Darstellungsform zu benutzen, die folgende „selbstähnliche = fraktale" Logik-Struktur und - Symbolik aufweist:

- **Anlass (IST-Zustand)**
- **Lösungsansatz (Wege zum Ziel)**
- **Ergebnis (Lösungserfolge)**
- **Ausblick (Zukunft)**

Damit das Vorgehen praktisch erlebbar wird, werden zwei *Anwendungsbeispiele (Kap. 1* und *Kap. 2)* aus dem Bereich der Hochschullehre vollständig, bzw. teilweise, in *10 Arbeitsschritten* beschrieben, und durch ein vom Leser/ Team selbst wählbares *Mitmachbeispiel (Kap. 3)* ergänzt:

Kap. 1: **Konzeptentwicklung eines Tafelreinigungsgerätes (CLEANY)** → Konstruktion

Kap. 2: **Konzept zum Öffnen einer Kokosnuss (KOKÖ)** → Haushaltsprodukt

Kap. 3: **Mitmachbeispiel (SELBST WÄHLEN)** → verschiedene Bereiche

Zur Durchführung des Mitmachbeispiels finden sich die erforderlichen *Arbeitshilfen/ Formulare* online unter dem folgenden QR-Code:

In jedem Arbeitsschritt-Kapitel wird jeweils ein neues *Anregungsbeispiel* zu *Kap. 3* mitgeliefert.

Anlass (IST-Zustand)

Systematisch praktizierte „Teamarbeit" befindet sich nach allgemeiner Einschätzung im Sinkflug, während „Teamfähigkeit" als Einstellungsvoraussetzung von Hochschulabsolventen offenbar Priorität Nummer 1 besitzt! Wie ist diese Diskrepanz zwischen Wirklichkeit und Anspruch zu erklären?

Zunächst dadurch, dass, sowohl in der Industrie als auch in der Lehre, fast ausschließlich die Einzelleistung vergütet/ bewertet wird und Teamarbeit praktisch nicht stattfindet bzw. nicht „geliebt/ gelebt" wird! Des Weiteren ist das in „konventioneller" Teamarbeit „praktisch erlebte" in der Regel mit Frust und häufig nicht mit Spaß/ Freude/ Zufriedenheit verbunden. Dies liegt sicher zum großen Teil daran, dass nicht nur die Projektthemen, sondern auch die Projektteams „top down" entstehen, also das fördernde Prinzip der „Selbstmotivation durch Freiwilligkeit" nicht benutzt wird. Statt systematisch Teammethoden-Einsatz zu praktizieren, überlässt man es dem „eingesetzten", fachlich hoch qualifizierten Projektleiter, durch „vernünftiges, zielgerichtetes miteinander reden und diskutieren" das Projektergebnis zu erarbeiten. Die Folgen dieser auf „Brainstorming" basierenden Teamarbeit sind z. B.

- hohe Kosten (z. B. $10\ TN \cdot 2\ h \cdot 100\ \frac{€}{h \cdot TN} = 2000\ €$, das dem Wochengehalt eines der beteiligten Spezialisten entspricht!)

- geringe Effizienz der Teammeetings (durch sequenzielles „Entwickeln" - während einer redet, müssen alle anderen zuhören! Hierarchie-Blockaden u. a.)

- nicht optimale Ergebnisqualität (geringe Zahl von Ergebnisvarianten, hierarchie-betonte Entscheidungen, Ideenfixation, Schwachstellen und Fehler $\rightarrow$ Rückruf-aktionen, …).

Wenn Teamarbeit erfolgreicher sein soll als die oben beschriebene IST-Situation und die durch Abteilungen beförderte Spezialisten-/ Einzelarbeit, dann müssen andere Lösungen zum Einsatz kommen.

Lösungsansatz (Wege zum Ziel)

Ein erfolgreicher Lösungsansatz für Teamarbeit sollte möglichst nicht nur den für Ingenieure wichtigen Bereich der Entwicklung/ Konstruktion abdecken, sondern auch für Aufgabenstellungen in der Industrie und für allgemeine Problembearbeitungen Anwendung finden können. Das in den VDI-Richtlinien [VDI 2221 ff] beschriebene *methodische Vorgehen in abgegrenzten Arbeitsschritten* wird als grundsätzlich geeignet angesehen, doch fehlen praktische Hilfestellungen für ein konkretes Vorgehen bei Projekten, die bevorzugt im Team bearbeitet werden sollten. Auch widersprechen die dort gemachten Angaben zu einem „Team" (wenige Teilnehmer, gleiche oder nur gering unterschiedliche Hierarchieebenen, abteilungsorientiert usw.) den sehr positiven Erfahrungen mit genau gegensätzlichen Teambildungen. Es müssen Methoden zum Einsatz kommen, die es erlauben, möglichst vielen Teammitgliedern, mit interdisziplinärem Erfahrungshintergrund, hierarchisch heterogener Zusammensetzung und die Kreativität fördernden Rahmenbedingungen gemeinsam an Projekten zu arbeiten. Da sich *Leistung* immer aus drei Komponenten gleichzeitig speist, nämlich *Können + Wollen + Dürfen*, ist der Freiwilligkeit bei der Bearbeitung von Teilaufgaben und demokratischen Grundprinzipien besondere Beachtung zu schenken.

In der Hochschulausbildung ist die klassische Vorlesung (Frontalunterricht) dazu ungeeignet und muss deshalb durch *projektorientierte Veranstaltungen* ersetzt werden. Durch die verwendeten Methoden muss der Professor in die Lage versetzt werden, mit den Studierenden „auf Augenhöhe" in den Projekten mitzuwirken, was nur dann möglich ist, wenn die Studierenden das Projektthema selbst demokratisch auswählen können.

Gegenüber Einzelarbeit bietet die Projektarbeit in interdisziplinären/ heterogenen Gruppen einen ungleich größeren Erfahrungs- und Wissensschatz, und der bezüglich der Ergebnisqualität u. a. mit der Summation der mitwirkenden Lebensjahre korreliert! Besondere Bedeutung für eine erfolgreiche Teamarbeit haben die folgenden Voraussetzungen (die allerdings bei den meisten Menschen wenig eingeübt sind!):

- durchgehend methodisches Vorgehen (jeweils den Aufgaben angepasst)
- hierarchiefreie Rahmenbedingungen (Statussymbole und -verhalten sind tabu)
- authentische Ideendokumentation (Denken → Schreiben → Reden → Notiz)
- demokratische/ anonyme Entscheidungstechniken (ich entscheide für mich!)
- heterogener Teilnehmerkreis (Geschlecht, Alter, Nationalität, Fachgebiet…)
- problemangepasste „hohe" Teilnehmerzahl (komplexe Erfahrungsbasis!)
- Konkurrenz vermeidende Methodik (Kooperation statt Wettbewerb!)
- systematisierte Hilfsmittelverwendung (einfach und zeitsparend)
- und weitere Veränderungen gegenüber konventioneller Projektarbeit.

Vorteilhaft bei diesen Rahmenbedingungen ist die uneingeschränkte fachliche Mitwirkung des Teammoderators/ Lehrenden, was durch entsprechend angepasste Methoden erreicht wird. Um es vereinfacht auszudrücken: statt den in westlichen Kulturen eingeübten egoistischen Verhaltensweisen bei Teamarbeit freien Lauf zu lassen, müssen bewusst altruistisch geprägte Kommunikations- und Arbeitstechniken methodisch vermittelt und angewendet werden!

Ergebnis (Lösungserfolge)

Der wesentliche Vorteil der im Buch beschriebenen Vorgehensweise liegt in der jeweils erfolgsbelohnenden Abarbeitung in sich logisch abgeschlossener Arbeitsschritte. Diese lassen sich in 10 Teile gliedern, die jeweils in den einzelnen Kapiteln Beachtung finden:

1) **Methodisch Teamarbeit organisieren (METEOR)**
2) **Hauptfunktion des Projekts allgemein festlegen (BLACK BOX)**
3) **Anforderungsliste erstellen (ANFOLI)**
4) **Ablaufplan der Teilfunktionen erarbeiten (FUTURE)**
5) **Lösungsprinzipien und sinnvolle Prinzipkombinationen (LP + PK)**

6) **Konzeptvarianten erstellen ($KV1$ bis KVn)**

7) **Schwachstellen-Analyse der Konzeptvarianten und deren Optimierung (KV-OPT)**

8) **Optimalkonzept systematisch finden (TOP)**

9) **Optimalkonzept detailliert ausarbeiten (WORK)**

10) **Projektergebnis dokumentieren, präsentieren und umsetzen (OK)**

Natürlich benötigt man für eine erfolgreiche Entwicklungs-/ Konstruktionsarbeit die richtigen Werkzeuge. Deswegen sind den 10 Arbeitsschritten die passenden Methoden- und Hilfsmittel- „Werkzeuge" zugeordnet.

Falls ein *allgemeines Projekt* zu bearbeiten ist, bieten sich für die methodische Teamarbeit die *„7 Schritte des fraktalen Projektmanagements"* an. Die Methoden finden in beiden Fällen eine analoge Anwendung.

Die *wichtigsten Ergebnisse* dieser Vorgehensweise sind *exemplarisch* für das in *Kap. 2* behandelte Haushaltsprodukt-Beispiel *Konzeptentwicklung zum Öffnen einer Kokosnuss (KOKÖ)* zusammengefasst:

1) METEOR

Die Teilprobleme einer **Teamorganisation**, die dabei eingesetzten Hilfsmittel/ Methoden und bemerkenswerte Resultate sind (s. *Abb. V4-1*):

1. Kennenlernen? → Namensschilder, Vorstellung

→ **Jeder kennt Jeden!**

2. Projektthema? → Team-Ideen-Galerie, Team-Entscheidungen

→ **viele Ideen, ein Favorit! → KOKÖ**

3. Projektprotokolle? → Formulare, EDV-Unterstützung

→ **authentische Dokumentation!**

4. Projektplanung/ -management? → To-Do-Tafel (operativ), AP-Zeitplan (strategisch)

→ **einfach und schnell!**

5. Stärken nutzbar? → Spezialaufgaben verteilen (z. B. Formular)

→ **Freiwillige!**

6. Sonstiges? → Aktuelles/ Unvorhergesehenes/ Ergänzendes

→ **Berichtsform!**

Abb. V4-1: Bilder aus Arbeitsschritt 1) *METEOR*

2) BLACK BOX

Die abstrakte *Gesamtfunktion* des späteren Produkts KOKÖ wird als **BLACK BOX** dargestellt. Dadurch werden die *Eingangsgrößen* (Kokosnuss geschlossen) zu *Ausgangsgrößen* (Kokosnuss geöffnet) umgewandelt, die jeweils *Stoffe* (Nussschale), *Energien* (Kraft) oder *Signale* (Nuss offen) sein können.

→ Die **BLACK BOX** vermeidet Ideenfixation und klärt die Aufgabenstellung!

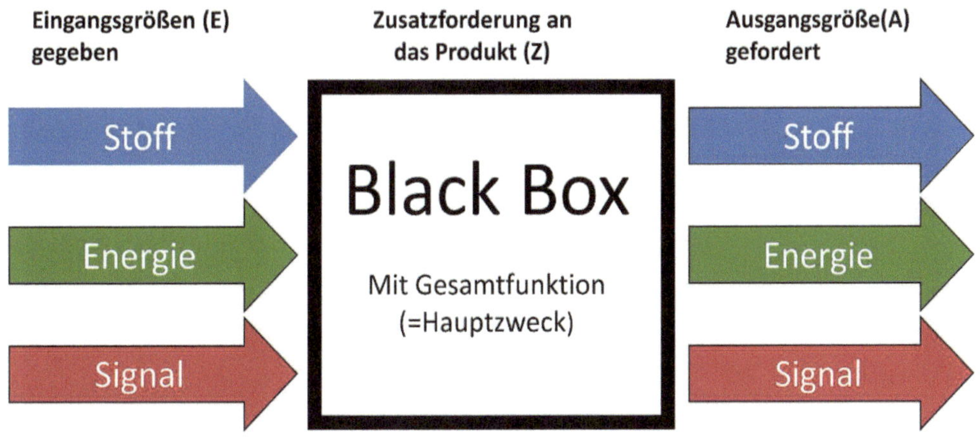

Abb. V4-2: Bild aus Arbeitsschritt 2) *Black Box*

3) ANFOLI

Mittels **Anforderungsliste (ANFOLI)** werden die Ziele der Entwicklung präzisiert, und bei Bedarf auch aktualisiert. Checklisten als Hilfe zur Erstellung.

→ Erst das Ziel weist den Weg!

Abb. V4-3: Zielbilder für Arbeitsschritt 3) *ANFOLI*

4) FUTURE

Ein Funktionsablaufplan der Teilfunktionen, quasi als Robotersimulation einer bekannten Lösung erstellt (z. B. Kokosnuss mit einem Hammer öffnen), wird in eine **Funktionsstruktur (FUTURE)** überführt.

→ Das **spätere** Produkt wird gedanklich abstrakt realisiert!

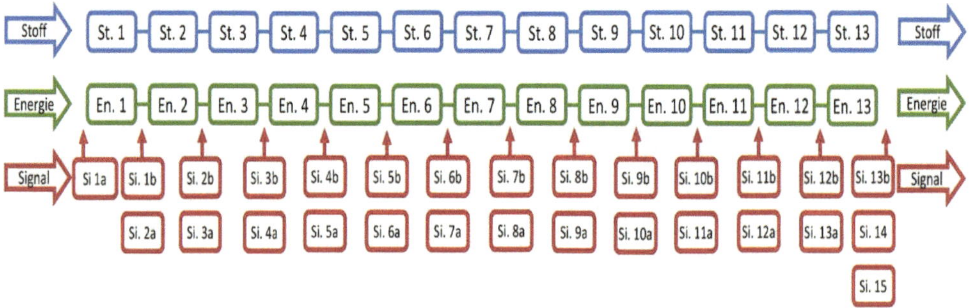

Abb. V4-4: Bild aus Arbeitsschritt 4) *FUTURE*

5) LP + PK

Durch wirkungsvolle Ideenfindungstechniken kann das Team für alle Teilfunktionen unterschiedliche physikalische, chemische, etc. **Lösungsprinzipien (LP)** ermitteln. Mithilfe einfacher Bewertungstechniken wählen sich daraus kleine Teilnehmergruppen geeignete **Prinzipkombinationen (PK)** aus.

$\rightarrow \sum LP \geq (10\ bis\ 20) \cdot TN$! Alle LP prinzipiell geeignet, keine Kritik!

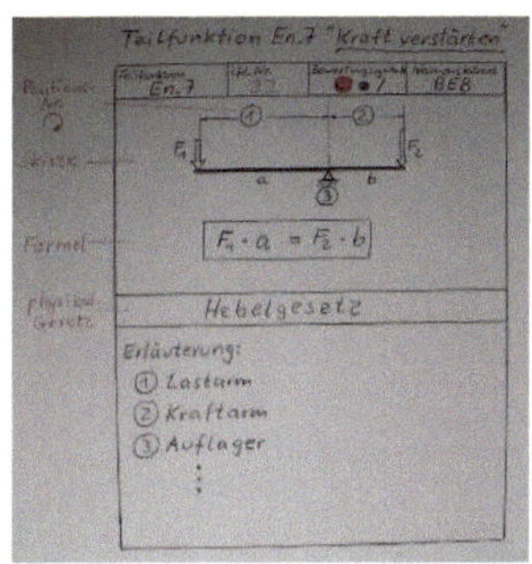

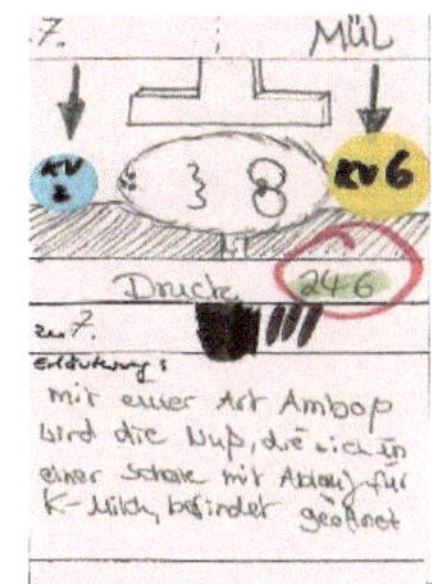

Abb. V4-5: Bilder aus Arbeitsschritt 5) *LP + PK*

6) $KV1$ bis KVn

Die einzelnen Teilnehmergruppen entwickeln mit ihren ausgewählten Prinzipkombinationen 1 bis 2 **Konzeptvarianten (KV)** auf jeweils vergleichbarem Informationsniveau (Skizzen, Erklärungen, Improvisationsversuche…).

$\rightarrow$ Analoges Darstellungsniveau für alle entwickelten Konzeptvarianten als Ergebnis!

Abb. V4-6: Bilder aus Arbeitsschritt 6) *KV1 bis KVn*

7) *KV*-OPT

Alle Konzeptvarianten von KOKÖ werden systematisch einer vergleichenden *Schwachstellen-analyse* (*Ishikawa-Diagramm* mit Checklisten-Suchbegriffen) unterzogen, und anschließend zu **optimierten Konzeptvarianten** verbessert.

→ Erst jetzt befinden sich die Konzeptvarianten auf einem vergleichbaren Bewertungsniveau!

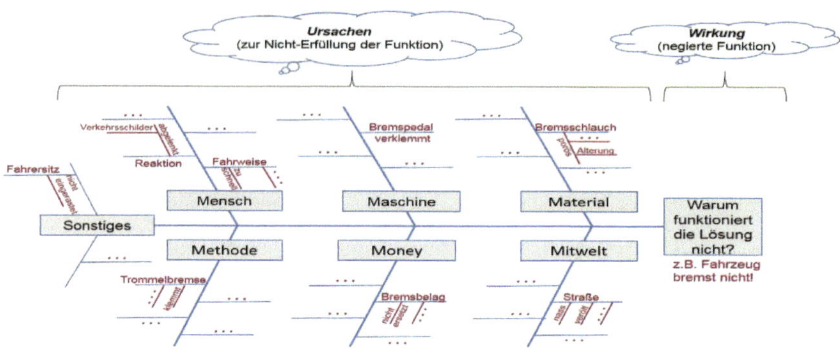

Abb. V4-7: Bild aus Arbeitsschritt 7) *KV*-OPT

8) TOP

Die Teams vergleichen mittels einer objektiven Bewertungstechnik die wichtigsten technischen, wirtschaftlichen und ökologischen Kriterien sowie systematisch gefundenen Gewichtungsfaktoren alle Konzeptvarianten miteinander. Die numerischen Ergebnisse werden anschaulich in Stärke- und Netzdiagrammen dargestellt und so das **optimale Konzept** gefunden.

→ Favorisierte Konzeptvariante KV_{OPT} = Cool-Crusher!

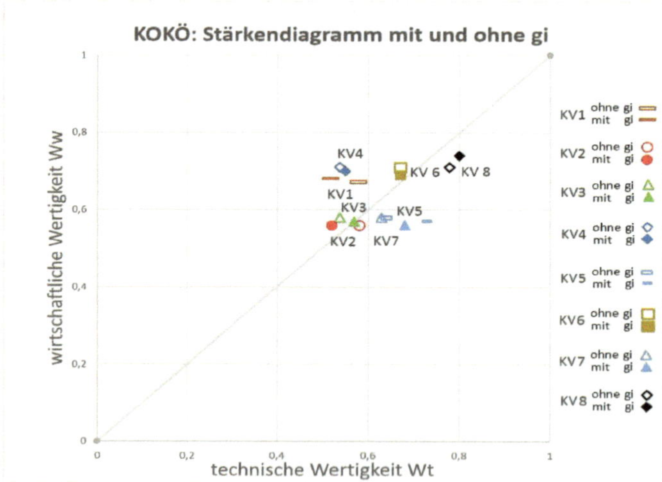

Abb. V4-8: Bild aus Arbeitsschritt 8) *TOP*

9) WORK

Das favorisierte Konzept KV_{OPT} wird „nach allen Regeln und dem neuesten Stand der Technik" konkret **ausgearbeitet**. Alle erforderlichen Fertigungsunterlagen werden erstellt (ist jedoch nicht Schwerpunkt dieses Buches!).

→ Freigabe von KOKÖ-*Cool-Crusher* für Prototyp, Nullserie oder Serienfertigung!

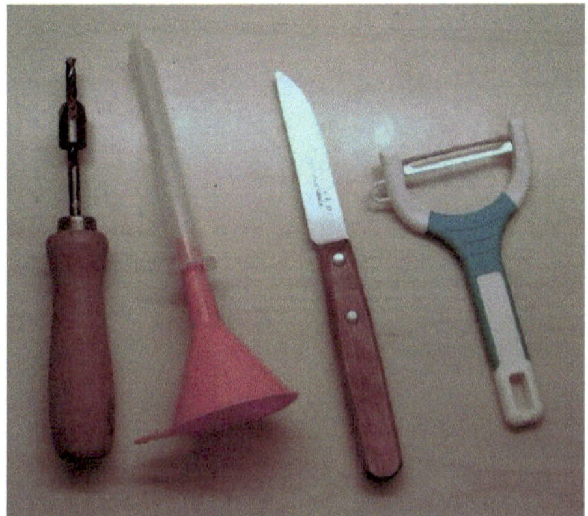

Abb. V4-9: Bild aus Arbeitsschritt 9) *WORK*

10) OK

Das **Projektergebnis** ist nun für interne/ externe Interessierte und Entscheider zu **dokumentieren**, zu **präsentieren** und **umzusetzen**. Auch hierzu existieren geeignete methodische Hilfen.

→ Nicht in die Schublade legen, sondern umsetzen!

Abb. V4-10: Bild aus Arbeitsschritt 10) *OK*

Es lohnt sich, die in *Kap. 1* ausführlich erläuterten 10 Arbeitsschritte an einem selbstgewählten Projekt (möglichst nicht zu komplex, sondern einfach) für den Anfang mit einem kleinen Team durchzuarbeiten, und sich nach jedem gelungenen Abschnittsergebnis gemeinsam über das Erreichte zu freuen! Sie werden über die Vielzahl von guten Ideen erstaunt sein.

Ausblick (Zukunft)

Wer nicht mit konstruktiven oder industriellen wichtigen Aufgaben befasst ist, wird vielleicht nicht die in *Kap.* 1 und *Kap.* 2 ausführlich beschriebenen 10 Arbeitsschritte für eine allgemeine Problemlösung benötigen. Wichtig sind jedoch die in den Kapiteln angewendeten Teammethoden, die isoliert für andere Einsatzzwecke ebenso vorteilhaft verwendet werden können. Besonders spannend sind die hier dargestellten Methoden, wenn mit deren Hilfe diese Techniken im Detail oder umfassender im Team weiterentwickelt werden. Dies ist ein wesentlicher Erfolgsbaustein für einen sinnvollen *„Kontinuierlichen Verbesserungsprozess"* (*KVP*). Wenn Sie diesbezüglich fündig geworden sind, würde sich das Autorenteam über eine Rückmeldung freuen, um diese Verbesserungen bei Folgeauflagen einfließen zu lassen! Senden Sie uns dazu eine E-Mail an:

im.team.entwickeln@springer.com

Fazit

Anlass (IST-Zustand)	Konventionelle Teamarbeit vergeudet Zeit, Kosten und verhindert Optimallösungen
Lösungsansatz (Wege zum Ziel)	Praktische Teammethoden unterstützen eine Schritt-für-Schritt-Arbeitstechnik
Ergebnis (Lösungserfolge)	10 logische Team-Arbeitsschritte garantieren eine optimale Problemlösung
Ausblick (Zukunft)	Mach´ aus allem ein „Projekt" – möglichst im Team!

---

1 Ausführliche Konzeptentwicklung eines Tafelreinigungsgeräts (CLEANY)

Wie Sie bereits im *Vorab-Kapitel V2* gelernt haben, werden im Folgenden alle Einzelkapitel (*Kap. 1.1* bis *1.10*) durch vier logische und das Verständnis fördernde Abschnittsbezeichnungen strukturiert:

- **Anlass (IST-Zustand)**
- **Lösungsansatz (Wege zum Ziel)**
- **Ergebnis (Lösungserfolge)**
- **Ausblick (Zukunft)**

Die Detailbeschreibung erfolgt innerhalb der drei Hauptkapitel mit verschiedenen Beispielbereichen:

***Kap. 1:* Konzeptentwicklung eines Tafelreinigungsgerätes (CLEANY)** → Konstruktion

***Kap. 2:* Konzept zum Öffnen einer Kokosnuss (KOKÖ)** → Haushaltsprodukt

***Kap. 3*: Mitmachbeispiel (SELBST WÄHLEN)** → verschiedene Bereiche

Dabei wird CLEANY in *Kap. 1.1* bis *1.10* ausführlich beschrieben. Das Beispiel KOKÖ in *Kap. 2* wird nur ergänzend bzw. spezifisch erläutert. Das Mitmachbeispiel in *Kap. 3* beinhaltet Beispiele aus verschiedenen Kategorien, um das Gelernte sofort selbst (möglichst bereits im Team) anwenden zu können. In jedem Kapitel wird zusätzlich ein wechselndes Anregungsbeispiel vorgestellt. Dadurch werden der Aha-Effekt und der Wunsch nach weiterer Anwendung gestärkt.

1.1 Methodisch Teamarbeit organisieren (METEOR)

In *Kap. 1.1* werden die ersten Schritte eines jeden Projekts beschrieben und wie diese mit Methode erfolgreich gelingen können.

Anlass (IST-Zustand)

Wir haben ein konkretes Projekt für eine Gruppe. Beispielsweise soll das methodische Konstruieren an einer Hochschule gelehrt werden. Häufig kennen sich die Teilnehmer gar nicht oder nur wenig. Teammitglieder, die sich bereits vorher kennen, bilden oft kleine Gruppen. So besteht am Ende die Gruppe aus vielen kleinen Grüppchen und Einzelpersonen.

Auch ist die Kommunikation meist eher schlecht als recht. Nach dem Motto „Die rechte Hand weiß nicht, was die linke Hand macht", wird anstelle einer Gruppenarbeit eine Arbeit aus vielen kleinen parallelen Arbeiten, die später nicht so richtig zusammenpassen. Die Teilnehmer sind wenig motiviert, da sie die Themen nicht frei wählen können, sondern vorgegeben bekommen. Auf Stärken und Schwächen wird wenig Rücksicht genommen, was zur Folge hat, dass viel Potential für das Projekt auf der Strecke bleibt. Das sog. „Brainstorming" ist bei professioneller Anwendung wenig ergiebig für ein funktionierendes

Projekt, denn durch die starren Regeln und die nur schwer zu steuernde Gruppendynamik ist wenig Platz für Kreativität.

Noch weniger erfolgreich für eine wirklich kreative Gruppenarbeit, ist das bereits in *Kap. V2* beschriebene weitverbreitete unprofessionelle „Brainstorming", das, positiv ausgedrückt, als „moderiertes Gespräch" stattfindet, aber von den Teilnehmern nicht selten als „Gelaber" erlebt wird.

Unabhängig davon, ob es sich um Einzelarbeit oder Teamarbeit handelt, ist für ein hohes Leistungsergebnis die „Motivation" entscheidend. Häufig werden hierzu äußere Anreize gegeben (sog. Incentives), die letztlich Manipulation oder gar Korruption entsprechen, in den seltensten Fällen aber eine „Selbst-Motivation" fördern. Selbst-Motivation ist aber die Basis für eine hohe Leistungsbereitschaft, die sich aus 3 Grundelementen entwickelt (vgl. *Abb. 1-1*):

$$\textit{Leistung} = \textit{Können}^1 + \textit{Wollen}^2 + \textit{Dürfen}^3$$

Bei der Erarbeitung von Lösungen sind neben Detailkenntnissen zu allen Wissenschaftsbereichen vor allem Kombinationsvermögen und Wissenstransfer in neue Bereiche wichtig

$$= \textit{Können}^1!$$

Für anstehende Arbeiten ist die freiwillige Zustimmung hilfreich, doch besonders bei Teamarbeit zu dieser Form der Projektbearbeitung wichtig

$$= \textit{Wollen}^2!$$

Für eine *besonders erfolgreiche Teamarbeit* ist die *Selbst-Motivation* ausschlaggebend. Unabdingbare Voraussetzung dazu ist die mögliche und *freiwillige* Übernahme von Aufgaben, die man *besonders gerne* macht

$$= \textit{Dürfen}^3!$$

Das unangenehm empfundene Gegenteil von dürfen ist übrigens „Müssen".

Um eine hohe Projektleistung zu erzielen, sind alle drei Komponenten gleichermaßen von Bedeutung, wobei die den Komponenten zugeordneten Exponenten der jeweiligen Wirkungshöhe entsprechen!

Abb. 1-1 soll andeuten, dass mit dem Ersatz von „Müssen" (rot) durch „Dürfen" (grün), also die Betonung der freiwilligen und selbst motivierten Leistungserbringung, häufig eine Vervielfachung der erzielten Ergebnisse verbunden ist.

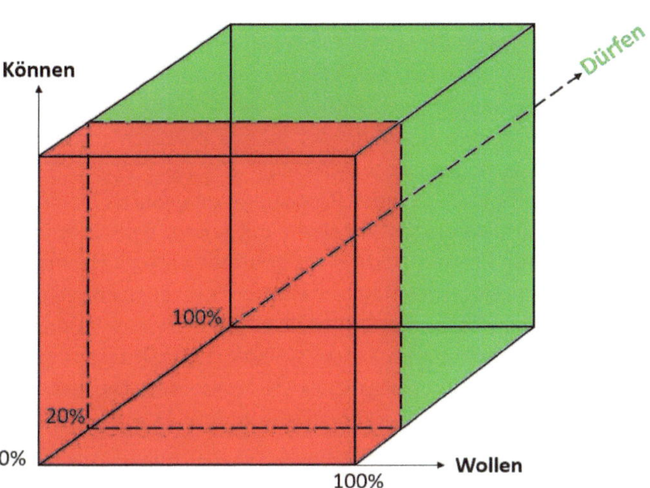

Abb. 1-1: Voraussetzungen für eine hohe Projektleistung (Leistungskubus nach [PES 09])

Existieren eventuell alternative Vorgehensweisen, die Gruppen zu einer höheren Leistung, Kreativität und einer angenehmer erlebbaren Atmosphäre verhelfen? Und das unabhängig davon, ob es sich um ein Team an einer Hochschule, in der Industrie, im Vereinsleben oder im privaten Bereich handelt?

Lösungsansatz (Wege zum Ziel)

Was ist eigentlich „Kreativität" und was „konstruktive Teamarbeit", die „gemeinsam praktisch erlebbar" ist? Dies lässt sich am besten durch praktische und z. T. überraschend erlebte Beispiele verdeutlichen.

Kreativität?

Die heutige HEF Group (Hydromécanique Et Frottements - Hydromechanik und Reibung, seit 1980 in Frankreich bekanntes Institut), hatte ein neues physikalisches Beschichtungsverfahren entwickelt, das auch für die vorgesehene Beschichtung von Spritzgießwerkzeugen interessant erschien. Beim Informationsbesuch erwähnte der verantwortliche Entwicklungsingenieur, dass sie ihre Hauptaufgabe in der Lösung von Verschleißproblemen sehen würden, was jedoch nicht nur im Verkauf von Verschleißschutzbeschichtungen des Instituts enden müsste. Als Beispiel führte er an, dass sie vor kurzem ein Unternehmer besucht hätte, der Erdnüsse von den Schalen separiert, und dabei einen riesigen Verschleiß an den bisher verwendeten gezahnten Mahlscheiben hatte. Er wollte alle Mahlscheiben mit der von HEF besten Beschichtung versehen haben! Man versprach ihm eine Lösung und ließ sich eine Versuchsprobe seiner Erdnüsse geben. Nach einigen Tagen rief der Entwicklungsingenieur den Mühleninhaber an, dass sein Problem gelöst sei – allerdings nicht mit einer HEF-Beschichtung, sondern mit einem Druckbehälter! Erstaunt ließ sich der Unternehmer die Entkernung präsentieren:

Erdnüsse in Behälter geben und schließen → Druck aufgeben und einige Zeit halten → Druck schnell entlasten → Behälter öffnen.

Die Erdnüsse waren komplett von den Schalen separiert! Die kreative Lösung (eigentlich nicht im Geschäftssinn von HEF) basierte physikalisch auf kleinen „spröden, porösen Druckbehältern (Erdnussschalen)", die den angelegten Außendruck nach einiger Zeit auch innen aufweisen, bei der schnellen Wegnahme des Außendrucks jedoch plötzlich unter hohem Innendruck spröde brechen! Und das ohne jeglichen Verschleiß der Geräte! Hoch erfreut wurde dieser kreative Gedanke sofort innovativ in einer Pilotanlage umgesetzt. Nach einiger Zeit tauchte der Mühleninhaber (jetzt Druckanlagenbetreiber) mit einem Sack Erdnüsse bei HEF wieder auf, die sich bei der Druckbehältermethode nicht geöffnet hatten. Nachdem der HEF-Ingenieur die betreffenden Erdnüsse geöffnet hatte, stellte er fest, dass alle Kerne von einem Schädling befallen waren, der sich von außen ein Loch in die Erdnussschale gebohrt hatte. Dadurch konnte nach der Druckabsenkung im Kessel ein sofortiger Druckausgleich im Inneren der Erdnussschale erfolgen – die Schale konnte nicht zerstört werden. Dieser zunächst als nachteilig erachtete Nebeneffekt hatte damit eine geniale Wirkung:

Eine integrierte Qualitätssicherung ohne zusätzliche Kosten!

Die Guten ins Töpfchen und die Schlechten bleiben in der Nussschale mit dem Schädling und was dieser von den Kernen übriggelassen hatte! *Abb.1-2* fasst diese kreative Lösung noch einmal schematisch zusammen.

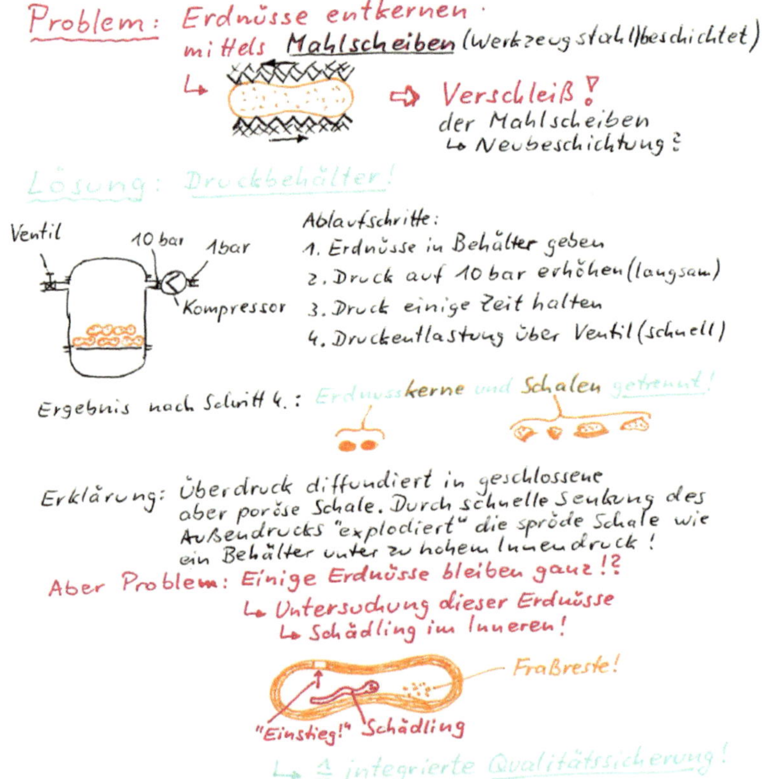

Abb. 1-2: Erdnüsse entkernen nach kreativer HEF-Methode

Was lässt sich aus diesem Beispiel lernen? Nicht das Fachwissen eines Einzelnen (sowohl des Mühlenunternehmers als auch des Beschichtungsingenieurs) ist häufig entscheidend, sondern die Öffnung für neue Lösungsideen! Je mehr Menschen mit unterschiedlichen Erfahrungen gezielt über ein Problem nachdenken, umso vielfältiger werden die Lösungsvarianten sein, aus denen sich die optimale Lösung leichter ermitteln lässt.

Konstruktive Teamarbeit?

Der Begriff „Konstruktiv" hat eine doppelte Bedeutung. Zum einen bezieht er sich auf die Hauptzielgruppe des Buches, die im konstruktiven Bereich tätigen und angehenden Ingenieure, die im Team an Projekten arbeiten. Zum anderen wirkt er auf das Ziel hin, dass jeder Teilnehmer (TN) einen „brauchbaren, verbessernden Beitrag" im Team beisteuern kann, unabhängig von der Fachrichtung, Branche, Ausbildung, etc.

Beides kann am besten gelingen, wenn das typische Verhalten, sowohl der TN als auch des „Leiters" eines Teams, methodisch in eine ideenfördernde und teamharmonisierende Richtung gelenkt wird. Die eingesetzten Methoden müssen hierzu eine systematische und strukturierende Wirkung entfalten. Beispielsweise macht es wenig Sinn, sofort die erstbeste Idee im Detail auszuarbeiten (Ideenfixation!), genau so wenig ist es zielführend, die erstbeste Idee „niederzumachen".

„gemeinsam, praktisch erlebbar"?

Die herkömmliche Konstruktionsausbildung an Hochschulen orientiert sich vorwiegend noch an „Einzelkämpfern (begnadete Konstrukteure)" oder an kleinen Projektgruppen (max. fünf Studierende → „sonst funktioniert Teamarbeit nicht"), die gegenüber den anderen Semester-TN häufig an unterschiedlichen Themen arbeiten. Die Themen beziehen sich oft auf klassische Konstruktionen, die der Lehrende kennt und ihm einen Wissensvorsprung vor den Studierenden garantieren. Das erforderliche Detailwissen wird vorwiegend im Frontal-unterricht vermittelt, wobei in den wenigsten Fällen die eigene Erfahrung des TN einfließen kann. Das Hinarbeiten auf das Bestehen der obligatorischen Klausur (und eine gute Note) sowie die Beurteilungsfixierung auf den individuellen Studierenden verhindert geradezu die Förderung von kreativ handelnden Teams.

Ein besserer Weg besteht in projektorientierter Lehre, die das gemeinsame Handeln im Team (= gesamtes Semester!) durch andere Wirkungen als eine Note belohnt:

- ✓ Gemeinsame Erfolgserlebnisse

- ✓ Förderung der Stärken der TN (und nicht Bestrafung des (Noch-)Nichtwissens des Studierenden mittels Note)

- ✓ Selbstgewählte Projektthemen, bei denen der Dozent nicht „mehr" weiß, als die TN. Dafür kennt er die systematische Vorgehensweise, die er auf Augenhöhe den TN vermitteln kann

- ✓ Entwicklungen aktiv praktisch miterleben und nicht passiv zuhörend bestaunen.

Als Grundlage für den Einsatz der wichtigsten Methoden bei der Bearbeitung der 10 *Arbeitsschritte des Methodischen Konstruierens* dient die Matrix *Abb.V3-1*.

Ergebnis (Lösungserfolge)

Das in den nachfolgenden Kapiteln dargestellte Beispiel *CLEANY* fasst die methodisch zu organisierende Arbeit im Team ausführlich zusammen und wird in *Kap. 2* und *Kap. 3* anhand weiterer Beispiele spezifisch ergänzt.

Konzeptentwicklung eines Tafelreinigungsgerätes (CLEANY)

Das Kernbeispiel CLEANY des Buches wurde im Rahmen einer Veranstaltung „Konstruktionstechnik" von 36 Studierende des Bachelor-Studiengangs Mechatronik an der Hochschule Mannheim nach der in diesem Buch dargestellten Methodik bearbeitet [PES 14].

Die Studierenden stellten ein interdisziplinäres/ internationales Team aus vier Fakultäten dar und sollen dabei ein kooperatives und nicht konkurrenzförderndes gemeinsames Lernen „on the job", innerhalb einer demokratisch gewählten Projektidee erfahren.

Um im Zusammenhang mit einer Hochschulausbildung eine derartige Teamarbeit zu organisieren, sind möglichst alle Ablaufschritte methodisch zu unterstützen. Die wichtigsten Teilprobleme und eingesetzten Hilfsmittel/ Methoden sind:

1. Kennenlernen? → Namensschilder, Vorstellung

2. Projektthema? → Team-Ideen-Galerie, Team-Entscheidung

3. Projektprotokolle? → Formular, EDV-Unterstützung, Kamera

4. Projektplanung/ -management? → Arbeitspaket-Zeitplan (strategisch) oder To-Do-Tafel (operativ),

5. Stärken nutzbar? → Spezialaufgaben verteilen (Formular)

6. Sonstiges? → Aktuelles/ Unvorhergesehenes/ Ergänzendes …

Wie das von Anfang an harmonisch gelingen kann, wird bei der Abhandlung der vorstehenden sechs Fragenbereiche deutlich werden.

1. Kennenlernen?

Bevor eine Team-Veranstaltung beginnt, sollten in der Regel einige sinnvolle Hilfsmittel bereitgestellt werden (es geht natürlich auch improvisiert ohne alles):

- Raum mit geeigneter Bestuhlung (ein „Runder Tisch" wird dabei bevorzugt, *Abb. 1.1-1* und *Abb. 1.1-2*).

- Multimedia-PC (günstig ist ein berührungssensitiver Bildschirm (Touchscreen) mit „Windows Journal", nur für den Moderator sowie den Protokollanten) und ein Beamer.

- Flip-Chart mit bunten Markern (*Abb. 1.1-3*).

- Metaplan-Tafeln mit Pin-Nadeln (vgl. *Abb. 1.1-4 und Abb. 1.1-5*).

- Formular-Blätter für die unterschiedlichen Methoden.

- Video-Kamera mit schwenkbarem Stativ (optional).

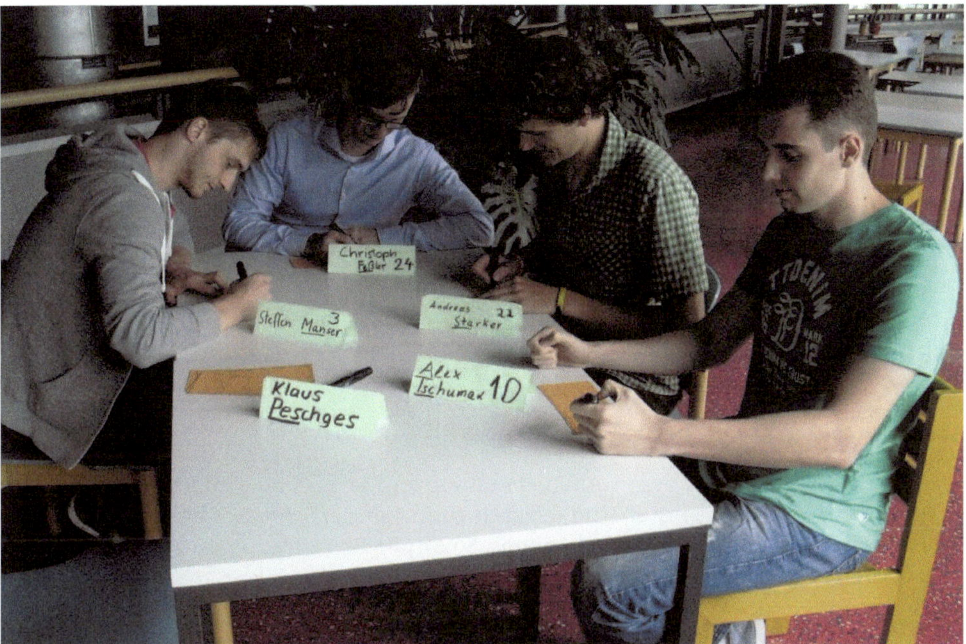

Abb. 1.1-1: „Runder Tisch" als optimale Basis für Teamarbeit

Abb. 1.1 -2: „Runder Tisch" und Annäherung bei großen Gruppen als hierarchiefreie Basis für Teamarbeit

Abb. 1.1-3: Flip-Chart als schnelle Visualisierungshilfe und farbige Funktionsmarker

Jedem TN wird jeweils vor dem Treffen ein schwarzer Marker und ein farbiges DIN A5-Blatt auf den Tisch gelegt. Ansonsten sind lediglich zusätzlich ein Schreibgerät und ein normaler Schreibblock sinnvoll. Alles andere (Notebook, Smartphone, Kaffee, Getränke, etc.) verhindert konzentriertes Arbeiten – die Basis für Kreativität! Häufige kurze Pausen (z. B. 5 bis 10 min nach max. 1 Stunde Arbeit, Getränke außerhalb des Veranstaltungsraums) kompensieren wirkungsvoll den Verzicht auf Kaffee & Co.

Das Wichtigste eines TN ist sein Name, der sich leichter merken lässt, wenn man ihn geschrieben vor sich sieht. Vermeiden Sie hochprofessionell erstellte Namensschilder. Sie sind aufwendig in der Erstellung, meistens zu klein, oft nur einseitig beschriftet und innerhalb kürzester Zeit „platt wie eine Flunder". Stattdessen wird das vorliegende DIN A5-Blatt mittig längs gefaltet und mit Vor- und Zuname von jedem TN selbst, auf Vorder- und Rückseite möglichst in „Normschrift" mit Groß- und Kleinbuchstaben, beschriftet. Ein geringes Umknicken der beiden Ecken an der Falzseite bewirkt eine nahezu dauerhaft stabile Standfestigkeit (*Abb. 1.1-4*).

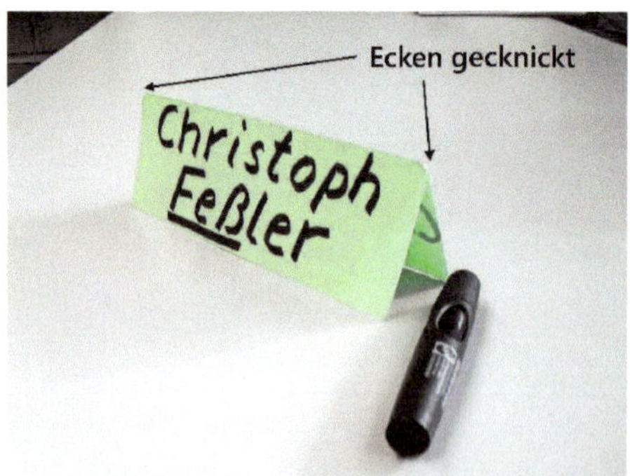

Abb. 1.1-4: Namensschilder als schneller Eigenbau

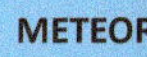

Die Vorteile dieser Methode sind nebenbei das Erkennen von „Schönschreibern", deren Stärke später gut einsetzbar ist, und das erste Üben mit dem Funktionsmarker.

 **Beachte** 

Die Karten werden nicht einfach vor sich auf den Tisch gestellt, was leider bei vielen Veranstaltungen praktiziert wird, sondern unter einem Winkel von 15-30° von der Sehachse des TN aus geneigt platziert (Abb. 1.1-5). Dies bewirkt, dass das Namensschild von nahezu jedem TN in der Runde gesehen wird.

Abb. 1.1-5: Aufstellen der Namensschilder (15°-30° geneigt zur TN-Sehachse) Dieser vorgelagerte Schritt macht den TN auch bewusst, dass ab jetzt Mitmachen angesagt ist!

Anschließend erfolgt eine Vorstellungsrunde, bei der sich alle Teammitglieder gegenseitig in wenigen Sätzen vorstellen. Als Roter Faden haben sich hierbei bewährt:

Name? Familiäres? Berufliches? Hobbys? Sonstiges (z. B. Stärken)?

Hierbei sind gerade die *Stärken und Vorlieben* der Person besonders interessant. Auch Aktivitäten, wie gemeinsam Kuchen essen oder gemeinsam Frühstücken, bieten die Möglichkeit, sich kennen zu lernen und spätere Teilaufgaben besser zuordnen zu können.

Besonders wichtig ist die Erstellung einer *Namens- und Adressliste*, damit alle Informationen gleichzeitig an alle TN gehen und schnelle Rückfragen erfolgen können (*Abb. 1. 1-6*). Außerdem erhält jeder TN ein *Namenskürzel aus drei Buchstaben* (häufig die ersten drei Buchstaben seines Nachnamens), das während der Projektbearbeitung vielfältige Anwendung findet.

Kurzzeichen	Name	Vorname	Adresse	Tel./ Fax	Email
SCH	**Sch**ellenberg	Simon	Ilvesheimerstr. 2 68199 Mannheim	0123-7607000	Schelli.s@online.de
SCR	**Sch**reiber	Julian	Heidelbergstr. 15 68519 Viernheim	0123-8024000	Schreiber.J@online.de

Abb. 1.1-6: Ausschnitt einer Teilnehmerliste

Jetzt eine kurze Kaffeepause einlegen und diese nach spätestens 1 Stunde wiederholen.

2. Projektthema?

Nur ein Projektthema, das ohne Zwang, unter voll demokratischen Spielregeln, aus Vorschlägen aller Beteiligten gewählt wird, wird mit vorwiegend innerer Motivation engagiert bearbeitet werden.

Dabei werden an Hochschulen, aber auch allgemein, sinnvoll folgende Grundvoraussetzungen an das zu wählende Projekt vorgegeben, um „Schubladenprojekte" zu vermeiden:

- **Neu** (zumindest die bisherige Lösung (= Stand der Technik) entscheidend verbessernd)

- **Einfach** (um das Wesentliche des Methodischen Entwickelns/ Konstruierens schnell zu verstehen)

- **Nützlich** (muss gebraucht werden)

- **Zeitlich machbar** (optimales Konzept muss im Rahmen einer Semester-"Vorlesung" mit ca. 40 Stunden gemeinsamen Bearbeitens entwickelt werden).

Als beste Technik zur Ermittlung von Team-Vorschlägen, hat sich die auf den Chemiker Dr. Heinrich Hellfritz [HEL 78] zurückgehende Galeriemethode erwiesen, die an der Hochschule Mannheim systematisch zur Team-Ideen-Galerie [PES 97] optimiert wurde.

Alle weiteren, für eine konstruktive Teamarbeit geeigneten Methoden, werden unmittelbar bei der 10-Schritte-Bearbeitung des Methodischen Entwickelns/ Konstruierens „just in time" sinnvoll eingesetzt und erläutert.

Team-Ideen-Galerie

Die Team-Galerie dient zur Ideenfindung und optimalen Problemlösung. Sie ist immer und überall ohne Schulung der Teilnehmer anwendbar. Vorteile bei korrekter Anwendung:

- Das Team kann immer mehr als Einzelne
- Ideenanregung durch möglichst viele Teilnehmer
- Ideenfixation durch Parallelarbeit und absolute Gleichberechtigung vermeidbar
- Vermeidung von zeitraubenden, dominanzgeprägten Diskussionen
- Umgehen von persönlichen Animositäten
- Zielgerichtete Optimallösung durch methodische, schriftliche Teamarbeit

Die Galeriemethode eignet sich zur Anwendung bei allen Gruppenarbeiten, bei denen die Ideen, Meinungen, Stellungnahmen etc. der einzelnen Teilnehmer gleichberechtigt, schnell, präzise und unter möglichst weitgehendem Abbau von Hemmschwellen erfasst werden sollen.

Die Team-Galerie ist nicht nur bei "Kreativitätssitzungen" (Ideenfindung) im herkömmlichen Sinne anwendbar, sondern z. B. auch bei wichtigen Entscheidungen, Projektplanungen und zur Fehlervermeidung.

Sinnvoller Einsatz auch bei weiteren Methoden, die später erläutert werden:

> → METEOR-Strategie
>
> → Team-Entscheidung
>
> → Team-Ideenkreisel
>
> → Schwachstellenanalyse und weitere Einsatzgebiete

Ab zwei Teilnehmern können diese Methoden sinnvoll angewendet werden.

Im Prinzip wird die Teilnehmerzahl nach oben nur durch den zunehmenden Moderations- und Zeitaufwand begrenzt. Bis zu ca. 30 (100) Teilnehmern sind von einem Moderator und einem (5) Helfer(n) zu bewältigen. Die einzige grundsätzliche Voraussetzung für die Teilnehmer ist, dass diese mit der Fragestellung vertraut sind. Teilnehmer aus unterschiedlichen Fach-, Lebens-, Hierarchie- und Persönlichkeitsbereichen sind nicht die Ausnahme, sondern die erwünschte Voraussetzung! Mit der Team-Galerie lassen sich in kürzester Zeit, auch bei großen Teilnehmerzahlen, Aussagen, Ideen etc. erfassen und für alle dokumentieren. Der Nachteil herkömmlicher Diskussionen, bei denen letztendlich nur ein Bruchteil dessen gespeichert werden kann, was zeitraubend nacheinander gesagt wurde, wird durch die Anwendung der Team-Galerie vermieden. In Kombination mit weiteren Methoden führt die „Galerie" zu optimalen, konsensgetragenen Problemlösungen.

Der Ablauf wird in fünf Phasen gegliedert:

1. Frage stellen

2. Ideen sammeln

3. Ideen verbreiten

4. Ideen bewerten

5. Lösung festlegen

Anhand den Projekts CLEANY werden die fünf Phasen im Detail erläutert.

a) Frage stellen

Zu Beginn wird die Aufgabe für die gesuchte Problemlösung in Frageform aufgeschrieben (*Abb. 1.1-7*), erläutert und für alle TN sichtbar platziert, z. B. auf einer Metaplan-Tafel. Fragen zwingen zum Nachdenken und fordern eine Antwort! Kurz: Ohne Frage keine Antwort!

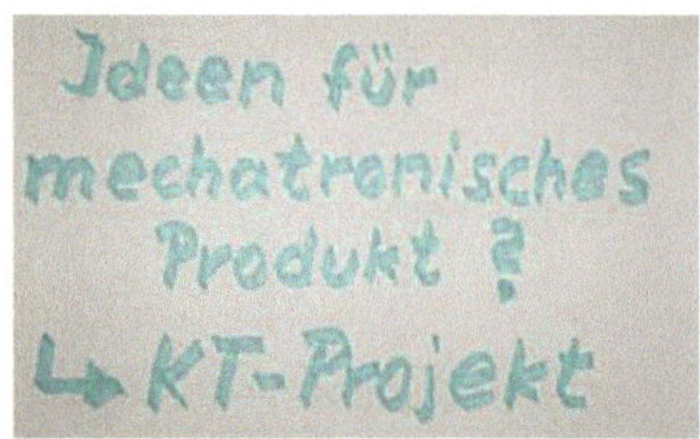

Abb. 1.1-7: Frage zum Projektthema

Fragen immer genau, aber einfach formulieren. Sicherstellen, dass jeder dasselbe meint. Lassen sie eventuell die ursprüngliche Fragestellung von den TN in deren Sprache neu formulieren (Feedback-Aufgabenstellung).

b) Ideen sammeln

Geeignete Hilfsmittel sind idealerweise farbige Kärtchen (A4-Format gedrittelt, s. *Abb. 1.1-8*), Marker, Metaplan-Tafeln und Pin-Nadeln. Mindestens sind jedoch Zettel und Schreibstifte für jeden erforderlich. Es genügt prinzipiell irgendeine Fläche, auf der die beschriebenen Karten so ausgebreitet werden, dass sie von allen Teilnehmern gelesen werden können (auf einem Tisch oder mit Tesafilm an die Wand geheftet). Vorteilhaft ist jedoch eine Metaplan-Tafel.

Abb. 1.1-8: Ideenkarte (Erläuterung)

Es wird nur ein Gedanke/ eine Idee pro Karte auf die Vorderseite mit einem Marker geschrieben in lesbarer Schrift und nicht mehr als drei Zeilen. Auf der Rückseite kann die Idee mit Kuli oder Bleistift (da sonst die Markerfarbe störend auf der Vorderseite durchscheint) näher erläutert werden. Hier sollten noch keine Lösungshinweise gegeben werden, sondern nur die Ideen verdeutlichung erfolgen.

Das Feld „lfd. Nr." wird erst später ausgefüllt. Der TN sollte sein Namenskürzel in das Feld „TN" rechts unten einfügen. Die Felder „Bewertung I und II" werden in Schritt 4 benötigt.

Die Zeit zum Ausfüllen der Karten wird möglichst vorher festgelegt (meistens 5 bis 15 Minuten). In Ausnahmefällen kann es auch vorteilhaft sein, die Kartenzahl zu begrenzen. Bei der CLEANY-Wahl hatte jeder TN nur eine Karte zur Verfügung, so dass dieser nur sein „Favoritenthema" einbringen konnte.

Während der Ideensammlung herrscht absolute Ruhe. Jeder Teilnehmer muss sich ungestört konzentrieren können. Kreativität benötigt Konzentration!

Abb. 1.1-9 zeigt beispielhaft zwei Karten zur Projektwahl CLEANY. Diese gehören zu zwei Gruppierungsüberschriften (Cluster) „Energie" und „Hochschule".

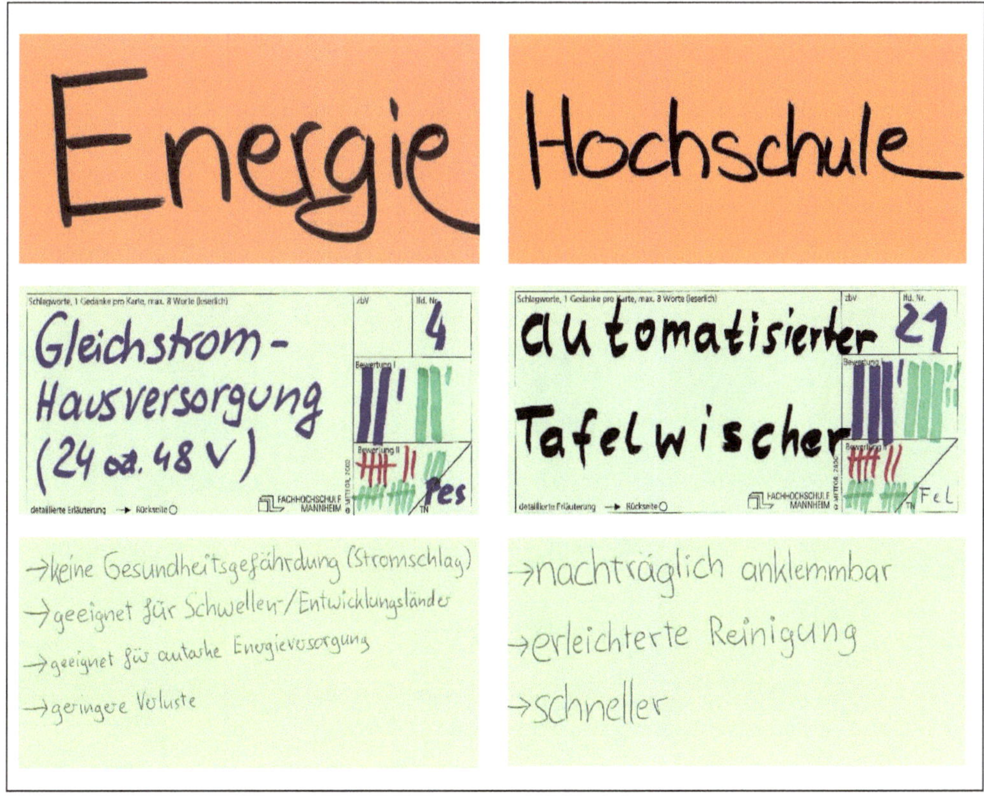

Abb. 1.1-9: Zwei Beispiele zur Projektwahl (jeweils Vorder- und Rückseite sowie Cluster-Überschriften)

c) Ideen verbreiten

Nach der vereinbarten Zeit werden die Karten auf der Metaplan-Tafel angepinnt (*Abb. 1.1-10*), und dabei möglichst *geclustert* (nach Sinngruppen zusammengestellt). Dieses Ergebnis kann übrigens als einfache Form eines „Morphologischen Kastens (Zwicky-Box)" angesehen werden, der auf den Schweizer Physiker Fritz Zwicky zurückgeht. Die Zwicky-Box dient zur Darstellung komplexer Zusammenhänge, und lässt sich sowohl zur übersichtlichen Strukturierung, als auch als Anregung zu neuen Ideen nutzen. Beim Einsammeln der Ideen-Karten lässt sich der Moderator/ Lehrende eine beliebige Karte vortragen (*1 Minuten-Botschaft vereinbaren*, d. h. Kurzvorstellung. *Keine Kritik*, lediglich Verständnis-Nachfragen erlaubt) und fragt nach weiteren ähnlichen Ideen-Karten. Dadurch werden ähnliche Ideen leichter zu einem Cluster aufgefüllt. Hilfreich ist dabei, einen „Cluster-Profi" aus dem TN-Kreis zur Mithilfe zu ermuntern. Der einzelne TN entscheidet im Zweifel darüber, in welchem Cluster seine Karte aufgehängt wird. Die Cluster-Überschriften werden vorteilhaft von einem „Namensschildschreiber" erstellt.

Damit beim Vortragen zum Karteninhalt keine Hektik entsteht, erläutert jeder TN seine Karte vom Sitzplatz aus, und hält die Karte dabei langsam schwenkend zum Teilnehmerkreis vor sich hoch. Damit können die übrigen TN die geschriebene Idee sehen, während der Vortragende die Rückseite seiner Karte als „Spickzettel" für seine Erläuterung nutzen kann.

Jeder hat Zeit, sich alle Karten anschließend wie in einer Bildergalerie anzusehen (dieser Vorgang war namensgebend für die Ideen-Galerie).

Abb. 1.1-10 zeigt die Metaplan-Tafel zur Projektwahl CLEANY.

Abb. 1.1-10: Clusterphase und Gesamtergebnis zur Projektwahl CLEANY

 **Beachte**

Eine „gefahrlose" praktische Aufbewahrung der Pin-Nadeln ist in *Abb. 1.1-11* dargestellt. Ein Stück einer Rohrisolation wird auf die Oberseite der Metaplan-Tafel geklemmt. Es lassen sich von dort bequem die Nadeln einzeln entnehmen, während die andere Hand die Ideenkarte platziert.

Abb. 1.1-11: Aufbewahrung der Pin-Nadeln durch eine Rohrisolation

Um bei den CLEANY-TN bereits zu Beginn der Projektarbeit einen Aha-Effekt zu methodischem Arbeiten zu erzeugen, wurde zunächst die Frage zum Projektthema konventionell mittels „Brainstorming" 5 Minuten lang in der Gruppe (36 TN) diskutiert. Ergebnis: 3 Ideen (orangefarbene Karten unterhalb der Clusterkarten in *Abb. 1.1-10*)! Bereits nach dieser kurzen Zeit war die „Diskussion" nur noch schwer zu moderieren, weil die allgemein übliche Tendenz zur „Kritik gegen alles Neue" an Fahrt zunahm! Nach dem Abbruch der Diskussion und Einführung in die Regeln der Team-Galerie wurden in der gleichen Bearbeitungszeit von 5 Minuten dagegen 25 Ideen produziert, obwohl jeder nur eine Karte beschriften durfte!

Nach dem Lesen und Hören des ersten Kartendurchgangs entstehen automatisch Assoziationen, Kombinationsmöglichkeiten, neue Sichtweisen, Ergänzungen, bessere Formulierungen, grafische Darstellungen usw., die bei bedeutsamen Kreativitätsfragen dazu führen, dass die Schritte 2. und 3. iterativ mehrmals zu wiederholen sind.

 **Beachte** 

Erfahrungsgemäß liefert die Team-Galerie gegenüber der konventionellen Vorgehensweise im gleichen Bearbeitungszeitraum Faktor 10 bis 30mal mehr (und häufig bessere) Ideen, die zudem authentisch dokumentiert sind.

Für jeden neuen Ideen-Durchgang eine andere Farbe der Galeriekarten nehmen. Dadurch können sog. „Rucksackideen" (durch Assoziation entstanden) leichter erkannt, und das zeitliche Auftauchen der Ideen dokumentiert werden.

d) Ideen bewerten

Nachdem in Schritt 3 alle TN mit den vorgeschlagenen Projektideen vertraut gemacht wurden, stellt sich nun die Frage, welches Projektthema von der Mehrheit favorisiert wird. Die hierfür eingesetzte Methode wird im Folgenden als *Team-Entscheidung* bezeichnet.

Diese Entscheidungstechnik dient dazu, zu einem Ergebnis zu gelangen, mit dem sich am Ende alle anfreunden können. Grund dafür ist, dass es bei der Anwendung dieser Art Entscheidungstechnik keine Verlierer oder Gewinner gibt, da K. O.-Kriterien nicht angewendet werden. Dadurch werden auch keine „Altlasten" erzeugt. Da die Entscheidung bei diesem Verfahren normalerweise in mehreren Durchgängen (Wahlgänge) herbeigeführt wird und immer mehrere Alternativen berücksichtigt werden, spricht man auch von einem *weichen Entscheidungsverfahren*.

Die Methode basiert auf den *beiden* Voraussetzungen:

- Demokratisch (jeder TN hat gleiches Stimmrecht)
- Geheim (verbale und hierarchische Einflussnahme wird vermieden)

Hierarchie- und Dominanzeinflüsse werden ausgeschaltet.

In der Metaplantechnik werden demgegenüber häufig farbige oder Symbolklebepunkte für Gruppenbewertungen von Ideen eingesetzt. Da dies vor allen TN geschieht, sind gegenseitige Beeinflussungen nicht auszuschließen. Die Hochschule Mannheim hat deswegen diese Methode formal und inhaltlich zu einer wirklich demokratischen Entscheidungstechnik weiterentwickelt.

Sinnvoll, aber nicht unbedingt erforderlich, ist ein einfaches *Strichlisten-Formular* mit vorgegebener Variantennummerierung von 1 bis 100 (*Abb. 1.1-12*).

Ort: HS Mannheim		Thema der Galerie: Projektthema KT					
Datum: 13.3. xxxx		Teilnehmer: N.N. 1. Bewertung: 5 Punkte / max 2 Punkte kumulierbar					
KartenNr.:	Bewertung:	KartenNr.:	Bewertung:	KartenNr.:	Bewertung:	KartenNr.:	Bewertung:
1		26		51		76	
2		27		52		77	
3		28		53		78	
4	/	29		54		79	
5		30		55		80	
6		31		56		81	
7		32		57		82	
8		33		58		83	
9	/	34		59		84	
10		35		60		85	
11		36		61		86	
12		37		62		87	
13		38		63		88	
14		39		64		89	
15		40		65		90	
16		41		66		91	
17		42		67		92	
18		43		68		93	
19		44		69		94	
20		45		70		95	
21	//	46		71		96	
22	/	47		72		97	
23		48		73		98	
24		49		74		99	
25		50		75		100	

©Prof.Dr.K.-J.Peschges, Hochschule Mannheim, 2015

Abb. 1.1-12: Einfaches Bewertungsformular (Entscheidungsbeispiel)

Die im vorherigen Schritt 3 erzeugten Ideenkarten werden nun an den vorgesehenen Stellen durchnummeriert (vgl. *Abb. 1.1-9*). Somit erhält jede Karte eine ansprechbare Variantennummer.

Nun beginnt das Bewertungsverfahren. Es verläuft in mehreren Durchgängen, wobei sich die Lösung im Konsens entwickelt. Jeder Teilnehmer vergibt unbeeinflusst Punkte für die von ihm favorisierte Variante auf dem „Stimmzettel" (s. *Abb. 1.1-12*) mit einer vorher festgelegten Gesamtpunktzahl und möglichen Kumulationspunkten. Im Allgemeinen gilt:

- Je mehr kumulierte Punkte, desto härter die Entscheidung.
- Je weniger kumulierte Punkte, desto weicher die Entscheidung.
- Je kleiner die Gruppe und je weniger Punkte verteilt werden, umso härter wird die Entscheidung.

Es kann sein, dass ein TN alle Punkte, die er vergeben kann, nur auf seine eigenen Vorschläge verteilen wird. Dies sollte dadurch vermieden werden, indem immer mehr Punkte zur Verfügung stehen (und diese auch vergeben werden müssen!) als es der Anzahl der Vorschläge des „ideenfreudigsten" TN entspricht. Hierdurch müssen Lösungen von anderen TN mitfavorisiert werden. Diese „meine eigenen Vorschläge übersteigende Punktevergabe" sind der Schlüssel für das Auffinden der „von allen Teilnehmern wirklich favorisierten Lösungen".

Nach jedem Durchgang werden die vergebenen Punkte aller TN auf einer Liste zusammengefasst (vgl. *Abb. 1.1-13)* sowie auf den entsprechenden Karten notiert (vgl. *Abb. 1.1-9)*.

Die Stimmenauswertung geschieht am besten durch drei Team-Mitglieder. Der Erste liest Einzelpunkte vor, der Zweite schreibt das Gehörte in die Summenliste, der Dritte kontrolliert die Übereinstimmung zwischen der jeweiligen Punkteliste, dem Gesagtem und dem in die Sammelliste geschriebenen (Spickerfunktion).

Damit das Punkteergebnis jeder Ideenkarte „auf einen Blick" von allen TN erkennbar wird, sollten die Punkte nicht als Zahl, sondern als farbiges Symbol eingetragen werden. Dabei hat sich folgende Symbolik bewährt, wobei nach jedem Bewertungsdurchgang die Markerfarbe gewechselt wird (vgl. *Abb. 1.1-9)*:

- **je 10 Punkte** werden durch einen dicken, langen Markerstrich dargestellt.
- **je 5 Punkte** werden durch einen dicken, halblangen Markerstrich dargestellt, oder durch einen „Fünferpack *////*" dünner, kurzer Markerstriche
- **Einzelpunkte unter 5** werden durch dünne, kurze Markerstriche dargestellt

Die Lösungsvarianten, die keine Punkte erhielten oder die eine gewisse Punktgrenze unterschreiten, werden ausgesondert (so repräsentieren die übrigen favorisierten Ideen mehr als $\frac{2}{3}$ aller abgegebenen Punkte) und man geht in den nächsten Durchgang. Dieser zählt dann wieder getrennt vom ersten.

Das Verfahren ist solange mit den eingeschränkten Variantenfavoriten fortzuführen, bis eine eindeutige Auswahl gegeben ist (vgl. *Abb. 1.1-14)*. Die Punkte ähnlicher Varianten sind gegebenenfalls auch unter einer neuen „Variante" zusammenzuziehen.

Die Variante mit der größten Stimmhäufung besitzt den größten Gruppenkonsens und sollte weiterverfolgt werden.

Ort: HS Mannheim		Thema der Galerie: Projektthema KT, Ergebnisliste					
Datum: 13.3. xxxx		Teilnehmer: Alle! 5. Bewertung: 1 Punkt					
KartenNr.:	Bewertung:	KartenNr.:	Bewertung:	KartenNr.:	Bewertung:	KartenNr.:	Bewertung:
1		26		51		76	
2		27		52		77	
3		28		53		78	
④	LHT ‖‖	29		54		79	
5		30		55		80	
6		31		56		81	
7		32		57		82	
8		33		58		83	
9		34		59		84	
10		35		60		85	
11		36		61		86	
12		37		62		87	
13		38		63		88	
14		39		64		89	
15		40		65		90	
16		41		66		91	
17		42		67		92	
18		43		68		93	
19		44		69		94	
20		45		70		95	
㉑	⊬Ⱦ⊬Ⱦ⊬Ⱦ⊬Ⱦ ‖	46		71		96	
22		47		72		97	
23		48		73		98	
24		49		74		99	
25		50		75		100	

Abb. 1.1-13: Ergebnisliste Projektauswahl CLEANY nach mehreren Bewertungsdurchgängen

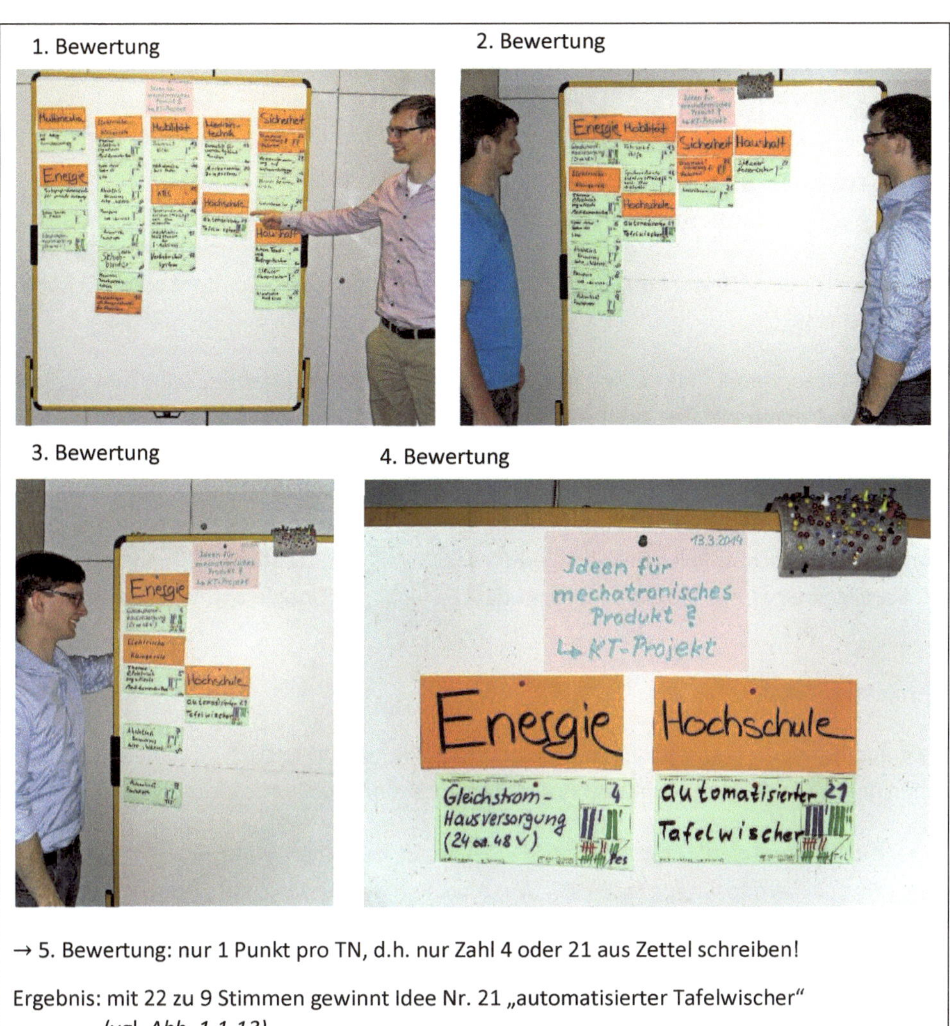

→ 5. Bewertung: nur 1 Punkt pro TN, d.h. nur Zahl 4 oder 21 aus Zettel schreiben!

Ergebnis: mit 22 zu 9 Stimmen gewinnt Idee Nr. 21 „automatisierter Tafelwischer"
(vgl. *Abb. 1.1-13*)

Abb. 1.1-14: Ideenfavorisierung CLEANY in fünf Bewertungsdurchgängen

e) Lösung festlegen

Es bietet sich bei derartigen Projekten an, nach der Konsensentscheidung „Automatisierter Tafelwischer", eine griffige Kurzform zu finden. Zu diesem Zweck könnte man ebenfalls die Team-Ideen-Galerie einsetzen, was im industriellen Bereich auch empfohlen wird. An der Hochschule wird jedoch eine einfache Sammlung von Ideen mittels Flip-Chart bevorzugt. In jedem Falle sind die Ideengeber aber namentlich festzuhalten. Bei CLEANY wurden folgende Kurzformen genannt:

- ATW   (KES) für **A**utomatischer **T**afel**w**ischer
- TP1   (FEß) für **T**afel**p**utzer, Revision Nr.**1**
- SC   (WIE) für **S**creen **C**leaner
- CLEANY   (PET) als Kurzform
- TWG   (NEU) für **T**afel-**W**ischgerät
- BBC   (KOB) für **B**lack **B**oard **C**leaner

Nach zwei schnellen Bewertungsdurchgängen (analog zum Vorgenannten) stand CLEANY als Arbeitstitel fest.

Es ist anzuraten, bereits hier eine *erste Recherche* (Bibliothek, Internet, etc.) zum geplanten Projektthema durch alle Team-TN durchführen zu lassen. Dadurch kann verhindert werden, dass das „Rad zum x-ten Mal erfunden" wird. Zumindest wissen die TN dann, was evtl. noch besser zu machen wäre! Bei allen projektorientierten Veranstaltungen der Hochschule wurde zu Beginn jeweils eine leitende Mitarbeiterin der Hochschulbibliothek eingeladen, die zu den Themen „Wissenschaftliches Recherchieren" und „Quellen-Zitate" die TN fundiert informiert hat. Ein allgemeiner Aha-Effekt dabei war, dass es nicht nur Google und Wikipedia gibt!

3. Projektprotokolle?

Alle gemeinsamen Veranstaltungszeiten sollten möglichst authentisch dokumentiert werden. Neben den Galeriekarten und Fotos der Metaplantafeln/ Flip-Charts bieten sich hierzu an:

- *Sitzungsprotokolle* (z. B. MS-WORD®) → Sonderaufgabe für TN
- *Protokollergänzungen* (z. B. MS- Windows Journal®) → Moderator/ Professor
- *Videoaufnahmen* (Videokamera) → optionale Sonderaufgabe für TN

Die Sitzungsprotokolle und die Protokollergänzungen müssen veranstaltungsbegleitend erstellt werden und möglichst für alle TN sichtbar über Beamer projiziert werden, *um Unklarheiten oder Fragen der Teilnehmer sofort einzubinden*. Wichtig ist, dass jedes Mitglied jederzeit Zugriff auf alle Daten hat, um Arbeiten nachschlagen und ergänzen zu können. Eine von vielen Plattformen hierfür ist z. B. Moodle®, die an der Hochschule Mannheim eingesetzt wird. Nach der Sitzung werden deshalb alle Protokolle und Informationsdateien in einer gemeinsamen Arbeitsplattform abgelegt.

Sitzungsprotokolle werden abwechselnd von einem Protokollanten und dessen Stellvertreter (die sich freiwillig für diese Aufgabe gemeldet haben) nach dem folgendem Muster gemäß *Abb. 1.1-15* erstellt:

- Datum & Nummer der Semester-Doppelstunde, Projekt-Bezeichnung
- Protokollant
- Abwesenheitsliste (entschuldigt und unentschuldigt), da Anwesenheitsliste zu umfangreich würde und nichtssagend wäre

- Zusammenfassung der letzten Sitzung (TN n) und Festlegung der Vortragenden für die nächste Sitzung (TN n+1)
- Stand der aktuellen Aufgaben & neue Aufgaben (vgl. auch To Do –Tafel, gemäß *Abb. 1.1-20*)
- Kurze Beschreibung der jeweiligen Topics (detailliertere Beschreibung in der *Protokoll-Ergänzung*)

KT 8.05.2014, 15.+16.Dstd., Projekt " CLEANY ", Protokoll DEB

TN: s. Liste

- **TN:**   GAR, ERE, WUL entschuldigt (15. Dstd);
  GAR, ERE, KOM, WUL entschuldigt (16. Dstd);
  ...unentschuldigt (15. Dstd);
  ...unentschuldigt (16. Dstd)
- **TOP1:**   Altlasten und Basisinfo
  - a) Kurzfassung der letzten Stunde (KES,KOB) → nächste Std. (KOM,LAN)
  - b) Status der Aufgabenerledigung → To Do-Tafel (NEU, KES,...)
  - c) Termine → Veranstaltungszeiten zusätzlich (ebenfalls Raum G/ 054 ok!)
    Mi.14.05. (5./ 6.Block)
  - d) Sonderaufgaben: → siehe To Do-Tafel
  - e) Moodle-Passwort: „xxxyyyy"
  - f) Sonstiges/ Fragen?
    externe Arbeiten in Arbeitszeit-Liste eintragen (BÄH, KOB),
    Umlauf der Liste an jedem Veranstaltungstag → Bringschuld von jedem TN (auch jede Fehlstunde mit Datum separat eintragen!)
- **TOP2:**   Blackbox und Anforderungsliste (ANFOLI) (s. Protokoll-Ergänzung vom 20./ 26./ 27. 03. und 3.4.2014)
- **TOP3:**   Inhaltsverzeichnis „Bericht" und Struktur Quellenverzeichnis → PES
- ...   ...

Abb. 1.1-15: Beispiel für ein Sitzungsprotokoll (permanent sichtbar via Beamer!)

Parallel und ergänzend zu den Sitzungsprotokollen werden vom Moderator/ Professor vertiefende Details zu den Tagesordnungspunkten mittels MS-Windows Journal® (berührungssensitiver Bildschirm) in *Protokollergänzungen* handschriftlich dargestellt. Diese sind ebenfalls über Beamer für alle Teilnehmer sichtbar (*Abb. 1.1-16*).

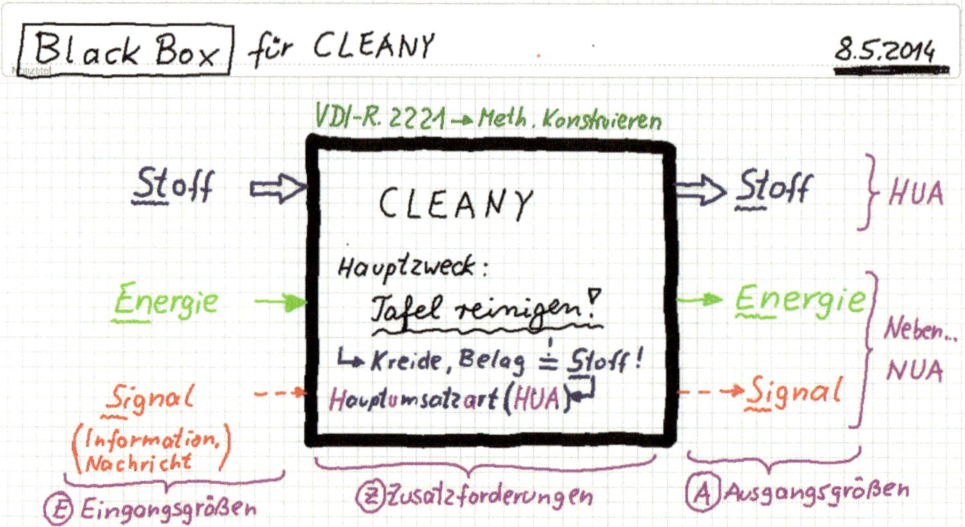

Abb. 1.1-16: Protokollergänzungen (MS-Windows Journal®, handschriftlich)

Nähere Erläuterungen zum Beispiel zur *BLACK BOX* einer Protokollergänzung finden sich in *Kap. 1.2.*

Optional können *Videoaufnahmen* erstellt werden, um wichtige Phasen der Entwicklung und länger zurückliegende Zwischenergebnisse nachträglich zu recherchieren. In jedem Falle sollte die Abschlusspräsentation des Projekts für alle TN mittels Sitzungsprotokollen und Ergänzungen dokumentiert werden.

4. Projektplanung/ -management?

Es ist bei Projekten ab einer gewissen Größe sinnvoll, den inhaltlichen und zeitlichen Ablauf der Arbeitsschritte und die Aufgaben der einzelne TN genauer zu planen, sowie die Einhaltung zu verfolgen. Dies wird allgemein als „Projektmanagement" bezeichnet. Im Rahmen der Hochschulausbildung werden hierfür teilweise sehr aufwendige Systeme/ Programme (z. B. MS Project®) gelehrt und eingesetzt, die dabei oft zum Selbstzweck entarten und dabei vor lauter Formalismus und EDV-Blindheit vom kreativen Problemlösen ablenken. Dies ist besonders im Bereich „Konstruktion" von Nachteil.

Deshalb werden hier eine einfache Projektplanung (strategisch) und Projektverfolgung (operativ) angewendet, die wenig zeitaufwendig und leicht einzusetzen sind. Es werden lediglich zwei Komponenten benötigt, die eine weitere Anwendung der *Zwicky-Box* beinhalten:

- *Arbeitspaket-Zeitplan* (für die strategische Planung und Projektverfolgung)
- *To Do-Tafel* (für die operative Detailplanung und Projektverfolgung)

Arbeitspaket-Zeitplan (strategische Planung und Projektverfolgung)

Mithilfe von Arbeitspaketen und Zeitplänen ist es möglich, ein Projekt strategisch zu kontrollieren (s. *Abb. 1.1-17*). Ein Arbeitspaket ist eine Aktivität, beziehungsweise Aufgabe innerhalb eines Projektes. Der Begriff ist nach DIN 69901 definiert. Entscheidend ist, dass jedem Arbeitspaket ein oder mehrere Verantwortliche zugeteilt werden. Die bzw. der Verantwortliche ist für die termingetreue Erledigung zuständig. Ein Arbeitspaket enthält eine genaue Beschreibung der abzuarbeitenden Aufgabe und die dazu vorhergesehene Zeit (vgl. [WIK 14.1]).

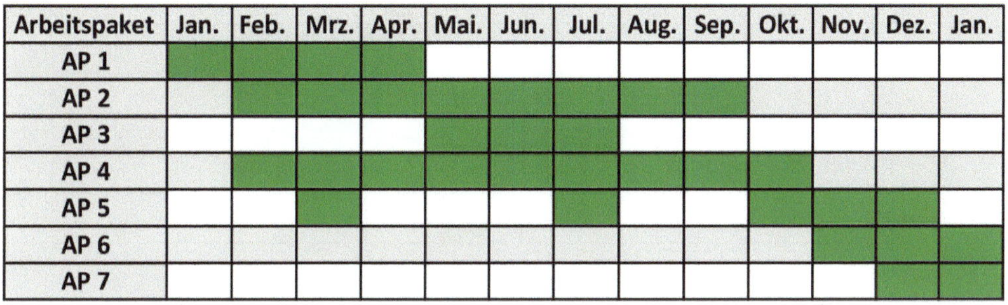

Arbeitspaket	Jan.	Feb.	Mrz.	Apr.	Mai.	Jun.	Jul.	Aug.	Sep.	Okt.	Nov.	Dez.	Jan.
AP 1	█	█	█	█									
AP 2		█	█	█	█	█	█	█	█				
AP 3					█	█	█						
AP 4		█	█	█	█	█	█	█	█	█			
AP 5			█				█			█	█	█	
AP 6											█	█	█
AP 7												█	█

Abb. 1.1-17: Darstellung eines Zeitplans mit Arbeitspaketen (grün)

Die Aktivitäten eines Projektes werden in die erste Spalte einer Tabelle eingetragen. In der ersten Zeile der Tabelle wird die Zeitachse dargestellt. Die Länge eines Balkens stellt die zeitliche Dauer einer Aktivität dar. Das somit entstehende Diagramm wird auch Gantt-Diagramm oder Balkenplan genannt. Mit Hilfe des Gantt- Diagramms ist es möglich, die Dauer von Aufgaben und Aktivitäten zu visualisieren und Soll-/ Ist-Zustand eines Projektes zu überprüfen (vgl. [WIK 14.2]).

Zeitpläne können sehr einfach mit MS-Excel® dargestellt werden. Ersatzweise gibt es eine Fülle von kostenloser und kostenpflichtiger Software mit deren Hilfe man Gantt-Diagramme erstellen kann. Sie unterscheiden sich hauptsächlich im Bedienkomfort und Layout. In der Konstruktionsausbildung der Hochschule wird diese Darstellung erweitert, damit Vorlauf und Nachlauf einer Aktivität sichtbar sind, und es möglich wird, Soll- und Istwert miteinander zu vergleichen. Letzteres dient dem Lerneffekt, dass „je planmäßiger der Mensch vorgeht, ihn umso heftiger der Zufall trifft".

Es ist sinnvoll, die zeitliche Einordnung der Arbeitspakete „vom Endtermin" (s. Meilensteine als *rote Vierecke* in *Abb. 1.1-18*) und vom „letzten Arbeitspaket" aus vorzunehmen, und im Team iterativ die übrigen Pakete einzuplanen. Diese Schritte lassen sich zunächst „von Hand" mit MS-Windows Journal® leicht durchführen, und später in einer Excel- oder Word-Tabelle vervollständigen.

Im Bereich von allgemeinen Projekten bietet sich eine Arbeitsschritt-Strukturierung nach „7 Schritte der fraktalen Projektorganisation" an (*Abb. 1.1-18*). Im konstruktiven Bereich erfolgt die Strukturierung nach „10 Schritte des Methodischen Entwickelns/ Konstruierens" (*Abb. 1.1-19*).

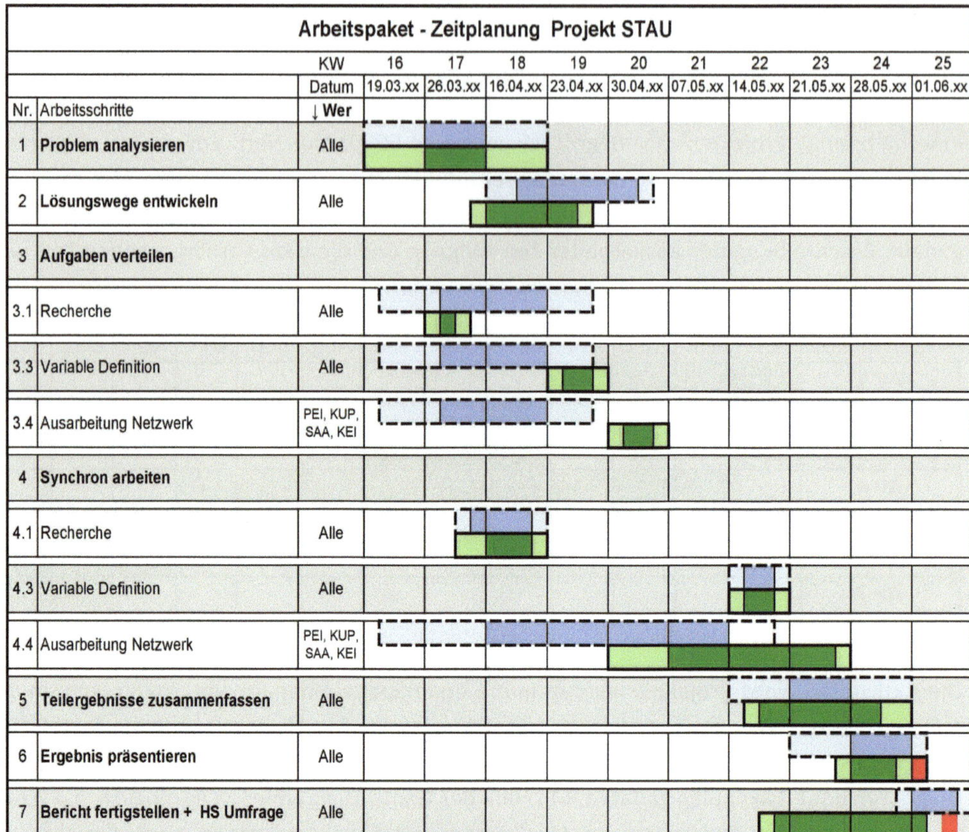

Abb. 1.1-18: Arbeitspaket-Zeitplan für ein Allgemeines Projekt (gestrichelte Balken = PLAN/ SOLL, umrahmte Balken = IST; jeweils mit Vorlauf, Bearbeitung und Nachlaufarbeiten). Arbeitspakete nach „7 Schritte der fraktalen Projektorganisation" gegliedert [PES 10]

		Arbeitspaketzeitplan Projekt "Team Up"					
		KW	29	30	31	32	33
		Datum	14.7	21.7	28.7	4.8	11.8
Nr.	Arbeitsschritte	↓ Wer					
1	Teamarbeit Methodisch organisieren	STA, PES					
2	Hauptfunktionen des Projekts allgemein festlegen (Blackbox = Konstruktionsziel)	Alle					
3	Anforderungsliste erstellen	FEß, PES					
4	Ablaufplan der Teilfunktionen erarbeiten (Funktionsstruktur)	Alle					
5	Lösungsprinzipien und sinnvolle Kombinationen finden	Alle					
6	Konzeptvarianten erstellen	MAN, TSC, PES					
7	Schwachstellenanalyse der Konzeptvariante und deren Optimierung	MAN, TSC, PES					
8	Optimalkonzept systematisch finden	STA, TSC, PES					
9	Optimalkonzept detailliert ausarbeiten (nicht buch- sondern ausbildungsrelevant)	Alle					
10	Projekt(zwischen)ergebnis dokumentieren und präsentieren	STA, MAN, PES					
11	Sonstige	Alle					

Teilnehmer:
PES Prof. Dr. Peschges
FEß Christoph Feßler
MAN Steffen Manser
STA Andreas Starker
TSC Alexander Tschumak

Vorlauf　　Hauptzeit　　Nachlauf
Plan:
Ist:

Abb. 1.1-19: Ausschnitt aus Arbeitspaket-Zeitplan für ein „Konstruktions"-Projekt. Arbeitspakete nach „10 Schritte des Methodischen Entwickelns/ Konstruierens" gegliedert.

To Do-Tafel (operative Detailplanung und Projektverfolgung)

Nachdem alle strategischen Arbeitsschritte zeitlich eingeordnet sind, kann jetzt die operative Detailarbeit beginnen. Die dazu genutzte To Do-Tafel ist in *Abb. 1.1-20* bei einem bestimmten Stand des Projektes CLEANY dargestellt und nachstehend erläutert.

Abb. 1.1-20: To Do-Tafel zur operativen Projektverfolgung (Einzelaufgaben CLEANY)

Die To Do-Tafel hilft dem Team, seine Teilaufgaben zu strukturieren. Eine große Pinnwand-tafel, als To Do-Tafel erstellt, zeigt allen Projektteilnehmern auf einen Blick (Namenskürzel), welche Aufgaben noch zu erledigen sind und welche bereits fertiggestellt wurden. Die To Do-Tafel wurde jeweils zu Beginn der Sitzungen von Projektteilnehmern besprochen und von einem verantwortlichen Projektteilnehmer aktualisiert.

Die To Do-Tafel wird horizontal in zwei Bereiche unterteilt:

- Der Bereich *Projekt*
- Der Bereich *Dokumentation*

Im *Projekt*-Bereich werden die Aufgaben der Teilnehmer visualisiert, die in Bezug zu dem eigentlichen Projekt stehen. Im Bereich *Dokumentation* werden alle Aufgaben dargestellt, die in Bezug zur Projektdokumentation stehen.

Vertikal wird die To Do-Tafel in vier Statusbereiche unterteilt:

- *Future*: sämtliche Aufgaben, die während der gesamten Projektphase durchgeführt werden müssen (z. B. Protokolle erstellen)
- *To Do*: Aufgaben, die zukünftig noch zu erledigen sind (Erinnerung)
- *In Work*: Aufgaben, die in Bearbeitung sind
- *Done*: Aufgaben, die schon erledigt sind („Erfolgsrucksack" für TN)

Für die Karten auf der To Do-Tafel werden je nach Gruppe/Projektteilnehmer unterschiedliche Farben verwendet. Die Beschriftung der Karten erfolgte mit dem Kürzel des Teilnehmer-Namens (links unten), der Aufgabe (oben) und mit dem Termin der Erledigung der Aufgabe (rechts unten). Die nachfolgende *Abb. 1.1-21* zeigt ein Beispiel einer solchen farbigen To Do-Karte, die jeder Bearbeiter selbst erstellt.

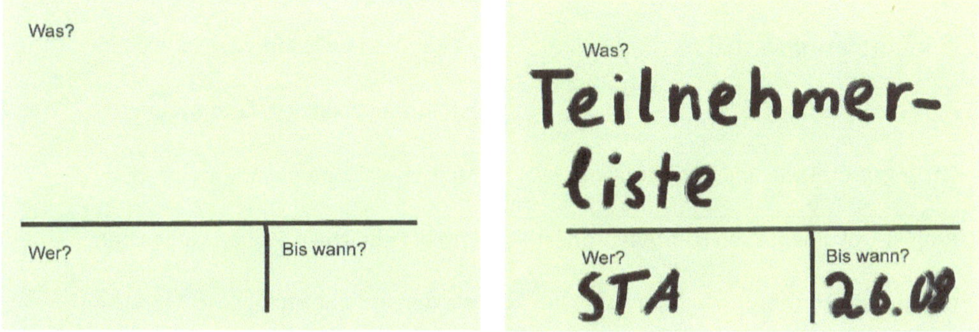

Abb. 1.1-21: Eine leere To Do-Formularkarte und eine ausgefüllte To Do-Karte

Die To Do-Tafel wird zu Beginn einer jeden Sitzung durchgesprochen und hilft dadurch, im Projekt einen direkten und vollständigen Überblick über die zahlreichen Teilaufgaben zu erhalten und deren Erledigung visuell einfach im Team zu verfolgen.

5. Stärken nutzbar?

Für immer wieder anfallende spezielle Aufgaben, neben dem Schreiben der Dokumentation, werden Teammitglieder gesucht, die sich aus einer Liste von anstehenden Tätigkeiten entsprechend diejenigen heraussuchen können, die zu ihren besonderen Eignungen passen (s. *Abb. 1.1-22*). Dies geschieht am besten durch „Hand hochheben" – wer schnell reagiert, bekommt den Zuschlag!

Aufgabe	Name
Arbeitszeitliste (außerhalb von Sitzungen)	Simon Abelchen, Boris Bebelchen
Video-Dokumentation	Sergej Cebelchen, Andreas Debelchen
Teamsprecher und Stellvertreter (*z. B. Kandidatenloses Wahlverfahren, s. u.*)	Sergej Cebelchen, Stephan Ebelchen
Aufräumdienst nach Sitzungen	Hans Febelchen, Lotte Gebelchen
Moodle-Kommunikationsplattform	Fritz Hebelchen, Ute Ibelchen
Präsentationsvorlagen (PowerPoint®)	Alexander Jebelchen, Karl Kabelchen
Adressenliste der TN	Johannes Lebelchen, Otto Mebelchen
Sitzungsprotokolle und Ergänzungen	Maik Nebelchen, Julian Obelchen
Projekt-Dokumentation (DIN A4-Ordner)	Pascal Pebelchen, Steffen Qebelchen
Galeriekarten/ Morphologischer Kasten	Waldemar Rebelchen, Suse Sebelchen
Seitenlayout Projekt-Bericht	Mathias Tebelchen, Frank Uebelchen
Deckblattgestaltung Projekt-Bericht	Fabian Vebelchen, Walter Webelchen
Zusammenführen der Berichtsteile	Fabian Vebelchen, Walter Webelchen
Arbeitspaket-Zeitplan/ TO DO-Tafel	Waldemar Rebelchen, Suse Sebelchen

Abb. 1.1-22: Verteilung häufig vorkommender Aufgaben auf freiwilliger Basis (Verantwortlicher und Stellvertreter ist sinnvoll)

 **Beachte** 

Kandidatenloses Wahlverfahren

Im Gegensatz zu allen anderen Aufgaben werden aus gutem Grund der Teammoderator und dessen Stellvertreter vom Team gewählt. Sie stellen sich auch nicht selbst zur Wahl, noch werden sie von anderen zur Wahl vorgeschlagen, wie das allgemein üblich ist. Stattdessen erfolgt eine modifizierte Anwendung des *weichen Entscheidungsverfahrens* (vgl. *Kap. 1.1, 2. Projektthema?*), das sog. *kandidatenlose Wahlverfahren*. Lediglich ein nicht wählbarer Wahlleiter muss verfügbar sein, was z. B. der Lehrende/ Professor/ Moderator sein kann.

METEOR

Als Verfahrensbegründung dient die psychologische Erkenntnis, dass die Teilnehmer sich gegenseitig bereits nach wenigen Sprachminuten, mit einem sehr sicheren „Bauchgefühl" bezüglich der jeweiligen Moderations-und Teamkompetenz einschätzen können. Hierzu reicht im Extremfall bereits die Vorstellungsrunde.

Der Ablauf ist analog dem für die *Team-Ideen-Galerie* geschilderten Verfahren, lediglich die verteilten Punkte werden vom Wahlleiter nur eingeschränkt „veröffentlicht".

Für den ersten Wahlgang schreibt jeder TN auf sein Namensschild eine fortlaufende Nummer, so dass jeder Teilnehmer einer „Variante" der Team-Ideen-Galerie entspricht. Bei ca. 20-40 TN haben sich 5 zu vergebende Gesamtpunkte, mit maximal 2 kumulierbaren Punkten für den ersten Durchgang als geeignet erwiesen. D. h. jeder TN kann zwischen 3 und 5 Kandidaten vorschlagen. Nach jedem „Wahldurchgang" mit den Bewertungsformularen *Abb. 1.1-13* und *1.1-14* schildert der Moderator die Gesamtkonstellation der vergebenen Punkte, also z. B. die TN 3, 7, 17, 25 und 32 haben zusammen mehr als 80 % der zu vergebenden Punkte erhalten. In Diskussion mit den TN legt der Wahlleiter die Punkt-Untergrenze für die verbliebenen Kandidaten des nächsten Wahlgangs fest. Nachdem eine neue Gesamtpunktzahl und die kumulierbaren Punkte feststehen, schließt sich der nächste Wahldurchgang mit dem gleichen Prozedere an. Die Bewertungszettel können mehrfach verwendet werden, wenn die vorher vergebenen Punkte darauf mit einem Marker unkenntlich gemacht werden.

In der Regel reichen drei bis vier Wahlgänge aus, um zwei vom gesamten Team als geeignet erachtete Team-Moderatoren zu bestimmen, die zwischen 60 % und 80 % der Gesamtpunkte auf sich vereinigen können. Der TN mit der höchsten Punktzahl wird vom Wahlleiter als Team-Moderator vorgeschlagen, der andere wird stellvertretender Moderator. Die Einzelpunkte werden auch hier nicht veröffentlicht, um unnötige Konkurrenzdiskussionen zu vermeiden.

Mit dieser Vorgehensweise lassen sich Moderatoren aus dem Team herauswählen, ohne dass es Verlierer oder Gewinner gibt. Die Gewählten sind dann wirklich „ausgewählt" und besitzen das größte Konsenspotenzial für diese Aufgabe innerhalb der Gruppe. Sie können daher mit der größten Unterstützung durch das Team rechnen.

Den Lesern wird empfohlen, das *kandidatenlose Wahlverfahren* bei nächster Gelegenheit einmal bei der Wahl eines Semestersprechers, des Vorstands eines Vereins, des Teamleiters eines Projekts etc. vorzuschlagen und anzuwenden!

 **Beachte** 

METEOR-Strategie

METEOR steht für **ME**nsch – **TE**chnik – **OR**ganisation, und beinhaltet Methoden, für eine am Menschen orientierte Gestaltung von Technik und Organisation, die an der Hochschule Mannheim unter der Leitung des Autors Peschges entwickelt wurde. Basis von allen Schritten ist auch hier eine demokratische und gleichberechtigte Vorgehensweise für alle Teilnehmer.

Die *METEOR*-Strategie wird vor allem bei komplexen Problemstellungen zum Einsatz kommen. Beispielsweise bei der strategischen Unternehmensplanung, der zukünftigen Forschungsschwerpunkte von Hochschulen, der Neu-Namensgebung für eine bereits existierende Forschungszeitschrift oder der Erarbeitung neuer Studiengänge. Diese und weitere Anwendungen wurden bereits erfolgreich mit der *METEOR*-Strategie bearbeitet.

Die *METEOR*-Strategie kann auch als „- / + / ++" – Strategie bezeichnet werden, wobei der nachstehend erläuterte gedankliche Fragen-Ansatz der spontanen menschlichen Überlegungssequenz entspricht:

    − ≡   Wo klemmt es? → Schwachstellen, Negatives, Fehlentwicklungen, etc.

    + ≡   Was ist gut an der IST-Situation/ -Lösung? → Gutes beibehalten

  ++ ≡   Wie sieht eine Lösung mit Zukunft aus? → Optimale Lösung (Win-Win)

Dabei können grundsätzlich für die Ideensuche der obengenannten drei Fragenbereiche, alle in diesem Buch beschriebenen teamorientierten Methoden zum Einsatz kommen, um optimale Lösungen zu erzielen. Für die meisten Problemstellungen eignet sich allerdings am besten die *Team-Ideen-Galerie.*
Als besonders hilfreich bei der Suche nach Ideen mit Hilfe der Team-Ideen-Galerie für die METEOR-Strategie hat sich der Einsatz des *METEOR-Unternehmensmodells* (*Abb. 1.1-23*) bzw. des daraus abgeleiteten *METEOR-Projektmodells* (*Abb. 1.1-25*) erwiesen [PES 93].

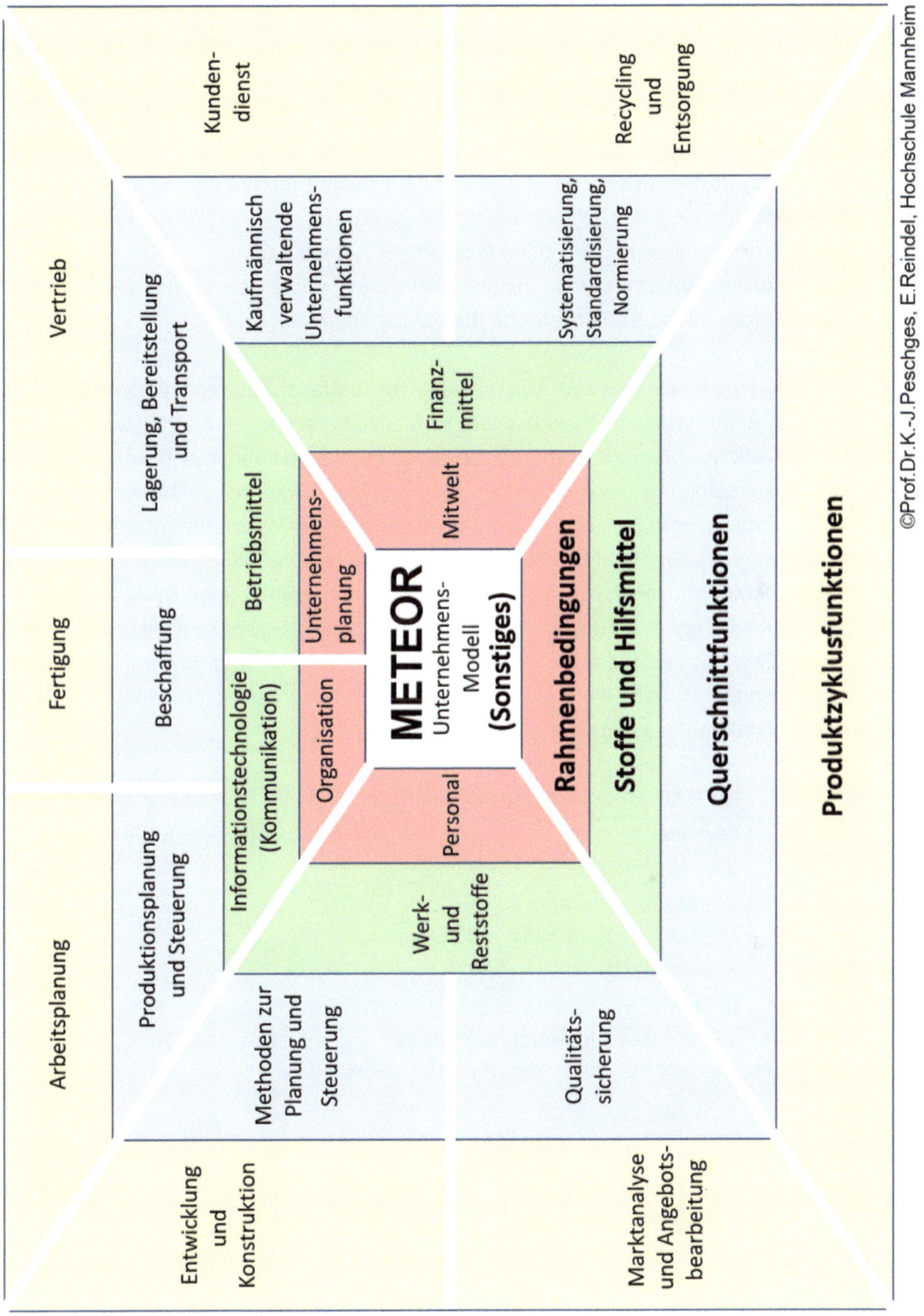

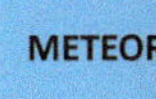

Abb.1.1-23: Das *METEOR-Unternehmensmodell* als Suchliste für Ideen bei der Anwendung der *Team-Ideen-Galerie* für allgemeine Problemlösungen

Das neutrale *METEOR*-Unternehmensmodell weist alle derzeit bekannten Funktionsbereiche eines Unternehmens auf. Es lässt sich aber auch auf Verlage, Vereine, Regierungen... übertragen (und sogar auf die Zubereitung eines Mittagessens!)! Dabei sind die 23 Teilfunktionen (22 Einzelfunktionen + Sonstiges) in vier Funktionsbereiche eingeteilt:

1. *Produktzyklusfunktionen*, die in einem Produktzyklus durchlaufen werden (von der Wiege bis zur Bahre)
2. *Querschnittsfunktionen*, die einen Produktzyklus begleiten
3. *Stoffe und Hilfsmittel* zur Planung und Realisierung von einem Produktzyklus
4. Betriebliche und außerbetriebliche *Rahmenbedingungen*

Die Aufgabengebiete beeinflussen sich gegenseitig. Entfallen bei einem Unternehmen einzelne Funktionen (z. B. Entwicklung/ Konstruktion) so bleibt die aufgezeigte Strukturierung aufgrund des modulartigen Aufbaus dennoch bestehen. Einzelne Funktionen können also wegfallen, ohne dass die Struktur an Allgemeingültigkeit verliert. Derzeit noch nicht bekannte Funktionen können im Zentrum des Modells unter „Sonstiges" eingeordnet werden. Interessant an diesem Modell sind noch zwei weitere Besonderheiten. Werden beispielsweise „Entwicklung/ Konstruktion" und „Informations-technologie" verknüpft, leitet sich daraus der Begriff „Computer Aided Design (CAD)" ab, und mit analogen Verknüpfungen sämtliche rechnerunterstützten Tätigkeiten (CAx). Außerdem sind die meisten Suchlisten, z. B. für Schwachstellenanalysen (s. *Kap. 1.8*) Untermengen des METEOR-Unternehmensmodells. Dazu werden oft die *4 bis 6 M´S* herangezogen, die in *Abb. 1.1-24* den hier verwendeten Funktionen gegenübergestellt sind:

	4-6 M'S	METEOR-Unternehmensmodell
1.	Mensch	Personal
2.	Maschine	Betriebsmittel
3.	Material	Werk-und Reststoffe
4.	Methode	Methoden zur Planung und Steuerung
5.	Money	Finanzmittel
6.	Mitwelt	Mitwelt
	Sonstiges	16 konkrete Funktionen + Sonstiges (s. o.)

Abb. 1.1-24: Eingeschränkte (4-6 M´s) und vollständige (METEOR) Suchliste

Die in *Abb. 1.1-25* gezeigte Übertragung des *METEOR*-Unternehmensmodells in das für allgemeine Projekte geeignete *METEOR*-Projektmodell, realisiert als Produktzyklusfunktionen die „7 Schritte des fraktalen Projektmanagements" (vgl. *Kap. V3*).

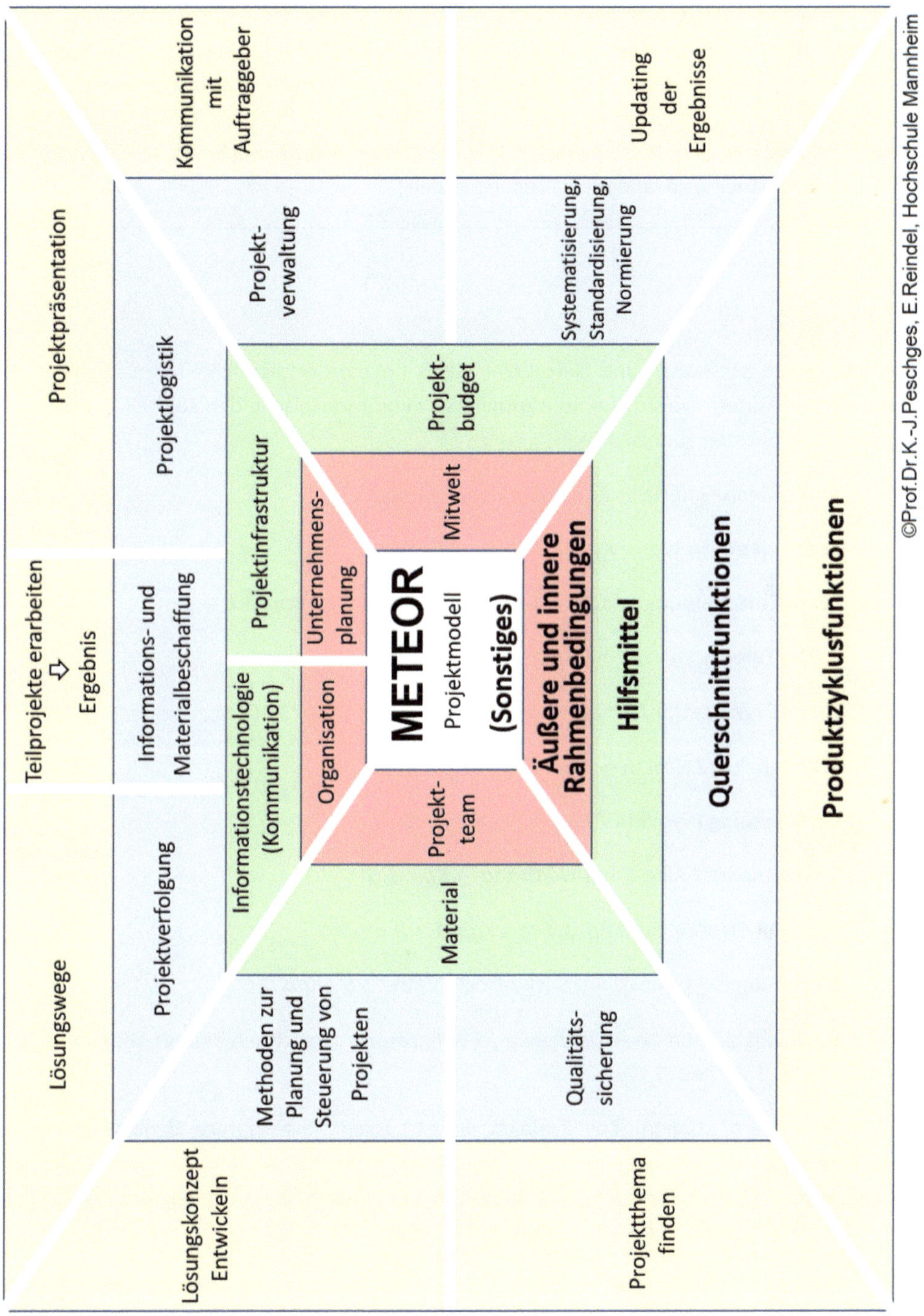

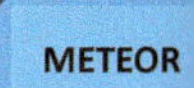

Abb. 1.1-25: Das *METEOR-Projektmodell* als Suchliste für Ideen bei der Anwendung der *Team-Ideen-Galerie* für allgemeine Projektbearbeitungen

Durch die angewendete Team-Methodik ist die Zahl der Teilnehmer nicht auf die meistens genannten 5-10 begrenzt. Beispielsweise wurden im Bereich der Optimierung des Öffentlichen Personen Nahverkehrs (ÖPNV) Gruppen mit nahezu 100 Teilnehmern erfolgreich moderiert! Zudem ist eine möglichst heterogene Zusammensetzung der Teams förderlich für das Ergebnis (Beruf, Alter, Geschlecht, Hobbys, alle Hierarchien, …). Je mehr TN *methodisch moderiert* an einer Problemstellung arbeiten, umso eher wird eine *ideale Lösung* erzielt!

---

6. Sonstiges?

Die wichtigsten Methoden und Hilfsmittel/ Skills für eine erfolgreiche Teamarbeit werden jeweils dort erläutert, wo sie praktisch zum Einsatz kommen (also in den Kapiteln 1.1 bis 1.10). Aus Sicht der Autoren sind dies:

- ✓ **Team-Ideen-Galerie** → *Kap. 1.1 / Kap. 1.6/ Kap. 1.7*

- ✓ **Team-Ideen-Kreisel** → *Kap. 1.3 / Kap. 1.6*

- ✓ **Team-Entscheidung** → *Kap. 1.1 / Kap. 1.5 / Kap. 1.7 / Kap. 1.8*

- ✓ **To Do-Tafel** → *Kap. 1.1* bis *Kap. 1.10*

- ✓ **Team-Organisation/ -Präsentation** → *Kap. 1.1* bis *Kap. 1.10*

- ✓ **Arbeitspaket-Zeitplan** → *Kap. 1.1* bis *Kap. 1.10*

- ✓ **Verfremdung (Synektik/ Bionik)** → *Kap. 1.5*

- ✓ **Spontanwort-/ Ping-Pong-Methode** → *Kap. 1.5*

- ✓ **METEOR-Strategie** → *Kap. 1.1 (bis Kap. 1.10)*

- ✓ **Morphologischer Kasten (Zwicky-Box)** → *Kap. 1.5 / Kap. 1.6*

- ✓ **Schwachstellenanalyse (Ishikawa-/ Fischgräten-/ Ursache-Wirkungs-Diagramm)** → *Kap. 1.7 / Kap. 1.9*

Bereits in diesem Stadium des Projekts ist es ratsam, die spätere *Berichtsstruktur* zu besprechen. Die Inhalte eines Berichts sind kein Selbstzweck, sondern müssen so gestaltet sein, dass sie einem Leser das Projektergebnis verständlich machen können. Ein Bericht dient also letztlich nicht dem Verfasser, sondern dem Leser!

Um eine allgemein gültige und logische Strukturierung zu erzeugen, dienen vier Fragen, die sich auch als verständnisfördernde Hilfe in diesem Buch wiederfindet:

1. Was war zu tun? → Problemstellung, IST-Zustand, Situation
2. Wie ging man vor? → Durchführungshinweise (theoretisch, experimentell)
3. Was kam dabei raus? → Ergebnisse
4. Wie geht es weiter? → Ausblick, nicht gelöste Teilprobleme, Umsetzungshinweise, wichtige Informationen für „Nachfolger"…

In der gleichen Reihenfolge wird eine verständliche *Zusammenfassung* erstellt!

Eine geeignete Berichtsstruktur für Konzeptentwicklungen im Konstruktionsbereich, die aber auch zur Strukturierung von Studien-, Diplom-, Bachelor- und Masterarbeiten geeignet ist, findet sich in *Kap. 1.10*. Diese Struktur hat sich bei mehreren 100 diesbezüglichen Arbeiten in Hochschule, Kommunen und Industrie bewährt.

Als Grundregel in wissenschaftlichen Berichten gilt, dass alles, was nicht vom Verfasser stammt, oder was nicht zum allgemein verfügbaren Kenntnisstand gehört, durch eine Quellenangabe gekennzeichnet sein muss! Im Umkehrschluss besagt dies, dass *alles Wichtige*, was nicht durch eine Quellenangabe gekennzeichnet ist, der geistigen Leistung des Verfassers zuzuordnen ist! In *Kap. 1.10* finden sich Beispiele für sinnvolle Literatur- und Quellenhinweise.

Ausblick (Zukunft)

Bei Gruppen, die schon häufiger miteinander gearbeitet haben und sich kennen, wird der erste Teil des Kennenlernens stark reduziert oder entfällt ganz.

Ein Videoprotokoll macht nur dann Sinn, wenn es auch die Möglichkeit gibt, dieses auch an die Gruppenmitglieder zu verbreiten (z. B. Onlinespeicher). Das Sitzungsprotokoll mit Ergänzungen ist hingegen obligatorisch. Über die dargestellte Methodik/ Systematik können auch für nichtkonstruktive, also allgemeine Aufgabenstellungen, sehr viele verschiedene Lösungsvarianten und deren Optimum gefunden werden. Als Basismethode bietet sich die *Team-Ideen-Galerie* an.

Gemäß der allgemeinen Erfahrung, dass nichts so gut ist, dass man es nicht noch verbessern könnte („*Kontinuierlicher Verbesserungs-Prozess*", KVP), lassen sich die in diesem Buch gezeigten fraktalen Methoden mithilfe derselben wahrscheinlich noch anwendungsfreundlicher weiterentwickeln.

Fazit

Anlass (IST-Zustand)	Unsystematisches Vorgehen → Potential geht verloren
Lösungsansatz (Wege zum Ziel)	Strukturieren der Aufgabe, Kommunikation und Abläufe
Ergebnis (Lösungserfolge)	Jeder ist informiert, weiß was er zu tun hat, und kann kreativ mitarbeiten. Ideenlieferanten authentisch dokumentiert.
Ausblick (Zukunft)	Anpassen der Organisations-Methoden an das jeweilige Projekt

1.2 Hauptfunktion des Projekts allgemein festlegen (BLACK BOX)

Mithilfe einer Black Box (Funktionskasten, Schwarzer Kasten) lässt sich jedes Projektthema in abstrakter Darstellung zusammenfassen, um dadurch die in der Problembeschreibung aufgezeigten Nachteile zu vermeiden.

Anlass (IST-Zustand)

Schon am Anfang eines Projektes oder der Entwicklung eines neuen Produktes, hat jedes Teammitglied u. U. eine eigene Vorstellung, wie das Endprodukt aussehen soll. Denn viele können sich ein Gerät vorstellen, das die vorgegebene Zielfunktion erfüllt. Dabei entspricht diese Vorstellung höchstwahrscheinlich nicht der besten Gesamtlösung, denn die Teilnehmer sind auf die eigenen Ideen so fixiert, dass andere Ideen kaum in Betracht gezogen werden. Dies wird fachsprachlich „Ideen-Fixation" genannt.

Wenn in diesem Anfangsstadium bereits „erstbeste" Ideen zu Lösungen umgesetzt werden (was häufiger geschieht, als man denkt), so vergibt sich das Team die „Option" auf eine „optimale" Lösung. Denn nicht alle Teilnehmer haben zu diesem frühen Zeitpunkt alle möglichen Anforderungen und Zielvorstellungen verinnerlicht, und können sich demzufolge noch nicht sinnvoll an einer Lösungssuche beteiligen. Häufig sind selbst die Ziele nicht klar herausgearbeitet, bzw. lassen sich erst im Laufe der Projektbearbeitung näher bestimmen. D. h. den Teilnehmern fehlen die Zeit und die Gelegenheit, sich in der erforderlichen Tiefe in die Aufgabenstellung „einzuweichen".

Was kann man tun, um nicht schon im Voraus eine Idee auszuschließen, aber zusätzlich die sinnvollen Alternativen zu betrachten? Wie lässt sich also die Ideen-Fixation verhindern? Und wie lassen sich alle Teilnehmer auf ein gemeinsames Zielverständnis bringen?

Lösungsansatz (Wege zum Ziel)

Die Black Box ist ein einfaches, abstraktes Funktionsmodell, das in der [VDI 2221 ff] „Methodisches Konstruieren" beschrieben ist. Es handelt sich um ein Hilfsmittel, das der Ideen-Fixation vorbeugt. Mit Hilfe der Black Box wird eine Gesamtfunktion von jedem Produkt schematisch dargestellt, ohne dass die technische Realisierung beachtet wird.

Wie in *Abb. 1.2-1* zu sehen ist, gibt es drei Grundumsatzarten von Eingängen und Ausgängen, die als Pfeile dargestellt werden. Dabei handelt es sich bei den **Eingangsgrößen E** um **Stoffumsatz**, **Energieumsatz** und **Signalumsatz**, die durch das zu entwickelnde Produkt X mit vorher festgelegten **Zusatzanforderungen Z** in die gewünschten **Ausgangsgrößen A** umgeformt werden.

Abb. 1.2-1: Black Box für ein allgemeines Produkt

Ergebnis (Lösungserfolge)

Die allgemein dargestellte Black Box aus *Abb. 1.2-1* wird nun für das Beispiel CLEANY konkretisiert. Anschließend erfolgen ergänzende Hinweise in *Kap. 2.2* (KOKÖ) und *Kap. 3.2* (Mitmach-Beispiele).

Konzeptentwicklung eines Tafelreinigungsgerätes (CLEANY)

In *Abb. 1.2-2* ist die Black Box für CLEANY dargestellt. Die Gesamtfunktion (= Hauptzweck) von CLEANY lautet „Tafel reinigen". Sie ist das Ziel, das mit Hilfe von zur Verfügung stehenden Eingangsgrößen erreicht werden soll.

Beim **Stoffumsatz** wäre es z. B. möglich, mit Hilfe von Hilfsstoffen die Tafel zu reinigen. Es ist wichtig, die Eingangs- (E) und Ausgangsgrößen (A) möglichst abstrakt zu formulieren, sonst wären z. B. mit dem konkreten Begriff „Wasser" statt „Hilfsstoff" viele mögliche Lösungen ausgeschlossen. Die Ausgangsgrößen (A) stellen die beabsichtigte Wirkung dar. In diesem Fall ist es die gereinigte Fläche. Zu den Ausgangsgrößen gehören aber auch „Nebeneffekte", die beim Prozess entstehen. Bei CLEANY bleiben unter anderem Reststoffe übrig, die man später in viele weitere Begriffe aufspalten kann, beispielsweise Schmutzwasser. Auch Rückstände des Belages (Kreidereste) sind als unerwünschte Ausganggrößen möglich.

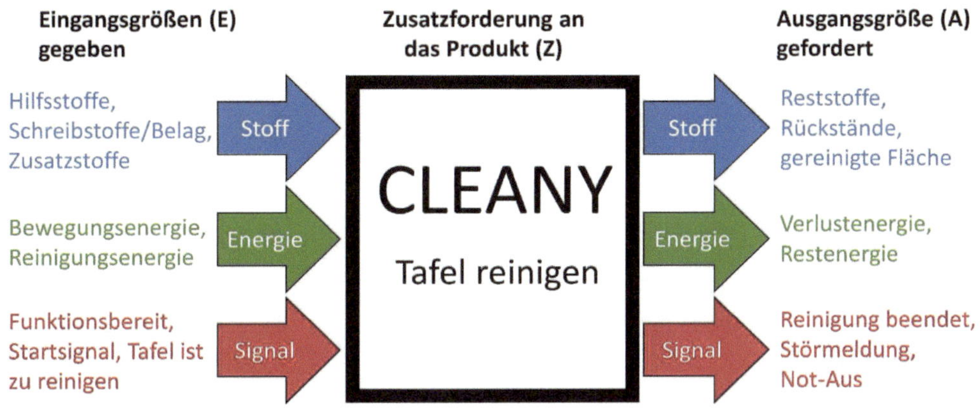

Abb. 1.2-2: Black Box für CLEANY mit der Gesamtfunktion „Tafel reinigen"

Beim **Energieumsatz** stehen als Eingangsgrößen E die Bewegungsenergie (z. B. von Hand) und die Reinigungsenergie (etwa als chemischer Prozess) zur Verfügung. Durch CLEANY werden diese Energien als Verlustenergie (z. B. Wärme) und Restenergie (z. B. als Stoßenergie beim Abbremsen eines Gerätes) am Ausgang A auftreten.

Als **Signalumsatz** müssen als Eingangsgrößen E mindestens die „Botschaften" „Tafel ist zu reinigen" und „CLEANY funktionsbereit", sowie das Signal „starten" verfügbar sein. Am Ausgang A wird das Signal „Reinigung beendet" und eventuell „Störmeldung veranlassen" und „Not-Aus ermöglichen" (bei Gefahr) benötigt.

Allgemein werden Funktionen (Zusatzanforderungen an das Produkt Z) immer durch ein Substantiv und ein Verb beschrieben (s. *Abb. 1.2-3*).

Funktionsnennung	*Substantiv + Verb*
Beispiele	Tafel reinigen
	Kokosnuss öffnen

Abb. 1.2-3: Beispiel für eine Funktionsnennung

Die Ermittlung der Details einer Black Box-Darstellung können in diesem Fall durch eine moderierte Diskussion im Team am schnellsten erzielt werden. Dabei ist darauf zu achten, dass möglichst zu konkrete Formulierungen vermieden werden, um Vorab-Festlegungen auf eine bestimmte Realisierung zu verhindern. Erlaubt (und oft hilfreich für Ungeübte) ist hingegen, sich ein bereits bestehendes Produkt beispielhaft vorzunehmen. Für CLEANY ist das natürlich „Tafel von Hand, mit Schwamm, Wasser und Abstreifer reinigen!". Dieses bekannte „Produkt" wird dann abstrakt in eine Black Box „verwandelt".

Ausblick (Zukunft)

Um auch bei allgemeinen Projekten, die keiner „Konstruktion" bedürfen, eine sofortige Konkretisierung oder Realisierung von Ideen zu vermeiden (Ideen-Fixation), wird empfohlen, ebenfalls das abstrahierende Prinzip der Black Box zu verwenden. Es entspricht der Lernerfolgsregel „vom Überblick zum Detail"!

Fazit

Anlass (IST-Zustand)	Wegen der Idee-Fixation wird ein gemeinsames Zielverständnis erschwert
Lösungsansatz (Wege zum Ziel)	Die Erstellung einer Black Box erhöht das Verständnisniveau des Teams für die Aufgabenstellung
Ergebnis (Lösungserfolge)	Die Black Box liefert eine bessere Zielvorstellung, ohne der Realisierung vorzugreifen
Ausblick (Zukunft)	Die Black Box ist auch für allgemeine Projektthemen einsetzbar

---

1.3 Anforderungsliste erstellen (ANFOLI)

In *Kap. 1.2* wurde das Produkt/ Projekt durch eine Black Box allgemein, und ohne Festlegung der technischen/ konkreten Realisierung, beschrieben. Jetzt müssen im nächsten Schritt die Anforderungen soweit festgelegt werden, dass daraus zukünftige Realisierungen abgeleitet werden können.

Anlass (IST-Zustand)

Das ist Ihnen sicher auch schon passiert. Sie sagen den Mitwirkenden was von ihnen getan werden müsste. Diese machen sich sofort an die Arbeit, mit der Bemerkung „Alles klar!".

Nach einiger Zeit wird Ihnen hoffnungsvoll das Ergebnis präsentiert – und Sie fallen aus allen Wolken, weil es nicht das ist, was Sie sich eigentlich vorgestellt hatten. Dieser Frust sitzt dann tief, und zwar auf allen Seiten!

Wie lässt sich dieses Dilemma vermeiden?

Lösungsansatz (Wege zum Ziel)

Ziel muss es sein, dass „Auftraggeber" und „Auftragnehmer" nicht nur vom Gleichen reden, sondern auch das Gleiche meinen. Das geht bei wichtigen, zeitaufwendigen und komplexen Projekten nur über ein von beiden Seiten akzeptiertes schriftliches Dokument zu den Anforderungen an das Projektergebnis. Je nach Betrachtungsweise wird das Pflichtenheft, Lastenheft oder hier allgemein *Anforderungsliste* genannt.

Im Bereich der Konstruktion haben sich verschiedene Vorschläge zur systematischen Erstellung solcher Vereinbarungen entwickelt. Im folgenden Abschnitt wird eine leichte, praktische und allgemein anwendbare Vorgehensweise beschrieben.

Ergebnis (Lösungserfolge)

Damit ein Entwickler nicht jedes Mal neu überlegen muss, welche Anforderungsbereiche von Bedeutung sind, wurden in [PAH 13] diese nach Art einer Suchliste aufbereitet. Diese Liste enthält in seiner modifizierten Form 18 Hauptmerkmale und zur weiteren Anregung Beispiele, die bewusst allgemein gehalten sind, damit der Nutzer konkret zum eigenen Suchprozess angeregt wird (*Abb. 1.3-1*). Die Hauptmerkmale sind vorwiegend nach dem zeitlichen Projektablauf gegliedert.

 **Beachte** 

Für sehr komplexe Projekte eignen sich als Suchhilfe auch die in den *Abb. 1.1-23* (für Unternehmen) und *Abb. 1.1-25* (für Projekt) gezeigten METEOR-Strukturmodelle.

Nr.	Hauptmerkmal	Beispiele
1	**Geometrie**	Größe, Höhe, Breite, Länge, Durchmesser, Raumbedarf, Anzahl, Anordnung, Anschluss, Ausbau und Erweiterung
2	**Kinematik**	Bewegungsart/ -richtung, Geschwindigkeit, Beschleunigung
3	**Kräfte**	Kraftrichtung, Kraftgröße, Krafthäufigkeit, Gewicht, Last, Verformung, Steifigkeit, Federeigenschaften, Massenkräfte,
4	**Energie**	Leistung, Wirkungsgrad, Verlust, Reibung, Ventilation, Zustand, Druck, Temperatur, Erwärmung, Kühlung, Anschlussenergie, Speicherung, Energieumformung
5	**Stoff**	Materialfluss und Materialtransport, physikalische und chemische Eigenschaften, Hilfsstoffe, vorgeschriebene Werkstoffe (Nahrungsmittelgesetz u. Ä.)
6	**Signal**	Eingangs- und Ausgangsmessgrößen, Signalform, Anzeige, Betriebs- und Überwachungsgeräte
7	**Sicherheit**	Unmittelbare Sicherheitstechnik, Schutzsysteme, Arbeits- und Umweltsicherheit
8	**Ergonomie**	Mensch-Maschine-Beziehung, Benutzung, Benutzungshöhe/-art, Übersichtlichkeit, Sitzkomfort, Beleuchtung, Formgestaltung
9	**Fertigung**	Einschränkung durch Produktionsstätte, größte herstellbare Abmessung, bevorzugtes Fertigungsverfahren, Fertigungsmittel, mögliche Qualität und Toleranzen
10	**Kontrolle**	Mess- und Prüfmöglichkeit, besondere Vorschriften (TÜV, ASME, DIN, ISO, AD-Merkblätter)
11	**Montage**	Besondere Montagevorschriften, Zusammenbau, Einbau, Baustellenmontage, Fundamentierung
12	**Transport**	Begrenzung durch Hebezeuge, Bahn-Spurbreite, Transportwege nach Größe und Gewicht, Versandart und -bedingungen
13	**Gebrauch**	Geräuscharmut, Verschleißrate, Absatzgebiet, Einsatzort (z. B. schwefelige Atmosphäre, Tropen, etc.)
14	**Instandhaltung**	Wartungsfreiheit bzw. Anzahl und Zeitbedarf der Wartung, Inspektion, Austausch und Instandsetzung, Säuberung
15	**Recycling/ Entsorgung**	z. B. Berücksichtigung VDI 2243
16	**Kosten**	Max. zulässige Herstellungskosten, Werkzeugkosten, Investition und Amortisation
17	**Termin**	Ende der Entwicklung, Netzplan für Zwischenschritte, Lieferzeit
18	**Sonstiges**	Soziale, gesellschaftliche und nachhaltige Auswirkungen

Abb. 1.3-1: Leitlinien zur Erstellung einer Anforderungsliste (nach [PAH 13] mit Ergänzungen)

Wie in den folgenden Beispielen gezeigt wird, bestehen auch bei der Erstellung von Anforderungslisten weitere methodische Hilfsmittel, die eine Erarbeitung im Team vereinfachen und beschleunigen.

Anforderungsliste eines Tafelreinigungsgerätes (CLEANY)

Die Aufgabe besteht nun darin, aus dieser allgemeinen Suchliste die konkreten Zielforderungen für das Produkt/ Projekt zu ermitteln, ohne jedoch dadurch bereits eine bestimmte Lösung zu favorisieren!

Hierbei ist eine weitere Systematisierung sinnvoll:

Festforderung (F): Diese ist in jedem Falle zu erfüllen (z. B. Berechnung der Haltbarkeit nach einer bestimmen DIN-Norm).

Mindestforderung (M): Dies kann lediglich zur jeweils positiven Seite hin über- bzw. unterschritten werden (z. B. Herstellungskosten $\leq 5000\ \text{€}$, Lebensdauer ≥ 15 Jahre).

Wunsch (W): Dieser kann realisiert werden, wenn er nicht **F** oder **M** entgegensteht und ein Mehraufwand akzeptabel ist.

Es wurde bereits bei der Black Box darauf hingewiesen, dass jedes Produkt/ Projekt Eingangsgrößen (E), Zusatzforderungen (Z) und Ausgangsgrößen (A) aufweist, denen jeweils Anforderungen zugeordnet werden können (vgl. *Abb. 1.2-1*).

Die vorgenannten Strukturierungselemente werden für jedes Hauptmerkmal am besten in eine tabellarische Form gebracht, wie es z. B. für das Hauptmerkmal Recycling/ Entsorgung in *Abb. 1.3-2* gezeigt ist.

Der Tabellenkopf besteht aus den Angaben für den Projekttitel, den Erklärungen der Abkürzungen (E, Z, A) und dem Datum der Erstellung. Anschließend wird die Tabelle in drei Spalten für die getrennten Anforderungen an E, Z und A gegliedert. Jedes Hauptmerkmal wird in einer eigenen Zwischenzeile erfasst und bezüglich E, Z und A mit den konkreten Anforderungen sowie der Einstufung in F, M oder W beschrieben.

F = Festforderungen M = Mindestforderungen W = Wünsche	Anforderungsliste für **CLEANY**	Datum: 03.04.20xx

Hauptmerkmal: **Recycling & Entsorgung** TN:**(FEß/PES)**		
Eigenschaften Eingangsgrößen E	**Zusätzliche Forderungen Z**	**Eigenschaften Ausgangsgrößen A**
F Hilfsstoffe recycling- und entsorgungsfähig	F Alle Werkstoffe nach VDI 2243 recycelbar und entsorgungssicher (Hausmüll, Sammlung, …) F Eindeutige Werkstoffkennzeichnung (z.B. PA 6.6) W Keine Verbundwerkstoffe F Reparatur- und demontagefähig gestalten W Recycelte oder nachwachsende Rohstoffe verwenden	F Reststoffe recycling- und entsorgungsfähig

Abb. 1.3-2: Teil einer Anforderungsliste für das Hauptmerkmal „Recycling/ Entsorgung" am Beispiel CLEANY

 **Beachte** 

Anforderungen sollten bevorzugt als konkretes Ziel formuliert werden. Jedoch so, dass die mögliche Vielfalt der Realisierungslösungen erhalten bleibt.

→ nicht unbestimmte Floskeln wie „lang, leicht, billig, langlebig, einfach …", sondern möglichst eine Werteangabe benutzen, wie:

- $L \times B \times H \leq 3 \times 0{,}1 \times 2\,m$ (M)
- $Gewicht \leq 5\,kg$ (M)
- $Lebensdauer \geq 10\,Jahre$ (M)
- $Nutzung\ durch\ Personen \geq 6\,Jahre$ (M)

Um im Team an einer *ANFOLI* parallel arbeiten zu können, hat sich methodisch der *Team-Ideenkreisel* bewährt, der nachfolgend beschrieben ist.

Team-Ideenkreisel

Der Team-Ideenkreisel dient zur Ideenfindung und Problemlösung. Er ist immer und überall ohne Schulung der Teilnehmer anwendbar. Hierbei handelt es sich um eine Abwandlung der *Team-Ideen-Galerie*, auf der vereinfachten Basis des *Brainwriting* bzw. der *Methode 635*.

Die Teilnehmer erhalten ein DIN A4-Blatt, auf dem jeder TN die Ideen und Vorschläge zur vorgegebenen Fragestellung in einer „Stille-Runde" vorher eingetragen hat. Reihum (oder in zuvor gebildeten Kleingruppen-Kreisen) werden die Blätter nach einer vereinbarten Bearbeitungszeit im Uhrzeigersinn an den Sitznachbarn jeweils weitergegeben. Jeder „reagiert" dann gewissermaßen mit Ergänzungen, Vorschlägen und Ideen auf das, was bereits auf dem vor ihm liegenden Blatt steht.

Dadurch ist eine schnelle, parallele Ideenfindung mit systematischer Nutzung von Vorschlägen anderer Teilnehmer (Rucksackideen) möglich.

Der Team-Ideenkreisel kann ab zwei Teilnehmern sinnvoll angewendet werden.

Im Prinzip wird die Teilnehmerzahl nach oben nur durch den zunehmenden Lese- und Schreibzeitaufwand, der für einen vollständigen Durchlauf erforderlich ist, begrenzt oder der Umlauf wird zeitlich eingegrenzt.

Teilnehmer aus unterschiedlichen Fach-, Hierarchie-, Lebens- und Persönlichkeitsbereichen sind nicht die Ausnahme sondern erwünschte Voraussetzung.

Angewendet auf die Erarbeitung der CLEANY-Anforderungsliste ergibt sich folgender Ablauf:

Fragestellung/ Aufgabe

Genau formulieren. Sicherstellen, dass jeder dasselbe meint.

Im Protokoll jeweils vermerken, wer welche Hauptmerkmale zu bearbeiten hat (freiwillige Meldungen aus dem Teilnehmerkreis je nach Bevorzugung des Themas sinnvoll).

Erste Ideensammlung

Für CLEANY wird den TN, einzeln oder in Zweiergruppen, jeweils ein oder mehrere Hauptmerkmale zur Bearbeitung übergeben, die bis zur nächsten Sitzung handschriftlich auf Formularen vorliegen sollen (vgl. *Abb. 1.3-3*).

F = Festforderungen M = Mindestforderungen W = Wünsche	Anforderungsliste für **CLEANY**	Datum: 28.03.20… Namen : *ERE/FEL*
Eigenschaften Eingangsgrößen **E**	Zusätzliche Forderungen **Z**	Eigenschaften Ausgangsgrößen **A**
	Stoff	
W Handelsübliche Hilfsstoffe F Keine Gesundheitsgefähr- dung (DIN, GS, Wasch- und Reinigungsmittelgesetz …)	M Umwandlung der Eingangs- stoffe mit hohem Wirkungs- grad zum Reinigungseffekt ① W Keine Verbundwerkstoffe W Möglichst aus umwelt- schonenden Materialien, die recyclebar sind. Tes zu ① → (>90%)	W ② Gute Rückstandsentfernung ③ M konkreter! → Tes zu ③ (≥95%)

Abb. 1.3-3: Handschriftlicher Erstentwurf zum CLEANY-Hauptmerkmal „Stoff" mit TN-Kürzel des Erstellers

Ideenkreisel

Jeder TN reicht zu Beginn seinen Entwurf an seinen linken Nachbarn weiter. Jetzt kann sich jeder einzelne die Gedanken seiner Vorgänger durch den Kopf gehen lassen. Es werden Modifizierungen oder Verbesserungen aufgeschrieben, die am besten mit unterschiedlichen Farben und den Namenskürzeln zwecks Nachfragen versehen werden. Eventuell wird eine neue andere Idee geboren. Man ist jedoch nicht verpflichtet, etwas zu ergänzen. Wenn jemandem absolut nichts mehr einfällt, wartet er, bis der „Ideenkreisel" nach vereinbarter Zeit absoluter Ruhe im Uhrzeigersinn dem nächsten TN überreicht werden kann.

 **Beachte** 

Wesentlich entspannter und häufig auch erfolgreicher läuft der Ideenkreisel, wenn die Weiterleitung der Bögen selbstbestimmt stattfindet. In der Regel stört den TN eine Ansammlung von zu bearbeitenden Bögen auf seiner rechten Seite, so dass er automatisch „schneller" wird!

Ideenabschluss

Nachdem jeder Teilnehmer seinen ersten Bogen wieder in der Hand hält, haben alle nochmals Zeit, sich mit den Gedanken/ Ideen der anderen vertraut zu machen und evtl. zu weiteren Lösungsansätzen zu gelangen.

Lösungsauswahl

Abschließend kann analog zur Vorgehensweise der „Team-Ideengalerie" die Auswahl der von der Gruppe favorisierten Ideen/ Lösung/ Variante erfolgen. Hierzu werden die Bögen von den für das Hauptmerkmal verantwortlichen TN aufgrund der Ergänzungen aktualisiert und bei der nächsten Sitzung präsentiert und bei Fragen diskutiert. Die verbesserten Teil-Anforderungen können dann an Metaplantafeln geheftet werden, um allen TN eine nochmalige Gesamtansicht der Anforderungsliste zu ermöglichen.

 **Beachte** 

Für eine allgemeine Suche nach Lösungsideen für Projekte können auch beim Team-Ideenkreisel die in *Kap. 1.1* verwendeten „Galeriekarten" verwendet, und nach den Methoden der Team-Ideengalerie nummeriert und bewertet werden.

Auch die Verwendung eines allgemeinen „Brainwriting-Formulars" ist für allgemeine Problemstellungen hilfreich (vgl. *Abb. 1.3-4*).

Abb. 1.3-5 zeigt die endgültige ANFOLI-Version von CLEANY für das Hauptmerkmal „Stoff". Das/ die Verfasser-Kürzel sind jeweils mit eingetragen.

Brainwriting   Datum: 21.04.20xx

Aufgabenstellung: Namensfindung für Tafelreinigungsgerät

Teilnehmer	Idee/ Vorschlag
KES	Automatische Tafelwischer (ATW)
FEß	Tafel-Putzer + Revisions-Nr. (TP n)
WEI	Screen Cleaner (SC)
PET	CLEANY
NEU	Tafelwischgerät (TWG)
KOB	Black Board Cleaner (BBC)

Abb. 1.3-4: Beispiel für den Einsatz eines „Brainwriting-Formulars" für den Einsatz beim Team Ideenkreisel (Änderungen und deren Verfasser erkennbar zwecks Rückfragen!)

F = Festforderungen M = Mindestforderungen W = Wünsche	Anforderungsliste für **CLEANY**	Datum: 03.04.20xx

Hauptmerkmal: Stoff   TN:(FEL/ERE)

	Eigenschaften Eingangsgrößen **E**		Zusätzliche Forderungen **Z**		Eigenschaften Ausgangsgrößen **A**
W	Handelsübliche Hilfsstoffe	M	Umwandlung der Eingangsstoffe mit hohem Wirkungsgrad (> 90%) zum Reinigungseffekt	M	Rückstandsentfernung ≥ 95%
F	Keine Gesundheitsgefährdung (Deutsche Industrienorm DIN, geprüfte Sicherheit GS, Wasch und Reinigungsmittelgesetz ...)	W	Keine Verbundwerkstoffe		
		W	Möglichst aus umweltschonenden Materialien die recycelbar sind		

Abb. 1.3-5: ANFOLI-Version von CLEANY für das Hauptmerkmal „Stoff"

 **Beachte** 

Es ist darauf hinzuweisen, dass eine ANFOLI nicht für die ganze Projektlaufzeit fixiert ist, sondern dass natürlich im Zuge neuer Erkenntnisse bei der Bearbeitung einzelne Punkte verändert werden können! Dies jedoch immer unter Einbeziehung von „Auftraggeber" und „Auftragnehmer", sowie der Hinzufügung von Aktualisierungsdatum und Namen des/ der Verantwortlichen.

Die ANFOLI stellt somit eine dynamisierte Zielvorstellung dar, die den Projektteilnehmern quasi gedankliche Leitplanken zur Verfügung stellt, aber die Wegrealisierung offenlässt!

Es ist für die weitere Arbeit sehr hilfreich, zusätzlich eine kurzgefasste *Prosa-ANFOLI* mit den wichtigsten Anforderungspunkten auf 1-2 Seiten zu erstellen. Dadurch wird allen Teilnehmern noch einmal der Kern der Ziele vor Augen geführt. Für CLEANY ist dies in *Abb. 1.3-6* und *1.3-7* dargestellt.

ANFOLI

Kurzfassung ANFOLI für CLEANY

CLEANY soll ein neuartiges Tafelreinigungsgerät sein, das die herkömmliche Tafelreinigung in vielerlei Hinsicht verbessert. Die zu erfüllenden Hauptmerkmale mit ihren wichtigsten Anforderungen sind nachfolgend allgemein beschrieben.

Bei der Konzeptentwicklung kann sowohl eine mobile als auch eine fest installierte Lösung infrage kommen.

Geometrie:
CLEANY soll von den Abmessungen her für alle Standard- und Klapptafeln geeignet sein. Die Maximalgröße des Geräts wird im Laufe der Bearbeitung festgelegt.

Kinematik:
CLEANY soll so bewegt werden, dass die Zeitreduktion gegenüber dem herkömmlichen Tafel reinigen >50 % ist.

Kräfte:
Das Höchstgewicht soll max. 2 kg für die mobile und 20 kg für die fest installierte Lösung nicht überschreiten.

Energie:
Die Energie zum Betrieb des Gerätes soll möglichst nachhaltig erzeugt werden und 500 W nicht überschreiten.

Stoff:
Die für CLEANY verwendeten Materialien und Hilfsstoffe sollen umweltschonend und recycelfähig hergestellt sein. Verbundwerkstoffe sind zu vermeiden. Bei der Reinigung ist eine Verschmutzungsentfernung von mehr als 95 % zu erzielen.

Fertigung:
Für die Fertigung sollen standardisierte Bauteile oder standardisierte, umweltfreundliche Fertigungsverfahren zum Einsatz kommen.

Abb. 1.3-6: Kurzfassung der Anforderungsliste für CLEANY – Teil A

Signal:
CLEANY gibt dem Benutzer Informationen über die Verfügbarkeit von Hilfsstoffen und den aktuellen Betriebszustand. Eine Notausfunktion ist vorzusehen, optional auch Störungsmeldungen. Alle Signale haben selbsterklärenden Charakter.

Sicherheit:
Es ist das Prinzip der unmittelbaren Sicherheitstechnik anzuwenden. Das Gerät muss allen gängigen Sicherheitstests (TÜV, GS, CE) genügen. Während des Betriebes sind alle Vorschriften des Arbeitsschutzes, der Betriebssicherheit, des Immissionsschutzes und des Wasserhaushalts einzuhalten. Alle eingesetzten Stoffe müssen gefahrlos lagerfähig und über den Hausmüll entsorgbar sein.

Ergonomie:
Die Nutzung sollte für Personen ab 18 Jahren problemlos möglich sein.
Eine selbsterklärende Benutzungsoberfläche ist vorzusehen (zwangsläufige Abfolge logischer Aktionen, z. B. Wahlmöglichkeiten aufzeigen, Display zeigt nur mögliche Optionen auf, oder sperrt Unzulässiges …)

Kontrolle:
CLEANY hat die Testverfahren von TÜV, GS und CE zu bestehen. Es sind zertifizierte Fertigungseinrichtungen vorausgesetzt.

Montage:
Die Montage ist bevorzugt selbsterklärend und werkzeugfrei von Personen ab 18 Jahren durchführbar. Bei einer mobilen Version sollte die Montage 10 Minuten und bei einer fest installierten Version 60 Minuten nicht überschreiten.

Transport:
CLEANY muss von Personen über 18 Jahren zur Tafel hin, zur Montage und von der Tafel weg transportiert werden können.

Gebrauch:
Nutzungsmöglichkeit für Personen über 18 Jahren ermöglichen. Geräuschpegel bei der Nutzung kleiner 60 dB(A). Benutzungsoberfläche selbsterklärend. Reinigungszeit weniger als 5 Minuten. Staub- und wasserdicht (mind. IP 55).

Instandhaltung: Wartungszustand erkennbar. Verschleißteile demontierbar. Reststoffe gesammelt entfernbar. Zeitaufwand für Wartung weniger als 1 Stunde. Wartungsintervalle größer 1 Jahr.

Recycling/Entsorgung:
Alle Werkstoffe, Hilfsstoffe und Reststoffe nach VDI 2243 recycelbar und entsorgungssicher.

Kosten:
Herstellkosten HK max. 350 € (mobil)/max. 2000 € (fest installiert). Betriebsmittelkosten BK max. 20 ct/Anwendung.

Termin:
Konzept erstellt bis 28. Juni 20xx.

Sonstiges:
Auf soziale Nachhaltigkeit der Zulieferer achten

Abb. 1.3-7: Kurzfassung der Anforderungsliste für CLEANY – Teil B

 **Beachte** 

Die Erarbeitung einer ANFOLI und deren Kurzfassung erscheinen einem Konstruktions-anfänger aufwändig und überflüssig, doch werden hierdurch divergierende Teamaktivitäten verhindert. Der investierte Zeitaufwand in diese Konsensstrategie wird durch die nachfolgende zielorientierte Teamarbeit und das gemeinsame bessere Verständnis der Produkteigenschaften mehr als wettgemacht.

ANFOLI

Ausblick (Zukunft)

Für *einfache* Projekte reicht es im Allgemeinen aus, eine Kurzfassung einer Anforderungsliste mit den wichtigsten Zielvorstellungen zu erstellen. Ganz darauf verzichten sollte man allerdings nicht, sonst vergibt man die Chance einer konsensorientierten Teamarbeit.

Für sehr komplexe Projekte lohnt es sich, als Suchlisten-Kategorien die in *Kap. 1.1* dargestellten METEOR-Strukturmodelle (*Abb. 1.1-23* und *Abb. 1.1-25*) zu nutzen.

Wenn Sie Anregungen oder Fragen zu ANFOLI haben, teilen Sie es uns einfach mit:

im.team.enwickeln@springer.com

Fazit

Anlass (IST-Zustand)	Ohne gemeinsame Zielvorstellung des Teams sind optimale Lösungen selten
Lösungsansatz (Wege zum Ziel)	Schriftliche Vereinbarungen über die Projektziele sind hilfreich und dienen der besseren Übersicht
Ergebnis (Lösungserfolge)	Konsens-Zielbeschreibungen über Suchlisten und Team-Ideenkreisel
Ausblick (Zukunft)	Es geht auch einfacher (kurz) oder auch präziser (METEOR-Modelle)

1.4 Ablaufplan der Teilfunktionen erarbeiten (FUTURE)

Jedes existierende Technische Gebilde/ Produkt wird durch eine Kombination sinnvoller Einzelfunktionen die gewünschte Gesamtfunktion (Hauptwirkung) erzielen. Ein Auto muss sich beispielsweise starten/ beschleunigen/ bremsen/ lenken lassen. Damit es dies alles kann, müssen die erforderlichen Teilfunktionen vom Autokonstrukteur vorher festgelegt und durch wirkungsvolle Bauelemente realisiert werden. Während die vorher festgelegte Teilfunktion noch einen abstrakten Charakter aufweist (z. B. Fahrzeug bremst), bedeutet das tatsächlich verwendete Bauelement eine konkrete Realisierung (z. B. Backenbremse + Bremspedal + Öldruckleitung). Die Realisierungslösung der verschiedenen Autohersteller sieht dabei, trotz gleicher Teilfunktion, sehr unterschiedlich aus. Eine zunächst abstrakt definierte Teilfunktion kann später auf sehr verschiedenen Wegen konkretisiert werden. Fasst man alle Teilfunktionen eines Produkts geschickt zusammen, entsteht daraus eine Funktionsstruktur (= FUTURE; auch Funktionsnetzwerk genannt), die als Gesamtfunktion wirksam werden kann. Die folgenden Abschnitte werden aufzeigen, wie man auch als Anfänger eine solche Funktionsstruktur erstellen kann.

Anlass (IST-Zustand)

Um eine Funktionsstruktur zu erstellen, werden in der wissenschaftlichen Konstruktionsliteratur sehr unterschiedliche Anordnungen dargestellt. Eine einheitliche und für den Anfänger leicht verständliche Vorgehensweise zur Ermittlung einer Funktionsstruktur wird leider nicht angeboten. Dadurch wird genau dieser wichtige Schritt von vielen Entwicklern übersprungen, um sofort konkrete Lösungen als CAD-Modell zu entwerfen – genau so werden optimale Lösungen verhindert!

Wie also lässt sich systematisch eine abstrakte Funktionsstruktur erstellen?

Lösungsansatz (Wege zum Ziel)

In *Kap. 1.2* wurde die Black Box eines Produkts dargestellt. Danach wird eine gegebene Eingangsgröße, durch die in der Black Box enthaltene Gesamtfunktion in die gesuchte Ausgangsgröße verwandelt. Jede Teilfunktion innerhalb dieser großen Black Box stellt quasi eine kleine Black Box mit einer jeweiligen Eingangsgröße und Ausgangsgröße dar (*Abb. 1.4-1*).

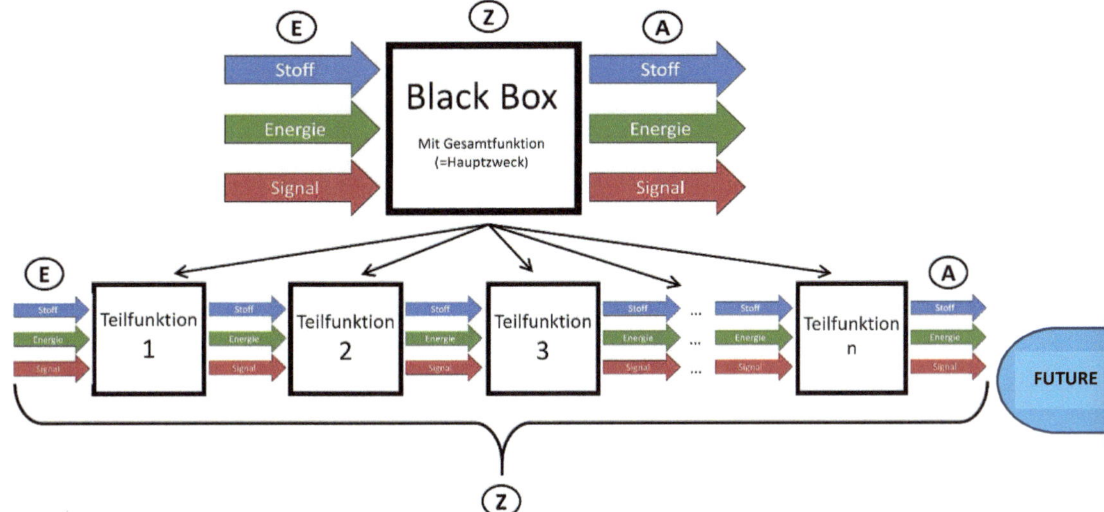

Abb. 1.4-1: Modell einer Black Box-Gesamtfunktion, die durch Black Box-Teilfunktionen (= Funktionsstruktur) realisiert wird

Um eine solche Funktionsstruktur zu erstellen, hat sich in der Hochschulausbildung eine Vorgehensweise mit drei Schritten als günstig herausgestellt:

1. Zeitlichen Ablauf aller Teilfunktionen ermitteln (Ablaufplan)

2. Ablaufplan als Funktionsstruktur darstellen

3. Variationen der Funktionsstruktur, um die optimale Funktionsstruktur zu ermitteln

Dieser didaktische Lösungsansatz wird im Folgenden für eine Anwendung im Team konkretisiert.

Ergebnis (Lösungserfolge)

Die drei Schritte zur Ermittlung einer Funktionsstruktur werden am Beispiel CLEANY erläutert.

Wenn Sie sich an Ihre Schul- oder Studienzeit erinnern, werden Ihnen auch Details zu einer Tafelreinigung wieder einfallen. An dieses Wissen werden wir im Folgenden anknüpfen.

Zeitlichen Ablauf aller Teilfunktionen ermitteln (Ablaufplan)

Um den zeitlichen Ablauf eines Tafelreinigungssystems zu ermitteln, wird als didaktische Hilfe vom Autor das so genannte **Roboterprinzip** eingesetzt. Dabei simuliert der Lehrende das „Tafel wischen von Hand" nach Art eines Roboters, d. h. alle wichtigen Tätigkeitsschritte werden chronologisch nacheinander mit kurzen Pausen dazwischen ausgeführt. Diese, voneinander getrennten, konkreten Einzelschritte, werden anschließend abstrakt formuliert und tabellarisch zu einem Ablaufplan ergänzt.

Außerdem hat es sich als sinnvoll herausgestellt, die Robotersimulation mit dem Stoffumsatz, also dem materiell Sichtbaren, zu beginnen und die ebenfalls für den vollständigen Ablaufplan erforderlichen Energieumsätze und Signalumsätze gedanklich zu ergänzen.

Der zeitliche Ablauf einer Tafelreinigung lässt sich konkret in der mittleren Spalte von *Abb. 1.4-2* erkennen. In der rechten Spalte sind die abstrakt formulierten Teilfunktionen aufgeführt, die für die weitere Vervollständigung des Ablaufplans benötigt werden, und bewusst „verfremdet" sind, um sich von bekannten Lösungen gedanklich zu entfernen.

Stoffumsatz-Teilfunktion Nr.	„Roboter"-Schritte „Tafelputzen von Hand" (Schwamm, Wasser, Abstreifer)	Stoffumsatz-Teilfunktionen (abstrakt)
1	Schwamm, Abstreifer (Ablage) Wasser (Leitungsanschluss) vorhanden	Hilfsstoff bereitstellen
2	Schwamm und Abstreifer zum Waschbecken; Wasser laufen lassen	Hilfsstoff transportieren
3	Schwamm und Abstreifer auf Waschbecken; Schwamm mit Wasser füllen	Hilfsstoff positionieren
4	Nassen Schwamm und Abstreifer zur Tafel bringen	CLEANY transportieren
5	Nassen Schwamm (später auch Abstreifer) zum Startort der Reinigung bringen	CLEANY positionieren
6	Schwamm über die Tafel bewegen, danach Abstreifer über die Tafel bewegen	Belag (von Tafelfläche) trennen
7	Kreide aus Schwamm auswaschen; Abstreifer abwaschen	Reststoffe von Hilfsstoff/ CLEANY trennen
8	Schwamm und Abstreifer auf Ablage legen	CLEANY/ Hilfsstoff fixieren

Abb. 1.4-2: Ergebnis der Robotersimulation und Teilfunktionen (Stoffumsatz) zur Erstellung des Funktionsablaufplans für CLEANY

Jetzt ergänzt man diese Schritte bezüglich Energie- und Signalumsatz (*Abb. 1.4-3*).

Beispielsweise erhält man für die Hauptumsatzart (Stoff) die Teilfunktion „St4 CLEANY transportieren" aus der Nebenumsatzart Energie die Teilfunktion „En4 Transportenergie bereitstellen" (die zeitgleich zu St4 wirken muss!) und aus der Nebenumsatzart Signal "Si4a Transportenergie starten" (zeitlich vor En4!) und "Si4b Transportenergie beenden" (zeitlich nach En4!). Allen Signal-Teilfunktionen werden noch "Si11 Störmeldung veranlassen" und "Si12 Notaus ermöglichen" parallel geschaltet, da diese zu jedem Zeitpunkt ausführbar sein müssen.

	Stoff (Hauptumatzart)		Energie (Nebentumsatzart)		Signal (Nebenumsatzart)					
					Beginn		**Erfolgreich/ Ende**			
	St 1	-Hilfsstoff bereitstellen	En 1	-Energie Bereitstellen	Si 9 Si 1a	-Cleany Funktionsbereit -Bereitstellen Energie starten	Si 1b	-Bereitstellen Energie erfolgreich		
	St 2	-Hilfsstoff transportieren	En 2	-Transportenergie bereitstellen	Si 2a	-Transportenergie starten	Si 2b	-Transportenergie beenden		
	St 3	-Hilfsstoff positionieren	En 3	-Positionierungsenergie Bereitstellen	Si 3a	-Positionierungsenergie starten	Si 3b	-Positionierungsenergie beenden		
	St 4	-Cleany transportieren	En 4	-Transportenergie bereitstellen	Si 4a	-Transportenergie starten	Si 4b	-Transportenergie beenden		
	St 5	-Cleany positionieren	En 5	-Positionierungsenergie bereitstellen	Si 5a	-Positionierungsenergie starten	Si 5b	-Positionierungsenergie beenden		
	St 6	-Belag trennen	En 6	-Trennungsenergie bereitstellen	Si 6a Si 10	-Trennvorgang starten -Trennvorgang überprüfen	Si 6b	-Trennvorgang beenden		
	St 7	-Reststoff von Hilfsstoff/ Cleany trennen	En 7	-Trennungsenergie bereitstellen	Si 7a	- Trennvorgang starten	Si 7b	-Trennvorgang beenden		
	St 8	-Cleany / Hilfsstoff fixieren	En 8	-Fixierungsenergie bereitstellen	Si 8a	-Fixieren starten	Si 8b	-Fixieren beenden		

Zeit Δt (Richtung der Zeitachse)

Si 11 Störmeldung / Si 12 NOTAUS

Legende: Hauptfunktion
Signal bereit Abfrage
Signal erfolgreich abgefragt

Abb. 1.4-3: Ablaufplan der Funktionen für CLEANY

Ablaufplan als Funktionsstruktur darstellen

Um den zeitlichen Ablauf der Teilfunktionen aller Umsatzarten im Zusammenwirken besser erkennen zu können, wird die tabellarische Darstellung des Ablaufplans in zeitlich miteinander verbundene „Teil-Black Boxen" überführt und chronologisch in Leserichtung von links nach rechts geordnet (*Abb. 1.4-4*). Die Teilfunktionsnummern werden in einer mitgelieferten Legende erläutert. Teil-Black Boxen von Stoff- und Energieumsatz, die sich direkt untereinander befinden, wirken zur gleichen Zeit, während Teil-Black Boxen des Signal-umsatzes, zeitlich vor oder nach der Energieumsatzfunktion wirken. Störmeldungen und Not-Aus wirken parallel zu allen anderen Funktionen. Diese Darstellung wird als **Grundfunktionsstruktur** bezeichnet.

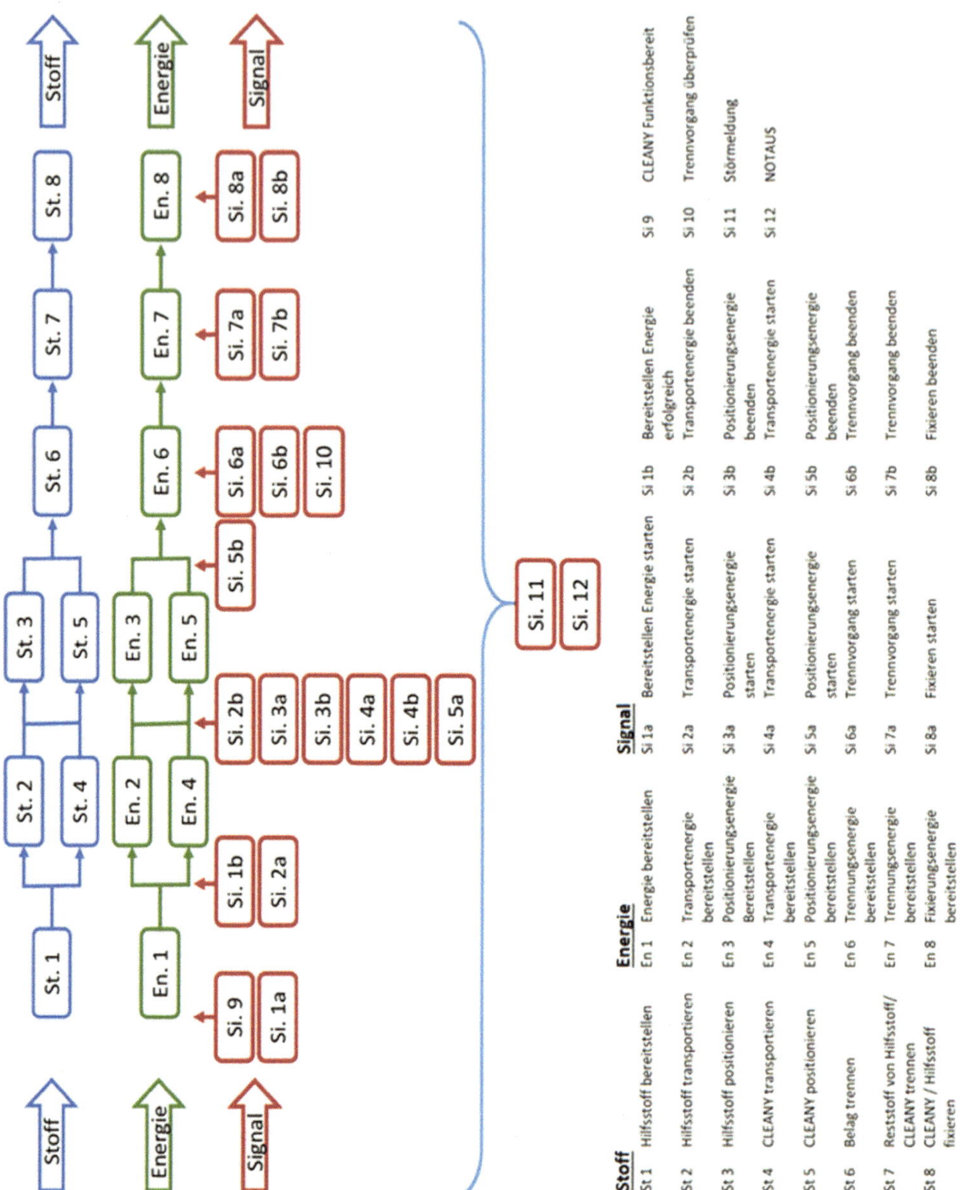

Abb. 1.4-4: Grundfunktionsstruktur für CLEANY als Blockschaltbild

Es ist darauf hinzuweisen, dass durch die Reihenfolge der Teilfunktionen der Funktionsablauf und damit auch die Konstruktion des Gerätes im Groben festgelegt sind. Dies wird im Folgenden genutzt, um eine eventuell bessere Funktionsstruktur bzw. ein besseres Gerät zu erhalten.

Variationen der Funktionsstruktur, um die optimale Funktionsstruktur zu ermitteln

Die Variationsmöglichkeiten sind an drei Bedingungen gebunden:

- Der Ablauf muss logisch bleiben

- Die Funktionen müssen untereinander verträglich sein

- Die Anforderungsliste bleibt erfüllt

Folgende Variationsmerkmale bestehen (*Abb. 1.4-5* und *1.4-6*):

1. Änderung der Reihenfolge

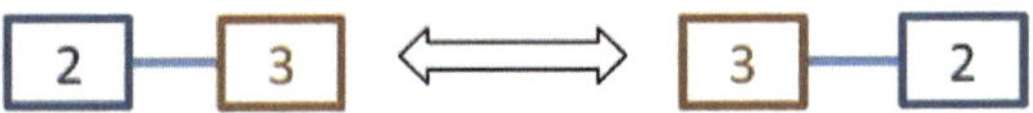

Eine Änderung der Reihenfolge wird bevorzugt für eine Erhöhung der Qualität oder der Sicherheit eingesetzt.

2. Mehrfachanordnung

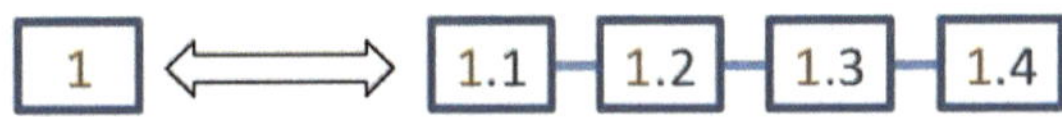

Durch Mehrfachanordnung werden einige Funktionsschritte wiederholt. Somit kann z. B. ein Sicherheitsfaktor in das System eingebaut werden oder eine doppelte Kontrolle.

3. Reihenschaltung ↔ Parallelschaltung

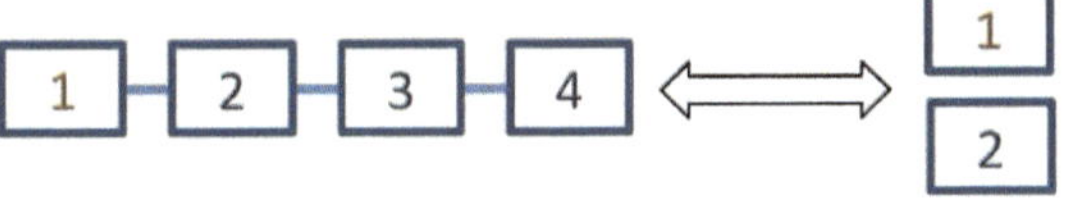

Die Parallelschaltung bietet den Vorteil, dass mehrere Prozesse gleichzeitig ablaufen können und somit der Gesamtprozess schneller wird.

Abb. 1.4-5: Prinzipielle Darstellung der möglichen Variationsmerkmale – Teil A

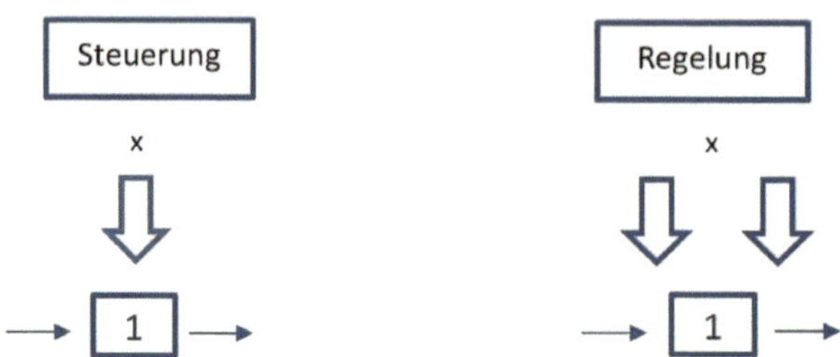

Die Steuerung eine Prozessgröße ist einfacher und kostengünstiger als die Regelung. Eine Regelung ist allerdings wesentlich komfortabler und es kann besonders bei Störungen schneller eingegriffen werden. Trotz dessen, dass sie etwas teurer ist als die Steuerung ist die Regelung im Zeitalter der Prozessleittechnik zu bevorzugen.

5. Kombination

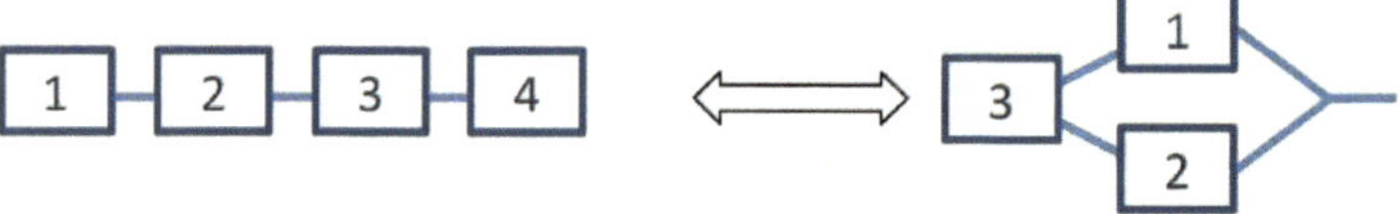

Eine Kombination ist ein weiterer Schritt der Optimierung. Dabei werden gleichzeitig zwei oder mehr Variationsmöglichkeiten angewendet. Daraus ergeben sich z. B. ein schnellerer Gesamtprozess oder eine doppelte (möglichst prinzipverschiedene) Kontrolle

Abb. 1.4-6: Prinzipielle Darstellung der möglichen Variationsmerkmale – Teil B

Bei der Ermittlung der Variationen, die immer ausgehend von der Grundfunktionsstruktur erfolgen, sollten jeweils die sich ergebenden Hauptwirkungen betrachtet werden. Dabei ist es hilfreich den allgemeinen *Strategie-Tripol* und die *Konstruktions-Grundregeln* (vgl. *Abb. 1.4-7*) zur Interpretation heranzuziehen. Die Variationen sollten also entweder bessere, schnellere oder preiswertere Tafelreinigungen ermöglichen. Jede Konstruktionsvariante sollte darüber hinaus eine eindeutige Funktionserfüllung, bei möglichst einfachem Aufbau und größtmögliche Sicherheit für Mensch, Arbeitsplatz und Umwelt gewährleisten.

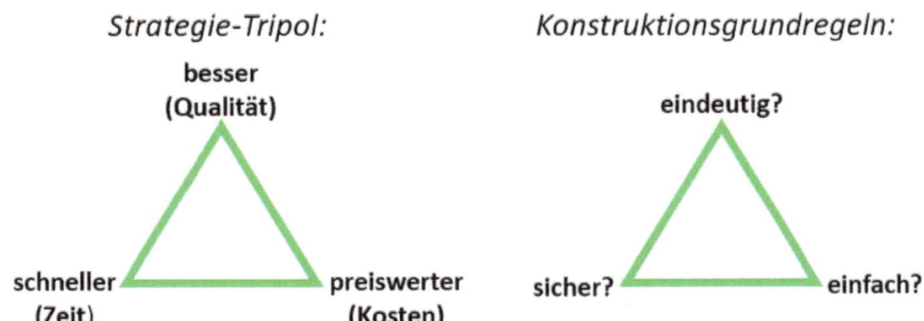

Abb. 1.4-7: Entwicklungsziele (Strategie-Tripol) und Konstruktionsgrundregeln

FUTURE

Mit diesen Vorgaben wurden im Team Funktionsstruktur-Varianten erarbeitet und einer Abstimmung gemäß *Kap. 1.1* unterzogen, um die aus Sicht des Teams optimale Funktionsstruktur zu ermitteln. Das Ergebnis ist in *Abb. 1.4-8* dargestellt. Auf eine Darstellung der kompletten optimierten Funktionsstruktur wird verzichtet, da lediglich aus der Reihenschaltung der Stoffumsatzfunktionen St6 und St7 eine Parallelschaltung geworden ist, um als Resultat die Tafelreinigung zu beschleunigen.

Variationsmerkmale	FUTURE Nr.	Lfd. Nr. für Rating	Skizze	Hauptwirkung gegenüber G
Grundfunktionsstruktur	G	1	Siehe *Abb. 1.4-3*	-
Reihenfolge ändern	R1	2	–①–②–…– ⇨ –④–①–②–	Schneller?
	R2	3	–③–④– ⇨ –④–③–	Schneller?
Mehrfachanordnung	M1	4	–⑥– ⇨ –6a–6b–	Besser? teuer?
	M2	5	–12– ⇨ –12a–12b–	Sicherer
	M3	6	–11– ⇨ –11a–11b–	Sicherer
Schaltungsart ändern Reihe ↔ Parallel	S1	7	–①–②–③–④– ⇨ –①–[②/④]–③–	Schneller
	S2	8	–①–②–③–④– ⇨ –…–[③/⑤]–④–	Schneller
	S3	9	–⑥–⑦– ⇨ –[⑥/⑦]–	Schneller
Steuerung Regelung	-	-	-	-
Kombinationen	K1	10	–⑥–⑦– ⇨ –[6a–6b / 7a–7b]–	Schneller, besser
	K2	11	–②–③– ⇨ –①–[②/④]–[③/⑤]–	Schneller
	K3	13	–②–③– ⇨ –①–[②/④]–[③/⑤]–	Schneller

Abb. 1.4-8: Variationen der CLEANY-Funktionsstruktur (Stoffumsatz) und optimale Variante S3 (Teilfunktionsnummern vgl. *Abb. 1.4-4*)

 **Beachte** 

Durch die mit wenig Zeitaufwand durchführbaren Variationen der Grundfunktionsstruktur erfolgt die gedankliche Vorwegnahme der späteren zeitintensiven (und eventuell kosten-intensiven) Konstruktion! D. h. jede Veränderung im Funktionsablauf hat eine andere Konstruktionsrealisierung zur Folge, was immer Aufwand im Detail und Budget-Belastung oder -Entlastung bewirkt. Deshalb lohnt sich dieser quasi kostenlose Denkprozess. Falls im weiteren Verlauf der Konzeptentwicklung neue Erkenntnisse auftauchen, kann zudem ohne Probleme auf eine andere Variation der Funktionsstruktur zurückgegriffen werden.

Es ist demnach (ähnlich wie bei ANFOLI) keine Fixierung für immer damit verbunden!

Ausblick (Zukunft)

Die Unterteilung eines Gesamtprozesses in einzelne Teilschritte lässt sich auch bei allgemeinen Problemstellungen sinnvoll anwenden. Beispielsweise ließe sich die Organisation einer Angebotsbearbeitung für Investitionsgüter (Behälterbau, Hausbau …) zunächst im Ist-Zustand konkret erfassen, und dann in eine abstrakte Beschreibung eines Funktionsablaufs überführen. Für diesen könnten dann neue Lösungsvarianten (*Kap. 1.5*) und ein neues Konzept (*Kap. 1.6*) gesucht werden.

Fazit

Anlass (IST-Zustand)	Handeln ist gut – aber Denken vor dem Handeln ist oft besser (= Planen)
Lösungsansatz (Wege zum Ziel)	Gemäß „Beppo Straßenkehrer-Prinzip" (bekannt aus dem Film „Momo") vorgehen! → Teilfunktionen bilden
Ergebnis (Lösungserfolge)	Funktionsablauf einfach so: Roboterprinzip „von Hand" → Ablaufplan → Funktions-struktur variieren → optimale Struktur auswählen
Ausblick (Zukunft)	Das Denken in Funktionsstrukturen ist universell nutzbar

---

1.5 Lösungsprinzipien und sinnvolle Prinzipkombinationen (LP + PK)

Bis hierhin ist die Realisierung noch nicht konkretisiert worden, lediglich wurden über die Anforderungsliste ANFOLI (*Kap. 1.4*) die vorläufigen Ziele an das Produkt/ Projekt präzisiert. Im Folgenden werden nun für die (wichtigsten) Teilfunktionen der in *Kap. 1.3* ermittelten Funktionsstruktur Ideen zu möglichen Lösungsrealisierungen gefunden (Lösungsprinzipien), die anschließend so ausgewählt und kombiniert werden (Prinzipkombinationen), dass die Gesamtfunktion optimal erfüllt wird.

An dieses *Kap. 1.5* und die folgenden *Kap. 1.6* und *1.7* werden die höchsten Anforderungen an das Wissen und den Wissenstransfer der Teilnehmer, sowie an deren Kreativität und Innovation während des gesamten Entwicklungsprozesses gestellt! Hier entscheidet sich, wie erfolgreich und neuartig die Entwicklung sein wird!

LP + PK

Anlass (IST-Zustand)

Das Wichtigste an den zu findenden Lösungsprinzipien ist ihre Neuartigkeit, die auf technischem Gebiet häufig in Erfindungen mündet. Diese sind als technische Schutzrechte (Patente und/ oder Gebrauchsmuster) am Tag der Einreichung einer Anmeldung beim Patent- und Markenamt (national (DE), EU oder international (PCT)) unter folgenden Voraussetzungen schutzfähig:

1. *Neu* gegenüber dem weltweit bekannten *Stand der Technik* hinsichtlich der zu lösenden Aufgabenstellung.

2. *Gewerbliche Anwendbarkeit* muss gegeben sein, d. h. aufgrund der Beschreibung ist der beanspruchte Gegenstand ohne Weiteres in einem Gewerbebetrieb anwendbar.

Patente werden erteilt für *gegenständliche Produkte* (z. B. Vorrichtungen, Anlagen, chemische Stoffe), für *Herstellungsverfahren* und für Verwendung bekannter oder neuer *Produkte* bzw. *Verfahren*. Die geschützte Laufzeit beträgt im Allgemeinen 20 Jahre.

Gebrauchsmuster werden ohne Sachprüfung für Gegenstände mit einer bestimmten Raumform für 10 Jahre erteilt.

Geschmacksmuster können für nichttechnische, 2- oder 3-dimensionale gewerbliche Gegenstände mit *ästhetischer Zielsetzung* für 20 Jahre erteilt werden.

Der Erfinder muss bestrebt sein, die Ansprüche seines Patentes sehr weitgehend von den Ansprüchen der Konkurrenz abzugrenzen (*Claim* abstecken). Dies aber möglichst nicht nur hinsichtlich des gegenwärtigen Standes der Technik, sondern am besten auch im Vorgriff auf zukünftig denkbare Entwicklungen! Dazu ist idealerweise ein umfassendes Lösungsfeld zu erarbeiten. Kurz gesagt, es werden möglichst alle denkbaren Lösungsprinzipien zur Erfüllung der technischen Aufgabe gesucht, also NEUE IDEEN!

Sie erinnern sich an so genannte Brainstorming-Sitzungen in Ihrer Vergangenheit, bei der es um die Suche nach neuen Ideen ging (vgl. auch *Kap. V2*). Welche Verhaltensvarianten der anderen Teilnehmer (evtl. auch bei Ihnen) tauchen dabei auf? Jede neue, mündlich vorgetragene Idee, wird im günstigsten Falle begeistert aufgegriffen, was dummerweise häufig in einer nachteiligen Ideenfixation mündet. Wesentlich wahrscheinlicher ist es jedoch, dass die Idee lächerlich gemacht wird („das kann auch nur ein Anfänger denken!") oder eine missbilligende Körpersprache bzw. eine negative nonverbale Kommunikation eingesetzt wird (Haltung, Mimik, Gestik, Stimme, die den Ideengeber „nach unten ziehen soll"). Auf die gleiche Wirkung zielen so genannte *Killerphrasen* ab („das wird so nie funktionieren!" oder „das haben wir noch nie so gemacht - Basta!"). Besonders unangenehm wird es, wenn Aussagen zur vorgetragenen Idee mit hinterlistigen Bedeutungen kombiniert werden. „Hat das nicht der Müller vor 2 Jahren auch schon mal vorgeschlagen?" ist für Insider so zu übersetzen: Der Müller ist wegen Differenzen mit dem Chef gefeuert worden!

Natürlich ist es auch möglich, dass eine Idee bei hitziger Diskussion gar nicht erst wahrgenommen oder im Nachhinein einem anderen Teilnehmer zugeschrieben wird.

Häufig wird bei einer Konzeptentwicklung auch sehr viel Energie in Ideen zu nebensächlichen Details gesteckt, was nicht nur Entwicklungszeiten verlängert, sondern auch den Blick für das Wesentliche verstellt.

Wie lassen sich in einer konstruktiven Teamarbeit die vorgenannten Nachteile vermeiden und wie können Sie Ihre Patent-Claims möglichst umfassend abstecken?

Lösungsansatz (Wege zum Ziel)

Aus Zeitgründen kann eine Beschränkung auf wesentliche Teilfunktionen der Hauptumsatzart (St, En oder Si) erfolgen (Pareto-Prinzip: Das wenige Wichtige bevorzugen und das viele Unwichtige zurückstellen). Die wichtigsten Teilfunktionen werden auch als *Hauptfunktionen*, die weniger wichtigen als *Nebenfunktionen* bezeichnet. Es müssen also vordringlich für die Hauptfunktionen Lösungsideen gefunden werden. Häufig leiten sich daraus aus Gründen der Verträglichkeit die Ideen für Nebenfunktion automatisch ab.

Aus Gründen der Erzielung eines umfassenden Patentschutzes kann es jedoch ratsam sein, für alle Teilfunktionen aller Umsatzarten Lösungsideen zu suchen, die dann auch für andere Produktentwicklungen im Sinne von Konstruktionskatalogen genutzt werden können.

Des Weiteren müssen methodisch-organisatorische Rahmenbedingungen geschaffen werden, bei denen vorzugsweise kreativitätsfördernde Teammethoden eingesetzt werden, die authentische schriftliche Ideendokumentationen ermöglichen.

Darüber hinaus ist es sinnvoll, die Merkmale eines Lösungsprinzips genauer zu definieren.

Ergebnis (Lösungserfolge)

Ein *Lösungsprinzip* lässt sich folgendermaßen definieren:

Lösungsprinzip **LP** = WirkungsEffekt (physikalisch, chemisch, …) + konstruktive **G**estaltung

Finden sich mehrere Lösungsprinzipien *i* zur Realisierung einer Teilfunktion so ergibt sich ein *Lösungsfeld* als Summe aller Lösungsprinzipien zu

$$\sum LP = \sum LP_i = \sum (E_i + G_i)$$

Diese mathematische Beschreibung lässt sich anschaulicher grafisch in einem *Ideenformular für LP* darstellen, wie es beispielhaft für einen Energieumsatz mit einer erforderlichen Teilfunktion En *i* ($i = 7$) „Kraft verstärken" in *Abb. 1.5 -1* gezeigt ist.

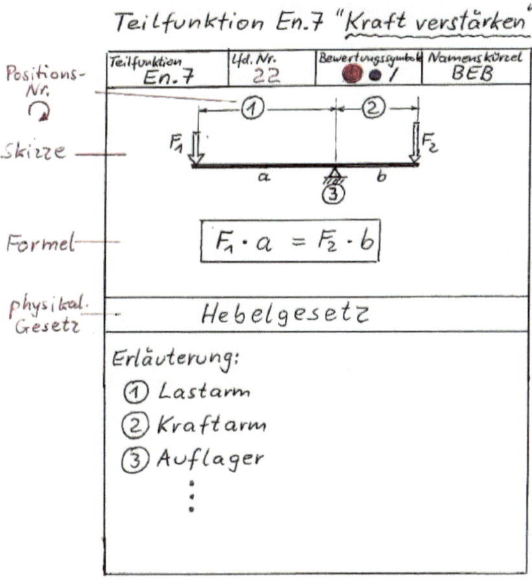

Abb. 1.5 - 1: Beispiel für die Darstellung eines Lösungsprinzips zur Teilfunktion „Kraft verstärken"

In der ersten Zeile stehen die Teilfunktions-Nr., die laufende Nummer des Lösungsprinzips sowie markante Bewertungssymbole (die allerdings erst am Ende der Lösungssuche bzw. nach der Bewertung nachgetragen werden). Außerdem wird dort das Namenskürzel des Ideenlieferanten eingetragen. Im Skizzenfeld darunter befinden sich schematische Gestaltungshinweise und (falls bekannt) physikalisch-konstruktive Gesetzmäßigkeiten (hier zum Hebelgesetz). Im Feld unterhalb der Skizze sollte eine charakteristische Benennung der Lösungsprinzipidee erfolgen. Im Erläuterungsfeld kann dann die Idee stichpunktartig beschrieben werden, wobei dies durch entsprechende Eintragung von Positionsnummern im Skizzenfeld (im Uhrzeigersinn mit fortlaufenden Zahlen versehen!) noch besser verdeutlicht werden kann.

 **Beachte** 

Durch die Verwendung von Farbstiften (statt Bleistift), lässt sich eine Idee besser verständlich machen, ebenso durch die Erläuterung in Druckbuchstaben, statt durch (häufig unleserliche) Schreibschrift. Eine „schöne" Darstellung mit einfachen Skizzen erhöht zudem die Wahrscheinlichkeit, dass die Idee von den anderen Teilnehmern favorisiert wahrgenommen wird.

Die nachträgliche zeitliche Rekonstruktion der Ideen, oder die Unterscheidung der aufgrund unterschiedlicher Methoden gefundenen Lösungsprinzipien, lässt sich leicht durch verschiedenfarbige Blätter realisieren.

Für die praktische Anwendung hat sich ein DIN A4-Formblatt gemäß *Abb. 1.5 - 2* bewährt, durch die jeder Teilnehmer die Möglichkeit hat, vier unterschiedliche Lösungsprinzipien pro Blatt zu kreieren. Für die obenstehende Teilfunktion „Kraft verstärken" sind dabei die gemachten Qualitätsanmerkungen aufgezeigt.

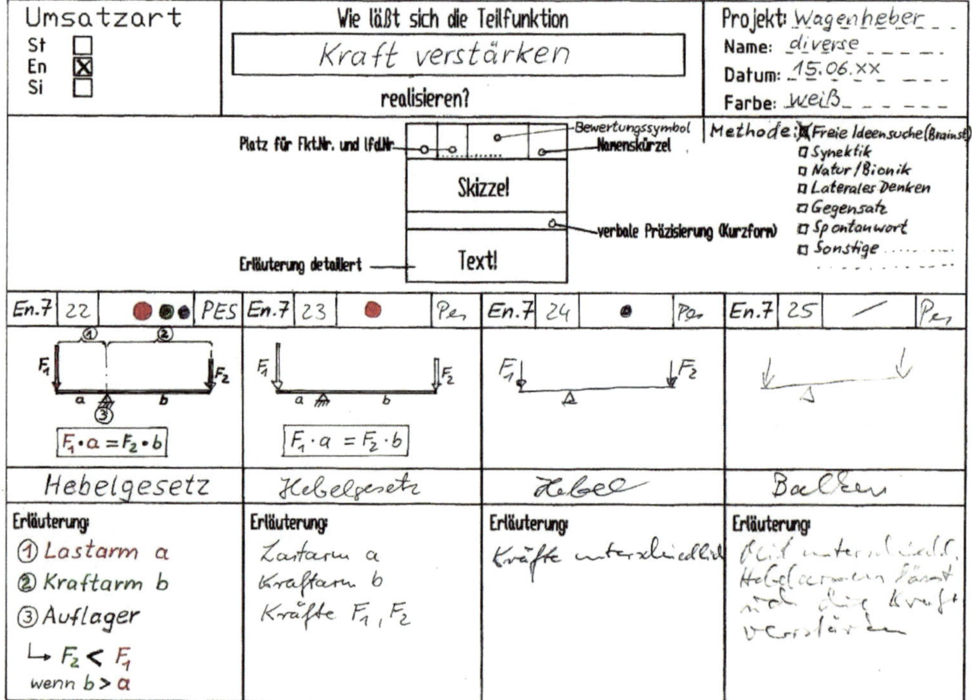

Abb. 1.5-2: In unterschiedlicher Qualität ausgefülltes Formblatt „Lösungsprinzipien" zu „Kraft verstärken"

Für eine konstruktive Teamarbeit zur Suche nach *Lösungsprinzipien* und daraus abgeleiteten *Prinzipkombinationen* haben sich die nachstehenden *Methoden* als besonders günstig herausgestellt:

1. Freie Ideensuche *Stilles Brainstorming* (lediglich ergänzend zu Pkt. 2-5)

2. *Team-Ideen-Galerie* (vgl. *Kap. 1.1*, modifiziert für konstruktive Problemstellungen)

3. *Verfremdungsmethoden* (z. B. Synektik, Bionik/ naturbezogen, „Spontanwort-Methode")

4. *Laterales Denken* und *Gegensatz-Lösung*

5. *Ping-Pong-Ideensuche*

6. *Morphologische Tafel* → LP-Auswahl → Prinzipkombinationen

Die jeweils eingesetzten Methoden sind durch geeignete Ablaufregeln, Hilfsmittel und Formulare zu unterstützen und werden nachfolgend im Detail dargestellt.

Lösungsprinzipien eines Tafelreinigungsgerätes (CLEANY)

In der Funktionsstruktur von *Kap. 1.4* wurde der Stoffumsatz als Hauptumsatzart bestimmt, weil das Ziel von CLEANY, also die Tafelreinigung, in der Beseitigung von Stoffen (Kreidebelag) liegt. Die wichtigste Teilfunktion (= Hauptfunktion) im Stoffumsatz ist nach *Abb. 1.4-3* die Funktion St 6 „Belag (von Tafel) trennen". Daneben sind die Funktionen St 2 „Hilfsstoffe transportieren" und St 4 „CLEANY transportieren" von besonderer Bedeutung, für die gemeinsame Lösungsprinzipien zu „transportieren" gefunden werden können.

Im Folgenden wird gezeigt, welche Ergebnisse mit den vorstehend genannten Teammethoden erzielt werden können, wenn sie in der dargestellten Reihenfolge und mit den zugehörigen Regeln/ Hilfsmitteln angewendet werden.

 **Beachte** 

Alle Ideen zu Lösungsprinzipien sind wichtig. Deswegen wird zu keinem Zeitpunkt Kritik an den Vorschlägen geübt! Nur kritikfreie Ideensuche fördert wirklich Neues zutage!

---

1. Freie Ideensuche (*Stilles Brainstorming*)

Den Teilnehmern wird jeweils ein *Ideenformular für LP* (analog *Abb. 1.5-2*, z. B. in Weiß, Formularkopf bereits ausgefüllt) zur Verfügung gestellt. Die Ideen können entweder in Ruhe zuhause oder unter Einhaltung der Regel „absolute Stille" im Team skizziert werden (Kreativität erfordert Konzentration!), wie es in *Abb. 1.5-3* gezeigt ist.

Abb. 1.5-3: „Stilles Brainstorming"

Ein ausgefülltes Blatt ist in *Abb. 1.5-4* gezeigt.

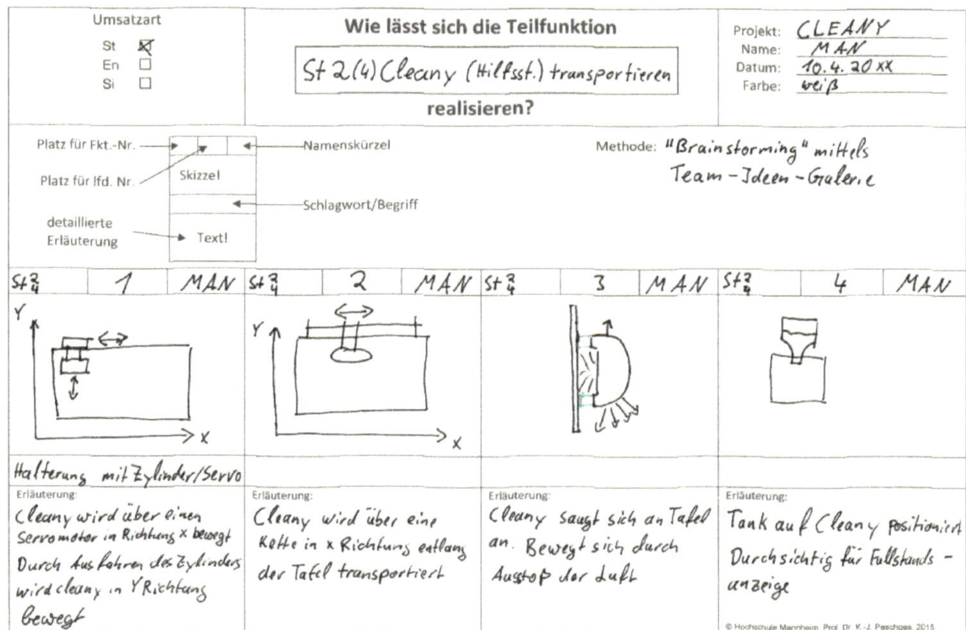

Abb. 1.5-4: *Stilles Brainstorming* zur Frage „Wie lassen sich die Teilfunktionen St 2 (Hilfsstoffe transportieren) und St 4 (CLEANY transportieren) realisieren?"

Nach der gleichen Vorgehensweise kann auch eine längere Unterbrechung zwischen zwei Teamsitzungen (z. B. Osterpause) zur Ideensuche genutzt werden, wie es im Ergebnis für ein Teilnehmerblatt in *Abb. 1.5-5* dargestellt ist.

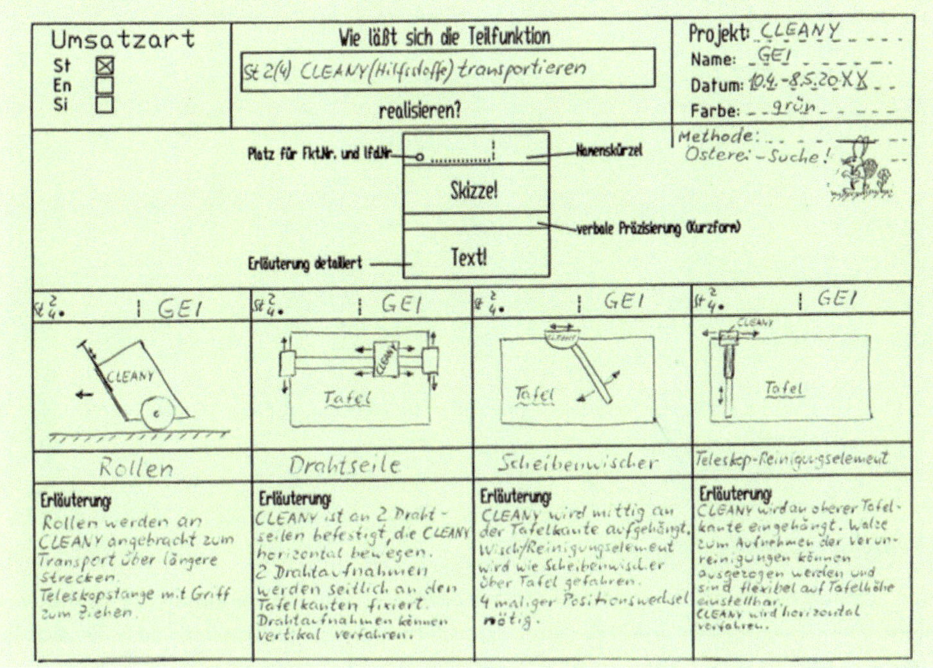

Abb. 1.5-5: *Stilles Brainstorming* zur Frage „Wie lassen sich die Teilfunktionen St 2 (Hilfsstoffe transportieren) und St 4 (CLEANY transportieren) realisieren?"

Die Ideenformulare aller Teilnehmer werden anschließend fotografiert und über einen Beamer vom Ideengeber kurz präsentiert. Kritik an den Vorschlägen ist nicht erlaubt, höchstens positiv formulierte Verständnisfragen. Die Ideenskizzen werden danach einzeln ausgeschnitten und für eine spätere Clusterung auf einer *Morphologischen Tafel* (s. *Abb. 1.5-13*) gesammelt.

Diese erste Phase des *Stillen Brainstorming* soll den Teilnehmern die konventionelle Art der Ideensuche bewusstmachen.

2. *Team-Ideen-Galerie* (modifiziert)

Modifiziert bedeutet hier, dass die im *Kap. 1.1* ausführlich erläuterte Team-Ideen-Galerie für konstruktive Fragestellungen mit einem geänderten Formular (s. *Abb. 1.5-6* statt *Abb. 1.1-8*), jedoch gleichen Regeln und Vorgehensweisen wie in *Kap. 1.2*, durchgeführt wird. Besonders wirksam wird der Einsatz der Team-Ideen-Galerie, wenn diese mit einigen der unter Punkt 3. und 4. genannten Methoden gekoppelt werden, wie es der nächste Abschnitt zeigt.

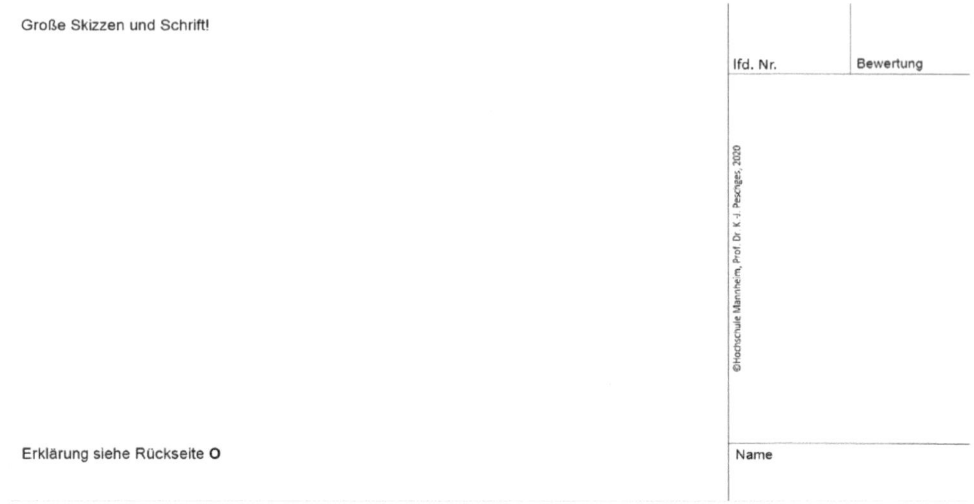

Abb. 1.5-6: Formular für die Team-Ideen-Galerie (modifiziert für konstruktive Fragestellungen → mehr Platz zum Skizzieren)

3. Verfremdungsmethoden

Hierzu zählen die Synektik, die Bionik (Natur bezogen), und die Spontanwort-Methode, die nachstehend besprochen werden. Allen drei Methoden ist gemeinsam, dass sie sich zum Auffinden neuer Ideen bewusst von dem eigentlichen Aufgabengebiet entfernen, um Ideenfixationen zu vermeiden. Bevorzugt setzt man diese Verfremdungstechniken dann ein, wenn der Ideenfluss zu versiegen droht.

Synektik

Prinzipiell wird bei diesem Vorgehen statt einer Suche im technischen Bereich, zunächst eine Problemverfremdung über einen nichttechnischen oder technikfernen Bereich vorgenommen, und die dort gefundene Idee anschließend wieder zu einer technischen Lösung „umerfunden" (Analogiedenken). Wird beispielsweise im Bereich der Medizin eine neue Lösung für das Injizieren einer Flüssigkeit gesucht, so kann man Lösungen aus der Natur genauer betrachten, was z. B. zu injizierenden Stichlösungen von Wespen, Bienen, Moskitos, Schlangen und anderen Techniken führt. Diese lassen sich nach genauerer Analyse in medizintechnische Lösungen umsetzen.

Im Gegensatz zu der in der Literatur beschriebenen, sehr aufwändigen und moderationstechnisch anspruchsvollen Vorgehensweise, die einem professionellen Brainstorming sehr ähnlich ist, wird in diesem Buch die Einbeziehung dieser Verfremdung in die Vorgehensweise der Team-Ideen-Galerie bevorzugt. Die Gründe hierzu sind in *Kap. V2* nachzulesen.

Abb. 1.5-7 zeigt ein Ergebnis zur synektischen Fragestellung „Belag entfernen (St 6)" nach der vorgenommenen Verfremdung. Es lässt sich erkennen, dass die Synektik und die Bionik sehr viele Gemeinsamkeiten aufweisen.

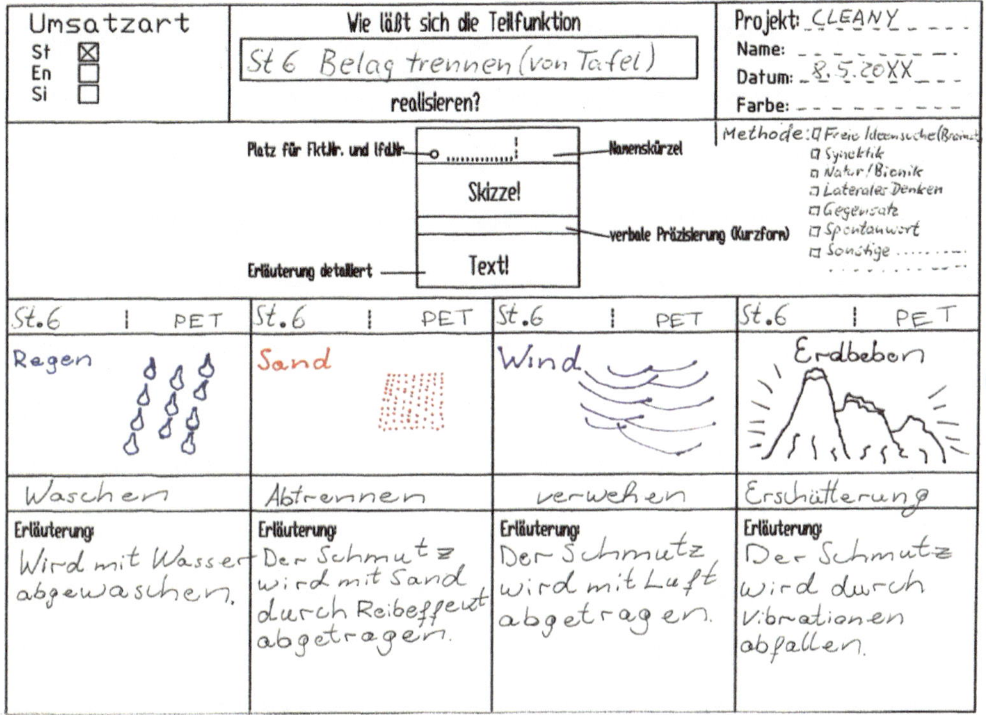

Abb. 1.5-7: Synektische Fragestellung „Wie lässt sich die Teilfunktionen St 6 (Belag trennen) realisieren?" mit beispielhaftem Ergebnis

Bionik (Natur bezogen)

Das Kunstwort Bionik wird aus den Begriffen **BIO**logie und Tech**NIK** gebildet. Dabei werden Formen, Strukturen, Organismen und Vorgänge der Natur studiert und als Lösungsprinzip für technische Anwendungen „neu erfunden". So wurde z. B. der wasserabweisende (hydrophobe) und selbstreinigende Effekt des Lotusblumenblattes, der durch µm-große Hügel, die nur einige µm nebeneinander in großer Zahl eine Blattoberfläche bedecken, technisch in Fassadenfarbe umgesetzt. Weitere Anwendungen dieses so genannten *Lotus-Effekts* sind z. B. selbst reinigende Duschkabinen und Kunststoffprodukte.

Die Kombination von *Team-Ideen-Galerie* und Bionik, bzw. naturbezogenen Analogien, führte z. B. bei der Fragestellung „Belag entfernen (St 6)" zu den in *Abb. 1.5-8* dargestellten Ideen. Diese müssen später auf ihre Eignung zur Analogie-Übertragung auf CLEANY geprüft werden.

St 6	1	PET	St6	2	PER	St6	15	TSC
bakterielle Entfernung			Häuten			Ente Wasserabweisend		
Erläuterung: Lösung mit Bakterium die sich von Kalkteilchen ernähren aufsprühen Bakterien losen sich dann ab			**Erläuterung:** Durch Abstoßen der Haut, kommt eine neue saubere hervor			**Erläuterung:** Die Ente erzeugt eine Fettschicht, die wasserabweisend ist		

© Hochschule Mannheim, Prof. Dr. K.-J. Peschges, 2015

Abb. 1.5-8: Bionik-Fragestellung „Wie lässt sich die Teilfunktionen St 6 (Belag trennen) realisieren?" mit beispielhaftem Ergebnis

Spontanwort-Methode

Bei der Spontanwort-Methode werden die Teilnehmer jeweils mit einem Zettel und einem Schreibgerät ausgestattet. Anschließend erfolgt durch den Moderator eine *überraschende Aufforderung*, sich *blitzschnell* das Wort/ den Begriff aufzuschreiben, der Ihnen spontan einfällt. Die Wörter aller Teilnehmer werden vom Moderator per Zuruf notiert und anschließend werden die *Gegensätze* zu den Begriffen gesucht. Über Windows Journal™ und einen Beamer beispielsweise werden die Beiträge gesammelt und für alle Teilnehmer sichtbar gemacht. Als nächstes werden *Assoziationen* zu den beiden Begriffen gebildet. Dabei ist es keine Pflicht, dass der Begriff mit CLEANY in Verbindung stehen muss. Im Anschluss werden über Diskussion und Zuruf die Begriffe *markiert*, aus denen sich evtl. ein neues Lösungsprinzip für CLEANY entwickeln lässt. *Abb. 1.5-9* zeigt einige Beispiele der so gefundenen Anregungen.

Spontanwort	Assoziationen	Gegenteil
Bier (YEP)	Fass, Hopfen, Malz, Brezel, Schnaps, Sonne, kühl, Schaum	Wasser
Schrauben (SCE)	Hammer, Kleben, Nieten, Gewinde, Lager, Mutter, Drehen	Bohren

Abb. 1.5-9: Beispiele für Lösungsprinzipien-Suchbegriffe aus Assoziationen der *Spontanwort-Methode*

Als nächstes wählt jeder TN aus den markierten Begriffen einige zur weiteren Bearbeitung aus, um in gewohnter Stille und größter Konzentration neue Lösungsprinzipien auf den LP-Formularen zu entwickeln. Mit dieser Vorgehensweise wurden z. B. Lösungsprinzipien zur Teilfunktion St 6 „Belag (von Tafel) entfernen" gefunden, die in der *Abb. 1.5-10* zu sehen sind.

Dabei wurden Assoziationen mit Hilfe der in *Abb. 1.5-9 markierten* Begriffe (Sonne, kühl, Drehen) genutzt.

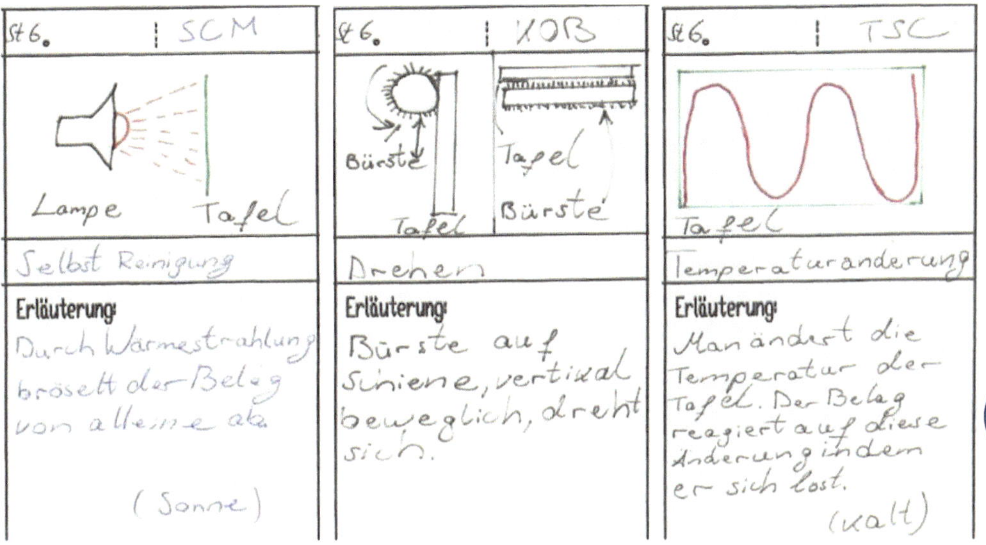

Abb. 1.5-10: Lösungsprinzipien zur Teilfunktion St 6 " Belag (von Tafel) trennen", die mit Hilfe der *Spontanwort-Methode* entstanden sind

Alle gefundenen Formular-Vorschläge werden nach der Erarbeitung analog zum weiteren Ablauf vom *Stillen Brainstorming* dokumentiert, präsentiert (kritikfrei!), einzeln ausgeschnitten und für eine spätere Auswertung und Bewertung gesammelt.

4. *Laterales Denken* und *Gegensatz-Lösungen*

Manchmal ist es vorteilhaft, nicht auf direktem Wege eine Lösung zu suchen, oder über Gegensatz-Fragestellungen neue Lösungen zu finden.

Laterales Denken

Unter lateralem Denken versteht man „ein Denken vom anderen Ende her" bzw. „eine Lösungssuche auf Umwegen". Diese Technik beherrschen nicht nur die meisten Vertreter des Homo Sapiens, sondern auch z. B. Affen, die lange Stöckchen als Werkzeug benutzen, um an Termiten im inneren von deren Bauten zu gelangen.

Ein unter dem Begriff des lateralen Denkens entstandenes Lösungsprinzip zur Teilfunktion St 6 „Belag (von Tafel) entfernen" ist in *Abb. 1.5-11* gezeigt. Statt konventionell Tafel mit Kreide zu beschreiben, also einen Belag aufzubringen, soll hierbei die weiße Schrift durch die Entfernung eines flächigen schwarzen Tafelbelages entstehen.

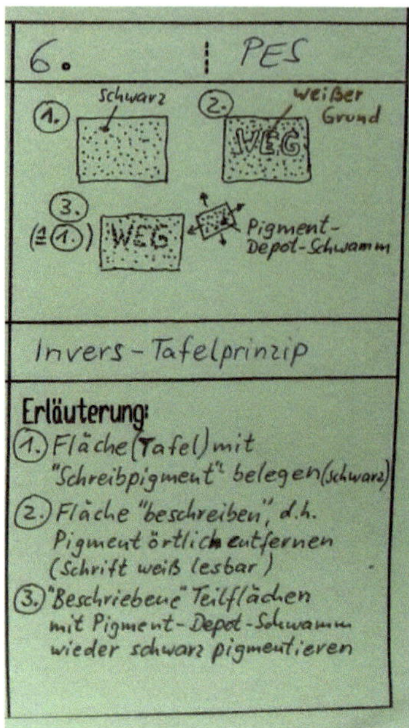

Abb. 1.5-11: Laterales Denken zu „Wie lässt sich die Teilfunktionen St 6 (Belag trennen) realisieren?" mit
           beispielhaftem Ergebnis

Gegensatz-Lösungen

Hierbei wird das vorhandene Lösungsprinzip durch ein gegensätzliches Prinzip ersetzt:

groß ↔ klein,
laut ↔ leise
blasen ↔ saugen

Das zuletzt angegebene Gegensatzpaar führte beispielsweise zur Erfindung des Staubsaugers. Bevor dies H.C. Booth im Jahr 1901 gelang, gab es nur die Realisierung einer Reinigungs-maschine, die den Staub in einen Auffangbehälter blies, dies allerdings nur mit mäßigem Erfolg. Bei einer Vorführung machte Booth deshalb dem Entwickler den Vorschlag, dass das Saugen in einen Behälter eine bessere Lösung wäre, was dieser als unmöglich zurückwies (→ *Ideenfixation*). Abends in seinem Hotelzimmer probierte Booth es dann improvisiert am Bodenteppich aus. Da ihm der Teppich aber zu dreckig erschien, saugte er mit seinem Mund durch sein auf den Boden gelegtes Taschentuch Luft an. Das Taschentuch hatte sich auf der Unterseite dunkel gefärbt - die Idee des Staubsaugerbeutels war damit zufällig auch mit geboren!

Bei der CLEANY-Darstellung zur *Spontanwort-Methode* wurde bereits die *Gegensatz-Lösung* integriert angewendet, womit nochmals auf die Vorteile einer sinnvollen Mischung der Methoden hingewiesen wird. Aus dieser Ideenfindungssequenz für die Teilfunktion St 6 (Belag trennen) findet sich auch mit *Abb. 1.5-12* ein Gegensatz-Beispiel (Belag *verdecken* statt entfernen).

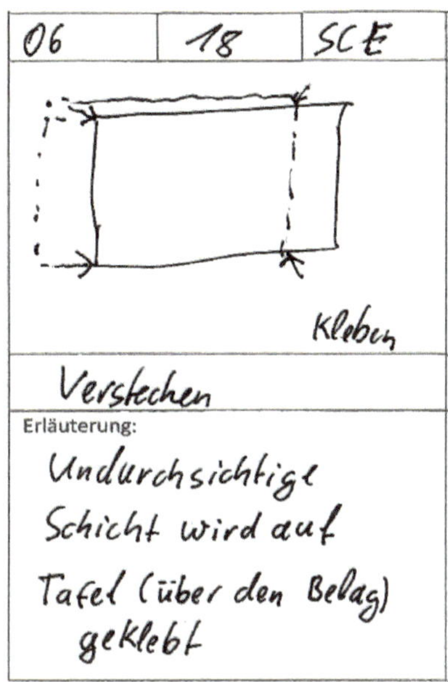

Abb. 1.5-12: Gegensatz-Lösung zu „Wie lässt sich die Teilfunktionen St 6 (Belag trennen) realisieren?"
→ *verstecken*!

5. *Ping-Pong-Methode*

Tischtennis wird umgangssprachlich auch „Ping-Pong spielen" genannt. Daher leitet sich auch der Name der Methode ab. Zwei möglichst sprachgewandte Teilnehmer sitzen sich gegenüber und spielen *Ping-Pong mit Lösungsargumenten*. Der erste Partner schlägt eine besonders interessante Lösung vor, die der andere Partner durch eine neue Idee ersetzt, infrage stellt, abändert etc. Die Diskussion der beiden wird mit einer Videokamera aufgenommen, sowie von einem Protokollanten stichpunktartig protokolliert. Wenn die Änderungsideen zu dieser erstgenannten Lösung versiegen, schlägt der zweite Partner eine Lösung für ein erneutes Ping-Pong vor.

Diese Methode unterscheidet sich deutlich von den anderen in diesem Kapitel besprochenen Teamtechniken:

Erstmals werden die Sprache und eine ungebremste Diskussion für neue Ideen genutzt.

Es ist deshalb anzuraten, das Ping-Pong erst dann anzuwenden, wenn die Suche nach Lösungsprinzipien bereits abgeschlossen ist. Es lässt sich dann hervorragend für die Konkretisierung besonders aussichtsreicher Lösungsprinzipien im Hinblick auf *Kap. 1.6* (*Konzeptvarianten*) unter Verwendung der weiter unten behandelten *Prinzipkombinationen* nutzen. Auch im fortgeschrittenen Stadium von *Kap. 1.7* (Schwachstellenanalyse) kann die *Ping-Pong-Methode* wirkungsvoll eingesetzt werden.

6. *Morphologischer Kasten* → LP-Auswahl → Prinzipkombinationen

Der im Folgenden dargestellte *Morphologische Kasten* soll die systematische Auswahl der geeignetsten Lösungsprinzipien und die leichtere Bildung von *Prinzipkombinationen* ermöglichen.

Morphologischer Kasten

Um die Übersicht über alle erarbeiteten Lösungsprinzipien (bei CLEANY über 300) behalten zu können, wird der Morphologische Kasten – auch Zwicky-Box nach dem Schweizer Fritz Zwicky genannt – erstellt. Dieser dient dazu, strukturiert alle Problembereiche vollständig zu erfassen, alle möglichen Lösungen zu betrachten und die für die Projektanforderungen geeignetsten Lösungsprinzipien zu ermitteln und anschließend zu kombinieren.

Man erstellt den Kasten in Form einer großen Tabelle. Dazu wird am besten eine Pinnwand verwendet, auf der ein großer Papierbogen befestigt ist. Auf diesen werden alle einzeln ausgeschnittenen Lösungsprinzipien, geordnet nach verschiedenen Realisierungsbereichen, mit einem Kleberoller befestigt.

Bei CLEANY wurden alle Lösungsprinzipien für die wichtigsten Teilfunktionen St 2/ 4 und St 6 nach Basis-Effekten aufgeteilt (physikalisch, mechanisch, chemisch, Natur, etc.) und an den Pinnwänden angebracht (*Abb. 1.5-13*).

Die Pinnwände werden anschließend an für alle Teilnehmer gut zugänglichen Stellen zur intensiven Betrachtung aufgestellt.

 **Beachte** 

Die aufgrund von Recherchen gefundenen Lösungsprinzipien bereits realisierter Konkurrenzprodukte sind ebenfalls in die Morphologischen Kästen einzubinden. Ähnliche Lösungsprinzipien können vor der Nummerierung nebeneinander platziert werden, damit bei der nachstehend beschriebenen Bewertung die von den Teilnehmern besonders favorisierte Variante erkennbar wird, und deren Bewertungspunkte anschließend leichter mit den Punkten der weniger aussichtsreichen LP-Ideen zu einer Gesamtpunktzahl addiert werden können.

Abb. 1.5-13: Teilansicht der Morphologischen Kästen zu „Wie lassen sich die Teilfunktionen St 2/ 4 (Hilfsstoffe/ CLEANY transportieren) und St 6 (Belag trennen) realisieren?"

Lösungsprinzipien (LP)-Auswahl

Bis hierhin wurde keines der über 300 CLEANY-Lösungsprinzipien weder positiv noch negativ im Team diskutiert (wenn auch u. U. außerhalb der Sitzungen, bzw. beim speziellen Fall der *Ping-Pong-Methode*). Der Grund liegt darin, dass jeder Teilnehmer seine eigene Lebens- und Technikerfahrung, in die bereits im *Kap. 1.1* beschriebene Ideen-Bewertungsmethodik einbringen muss, unbeeinflusst von der bewusst oder unbewusst manipulativen Meinungs-äußerung anderer Teilnehmer. Kurz gefasst wird bei der Auswahl der geeignetsten Lösungs-prinzipien folgender Ablauf angeraten:

Zunächst werden alle LP auf den *Morphologischen Tafeln* an den vorgesehenen, in *Abb. 1.5-1* erkennbaren, Feldern durchnummeriert (bei CLEANY von 1 bis 328).

Anschließend werden allen TN die in *Abb. 1.1-12* gezeigten einfachen Bewertungsformulare ausgehändigt. Falls mehr als 100 Lösungsprinzipien zu bewerten sind, was bei CLEANY der Fall ist, sind mehrere Formulare dieser Art in verschiedenen Farben zu benutzen. Zum Beispiel rot für die Bewertung der Nummern 1 bis 100, gelb für die Nummern 101 bis 200 usw. Diese Information sollten sich die Teilnehmer am besten noch auf den Blättern vermerken.

Die Festlegung der von jedem Teilnehmer zu vergebenden Punktzahl geschieht nach der einfachen Regel, dass möglichst jeder TN mehr Ideen bewerten muss, als er selbst gefunden hat. Nur so lassen sich die konsensfähigen Favoriten ermitteln. Bei CLEANY wurden mit 37 TN und 328 Ideen durchschnittlich 9 LP/ TN ermittelt. Aus Zeitgründen bei der Bewertung wurden als zu vergebende Punktzahl P = 30 und maximal 2 Kumulationspunkte pro LP-Nr. festgelegt. Die 30 Punkte **müssen** vergeben werden und es dürfen nicht mehr als 2 Punkte pro LP-Nr. verwendet werden. Im Extremfall kann also ein TN 30 LP favorisieren, muss aber mindestens 15 LP mit Punkten versehen. Damit wird der „Durchschnitts-TN" mindestens 6 Ideen zusätzlich bewerten, als er selbst erzeugt hat. Die langjährige Erfahrung mit dieser Vorgehensweise zeigt aber, dass die TN sehr fair und sachgerecht diese Beurteilung wahrnehmen. Bei geänderten TN- und LP-Zahlen ist die Vorgehensweise analog anzupassen.

Strategisch geschickt ist es bei der Bewertung, wenn man zunächst nur einen Punkt für seine favorisierten LP in der ersten Durchsicht der Morphologischen Kästen vergibt, und die noch verbliebenen Kumulationspunkte nur auf die favorisierten LP verteilt.

Nach der Auswertung aller Bewertungsbögen werden die pro LP addierten Punkte in die jeweiligen Einzelideen eingetragen. Zur leichteren Erkennbarkeit der Gesamtpunkte favorisierter Lösungsprinzipien, werden die Punkte nicht als Zahl sondern als Symbol eingetragen. Ein roter dicker Punkt symbolisiert beispielsweise 10 Punkte, ein grüner halb dicker Punkt zeigt 5 Punkte und ein blauer dünner Punkt gibt 1 Punkt an. Hat ein LP z. B. 13 Punkte erhalten, so werden ein roter dicker und 3 blaue dünne Punkte in das LP- Feld eingetragen (*Abb. 1.5-14*).

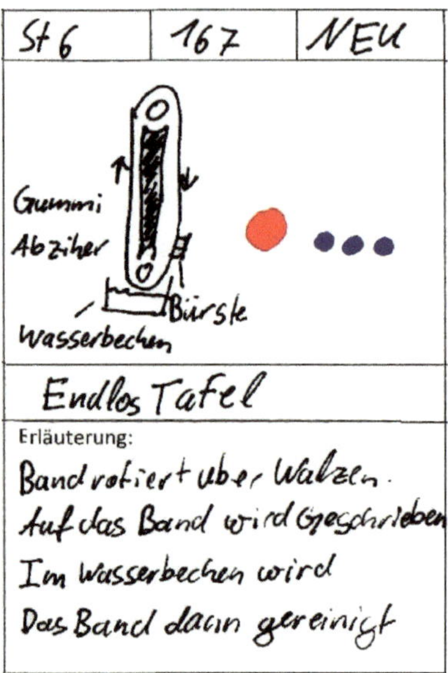

Abb. 1.5-14: Symbolische Angabe der erreichten Punkte für das LP Nr.167

Prinzipkombinationen (PK)

Nach erfolgter LP-Bewertung und jeweiliger Eintragung der durch Punktsymbole dargestellten Bewertungspunkte in die einzelnen LP des Morphologischen Kastens, lassen sich die favorisierten, und damit konsensfähigsten LP leichter erkennen, um daraus Prinzip-kombinationen zu erstellen.

Was versteht man unter Prinzipkombinationen?

Für die in *Kap. 1.4* entwickelte Funktionsstruktur, die aus den gekoppelten Teilfunktionen für Stoff-, Energie- und Signalumsatz besteht, wurde bisher ein Feld von zunächst voneinander unabhängigen Lösungsprinzipien erstellt. Um die Gesamtfunktion für ein Produkt zu erfüllen, müssen geeignete (miteinander verträgliche) Lösungsprinzipien aller Teilfunktionen der drei Umsatzarten miteinander verknüpft werden. Diese Systemsynthese wird als Prinzipkombination bezeichnet. Dabei spielt die gestalterische und technische Umsetzung noch eine untergeordnete Rolle. Es wurde bereits erwähnt, dass in der Praxis nicht für alle Teilfunktionen Lösungsprinzipien zu entwickeln sind, da sich diese im Laufe der Konkretisierung häufig von selbst ergeben. Somit erfolgt eine Beschränkung auf die so genannten wichtigsten *Haupt- und Nebenfunktionen*, wie dies im Folgenden für CLEANY dargestellt ist.

Aus dem Team sollten jetzt auf freiwilliger Basis Kleingruppen mit jeweils 2-7 TN, jedoch möglichst vergleichbarer TN-Zahl gebildet werden. Diese Kleingruppen sollten sich dann aus den 328 ermittelten LP ihre jeweiligen Team-individuellen Favoriten für die Prinzip-kombinationen aussuchen. Die Kleingruppe kann sich, muss sich aber nicht unbedingt an die von allen Teilnehmern sichtbar favorisierten LP halten. Bei der Auswahl ist allerdings zwingend die Verträglichkeit der ausgesuchten Teilfunktions-Lösungsprinzipien untereinander zu beachten! D. h. eine mechanisch basierte Teilfunktion (z. B. En.7 „Kraft verstärken" → Hebelgesetz) kann nicht direkt mit einer elektrischen Teilfunktion (z. B. En.8 „Kraft leiten" → Stromfluss) verbunden werden, sondern erfordert eine weitere Zwischenfunktion (z. B. En.7a „Kraft umwandeln mechanisch in elektrisch" → Piezo-Element).

Bei CLEANY haben sich aus 37 Teilnehmern 7 Gruppen gebildet, die aus 4-6 Teilnehmern bestanden (*Abb. 1.5-15*).

Jede Gruppe wählte sich aus den Morphologischen Kästen *je 2 Basis-LP* und *je 2 Ergänzungs-LP* aus, die ebenfalls in *Abb. 1.5-15* eingetragen sind. Die Basis- und Ergänzungs-LP sollten untereinander verträglich sein und sowohl die Teilfunktionen St. 2/ 4 (Hilfsstoffe/ CLEANY transportieren) als auch St. 6 (Belag von Tafel trennen) beinhalten.

 **Beachte** 

Den Gruppen sollte nahegelegt werden, möglichst untereinander verschiedene LP zu verwenden, um bei den nachfolgenden Projektarbeiten (*Kap. 1.6 ff*) eine offene Konkurrenz-situation zu vermeiden!

Die aus den Prinzipkombinationen heraus zu entwickelnden Konzeptvarianten sollten mit unterschiedlichen Realisierungskonzepten zwar die Anforderungsliste erfüllen und kooperatives Verhalten der Gruppen untereinander fördern, nicht jedoch konkurrierendes Arbeiten erzwingen.

Gruppen-Nr.	Gr. 1	Gr.2	Gr. 3	Gr. 4	Gr. 5	Gr. 6	Gr. 7
TN	ZOY	SEI	WUL	LAN	PÖS	FEß	WEI
	KES	CAP	PRI	NEU	SCE	FEL	YON
	MAN	BÄH	USC	SCM	FRE	PAI	SCI
	CON	ERE	GAR	GEI	FOP	SCÜ	STR
	KOB	YÜC	PET	TSC	DEB	STA	
		YEP	KAM	KOM			
Basis-Prinzipien	Lösungsprinzip (LP) – Nr. für St. 6 (Belag trennen)						
1.	21	162	118	193	152	168	162
2.	127	34	150	290	156	109	193
Ergänzende Prinzipien	Lösungsprinzip (LP) – Nr. für St. 2/ 4 (Hilfsstoffe/ CLEANY transportieren)						
1.	167	51	31	41	115	215	12
2.	80	266	59	4	126	234	4
ANFOLI-Ziel	stationär	stationär	mobil	stationär	stationär	mobil	stationär

Abb. 1.5-15: CLEANY-Gruppen 1-7, gewählte Basis- und Ergänzungs-LP für die Prinzipkombinationen, sowie bevorzugtes Entwicklungsziel (stationär = ortsfest installiert, mobil = mobil nutzbar)

Exemplarisch sind mit *Abb. 1.5-16* die von Gruppe 7 gewählten Ideenskizzen für die Basis- und Ergänzungs-LP gezeigt. Hier zeigt sich, dass nur eines der favorisierten LP auf der Idee eines Gruppenmitglieds beruht, die restlichen LP jedoch aus dem allgemeinen Ideenpool stammen. Auch die anderen Gruppen haben eine ähnliche Auswahl-Philosophie benutzt und jeweils nicht konkurrierende LP verwendet.

Gruppe 7:
SCI, STR, WEI, YON

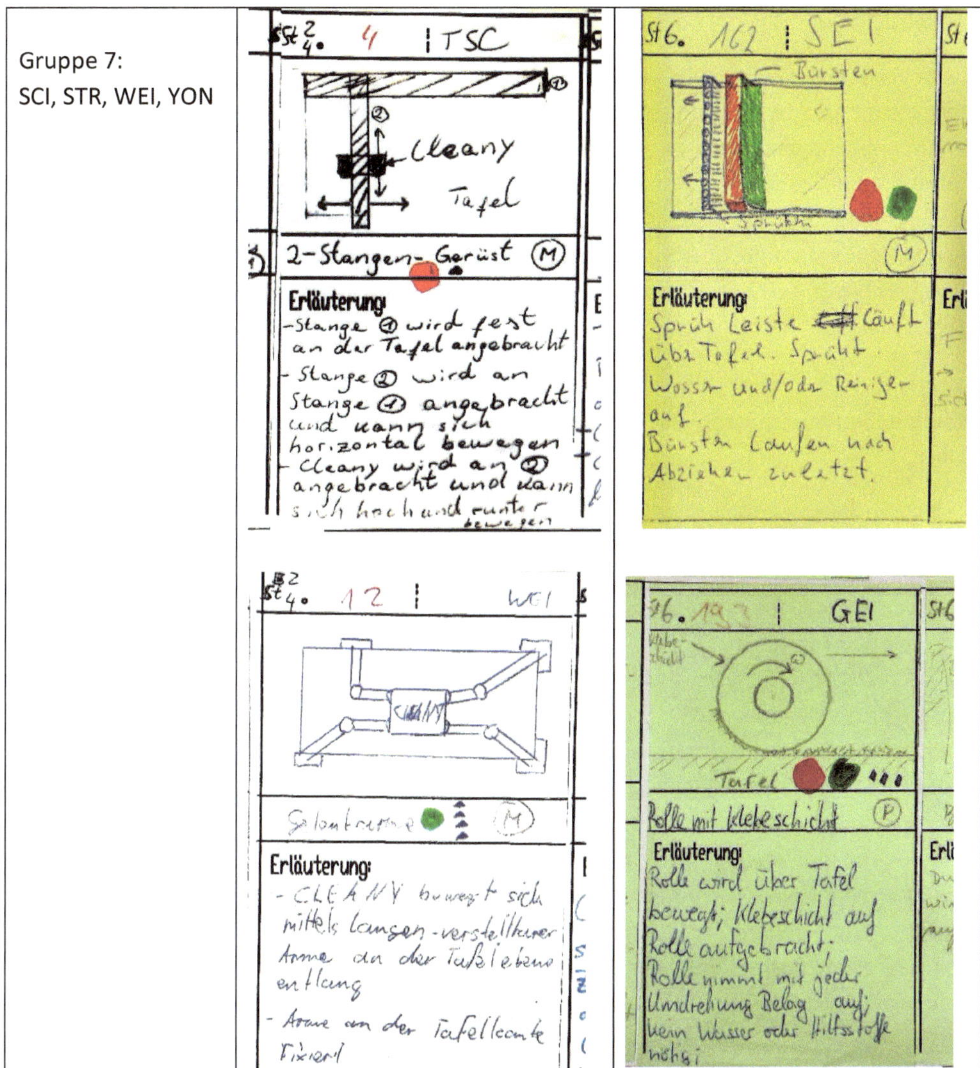

Abb. 1.5-16: Benutze Lösungsprinzipien für die CLEANY-Prinzipkombination der Gruppe 7 für die Stoffumsatzfunktionen St. 2/ 4 (Hilfsstoffe/ CLEANY transportieren) und St. 6 (Belag trennen)

In *Kap. 1.6* müssen nun die von den einzelnen Gruppen ausgewählten Prinzipkombinationen zu Konzeptvarianten ausgearbeitet, d. h. gestalterisch und technisch konkreter dargestellt werden.

Die für CLEANY ausführlich gezeigte Vorgehensweise zur Ermittlung von Lösungsprinzipien und daraus folgende Prinzipkombinationen, wird im Folgenden auch für KOKÖ und das Mitmach- Beispiel um einige Details ergänzt.

Ausblick (Zukunft)

Es ist vielleicht ungewöhnlich, dass das Team bisher an einer sofortigen Umsetzung der ersten Ideen oder an deren Kritik methodisch gehindert wurde. Dies steht im Gegensatz zur häufig erlebbaren konventionellen Projektbearbeitung. Das verwendete methodische Arbeitsprinzip beruht auf der einfachen Feststellung: je mehr Lösungsvarianten vorliegen, je vielfältiger die dadurch abgedeckten Realisierungseffekte sind, und je unabhängiger diese gegeneinander bewertet werden, desto wahrscheinlicher können die besten (neuen, optimalen) Lösungen herausgefiltert werden. Dieser Ansatz lässt sich mit geringen Änderungen auf viele Lebensbereiche übertragen.

Vergleichen Sie das Vorgenannte damit, wie beispielsweise in Gemeinderäten und Technischen Ausschüssen an Problemlösungen (Thema Verkehrsberuhigung) herangegangen wird:

Jede vertretene Partei erarbeitet für sich auf schmaler Variantenbasis ein „fertiges" Konzept (für ihr Wählerklientel / für ihre Lobbyisten), das anschließend präsentiert wird und mit den anderen Parteientwürfen zumeist nicht verträglich ist:

Partei A: Tempolimit
Partei B: Schallschutzwände
Partei C: Flüsterasphalt
Partei D: Stationäre Blitzer
Partei E: Bodenschwellen

Jede Partei will natürlich nicht ihre Glaubwürdigkeit verlieren, was zu oft erbitterten Diskussionen führt. Schließlich wird eine „offene" (Parteidisziplin, Fraktionszwang, etc.) Abstimmung durchgeführt und mit einfacher Stimmenmehrheit der größten Partei(enkoalition) eine Entscheidung herbeigeführt - selten zum Wohle der Allgemeinheit und oft mit nicht mehr rückgängig zu machender Wirkung!

Wie hätte eine Vorgehensweise ausgesehen und welche Ergebnisse wären entstanden, wenn stattdessen eine parteiübergreifende und weitere Betroffene einbeziehende *konstruktive Teamarbeit* die Regel gewesen wäre? Erfolgreiche Beispiele hierzu liegen vor!

Und welche Lösungsvorschläge wären dabei wohl entstanden, wenn statt der üblichen Fragestellung „Wie vermeidet man den Lärm? (→ Schallschutz!)" der Zielfrage „Wie erhalten wir die Stille? (→ Entfernung der Lärmquellen!)" nachgegangen worden wäre? D. h. bereits die Fragestellung im Projekt bestimmt maßgeblich die Lösungen!

Fazit

Anlass (IST-Zustand)	Neue Ideen für neue Patente finden sich kaum mit alten Ego-Arbeitsweisen
Lösungsansatz (Wege zum Ziel)	Sinnvolle Team-Kreativtechniken erweitern das mögliche Lösungsfeld
Ergebnis (Lösungserfolge)	Lösungsprinzipien → unabhängig Bewerten → Optimale Lösungsansätze
Ausblick (Zukunft)	Gemeinsam geht´s immer besser

LP + PK

1.6 Konzeptvarianten erstellen ($KV1$ bis KVn)

Die bisherigen Arbeitsschritte in den *Kap. 1.1* bis *1.5* wurden bewusst auf einer *relativ abstrakten Betrachtungsebene mit allen Team-Teilnehmern* durchgeführt, um zunächst möglichst viele Lösungsansätze zur Erreichung der geforderten Ziele zu erhalten. In dem folgenden Arbeitsbaustein werden nun für die von den *Team-Teilgruppen in Kap. 1.5 am Ende ermittelten Prinzipkombinationen (PK) konkrete Lösungswege gesucht*, die als *Konzept-varianten (KV)* bezeichnet werden.

Anlass (IST-Zustand)

Um aus den einzelnen abstrakten Lösungsprinzipien der favorisierten Prinzipkombinationen geeignete Lösungswege abzuleiten, bedarf es umfangreicher Detailkenntnisse zu praktischen Realisierungsmöglichkeiten. Die schließlich erarbeiteten Konzeptvarianten müssen ein vergleichbares Darstellungsniveau aufweisen, um daraus später eine optimale Konzeptvariante auszuwählen. Das Problem dabei ist, dass das spätere „Produkt" gedanklich vorwegzunehmen ist, was in den meisten Fällen nicht in den Fähigkeiten einer einzelnen Person angesiedelt ist. Wie lassen sich die Fähigkeiten aller Teilnehmer erfolgreich für eine optimale Konzepterarbeitung nutzen?

Lösungsansatz (Wege zum Ziel)

Damit zunächst für alle Konzeptvarianten $KV1$ bis KVn ein vergleichbares Darstellungsniveau für eine spätere Beurteilung gewährleistet ist, bietet sich eine formalisierte Beschreibung an, wie sie schematisch in *Abb. 1.6-1* gezeigt ist.

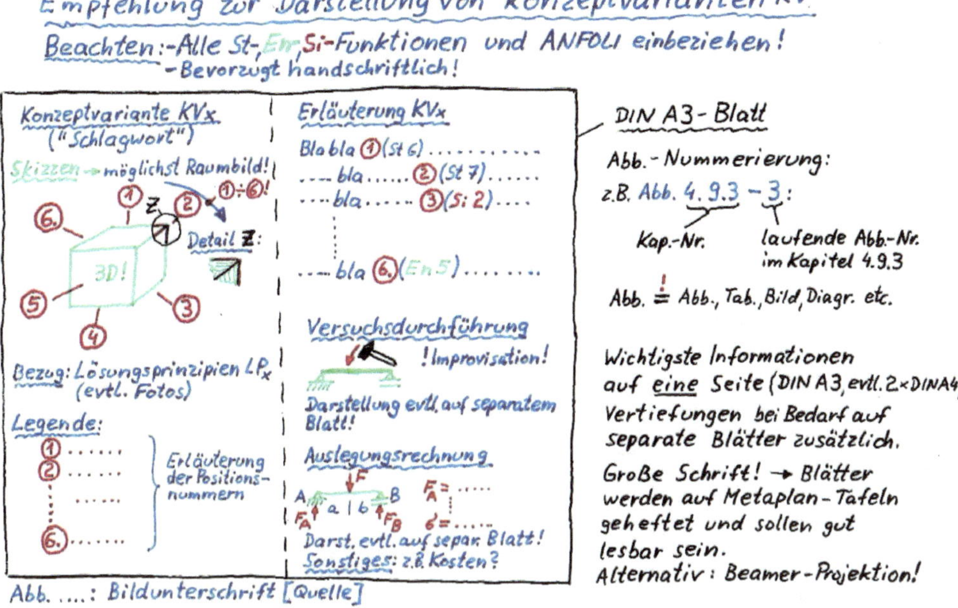

Abb. 1.6-1: Schematische Darstellung einer Konzeptvariante KVn (handschriftlich, DIN A3 - Blatt)

Diese einheitliche Darstellungsform ist von allen Teamgruppen konsequent einzuhalten.

Das erforderliche Detailwissen zur Konzepterarbeitung sollte in mehreren, zeitlich begrenzten Sitzungen, von allen Teammitgliedern mit ihren jeweiligen Fähigkeiten beigesteuert werden. Während bisher nur die Hauptfunktion und die wichtigsten Nebenfunktionen mit Lösungsprinzipien versehen wurden, müssen für die Konzepterstellung sowohl alle Teilfunktionen von Stoff-, Energie- und Signalumsatz, deren Verträglichkeit untereinander als auch die im Laufe der Bearbeitung aktualisierte Anforderungsliste beachtet werden. Dabei lassen sich auch wieder für spezielle Problembereiche geeignete Kreativitätstechniken zusätzlich einsetzen, wie z. B. die Team-Ideengalerie. Für auftretende spezifische Teilprobleme sollten die Teilnehmer möglichst auf freiwilliger Basis geeignete Lösungen beisteuern.

Die wichtigsten Funktionsprinzipien werden sinnvollerweise durch improvisierte Versuche auf ihre Realisierbarkeit überprüft. Alle Schlüsselbauteile der Konstruktion sind überschlägig auf ihre Haltbarkeit zu berechnen. Im Folgenden finden sich für CLEANY die exemplarischen Ergebnisse zur jeweiligen Konzepterstellung.

Ergebnis (Lösungserfolge)

Auf der Basis der Anforderungsliste (ANFOLI, mit Festforderungen, Mindestforderungen und Wünschen) sowie der Funktionsstruktur (mit allen St-, En- und Si-Umsatz-Teilfunktionen) lassen sich zielgerichtet die aufgrund der Prinzipkombinationen ausgewählten Konzeptvarianten entwickeln.

Konzeptvarianten eines Tafelreinigungsgerätes (CLEANY)

Aus der *Abb. 1.5-15* lässt sich entnehmen, dass sich von den 7 Teilgruppen 2 Gruppen für eine *mobile Gerätelösung (Hand)* und 5 Gruppen für eine *stationäre Lösung (System)* entschieden hatten. Jede Gruppe erstellte nun zunächst einen Erstentwurf ihrer Konzeptvariante unter Berücksichtigung der Vorgaben von *Abb. 1.6-1*. Exemplarisch ist dies für die Gruppe 7 erläutert, die eine stationäre Systemlösung bevorzugt hatten. *Abb. 1.6-2* zeigt zunächst die zu Grunde liegende Prinzipkombination für *KV*7, mit den zugehörigen Basis- und Ergänzungs-Lösungsprinzipien.

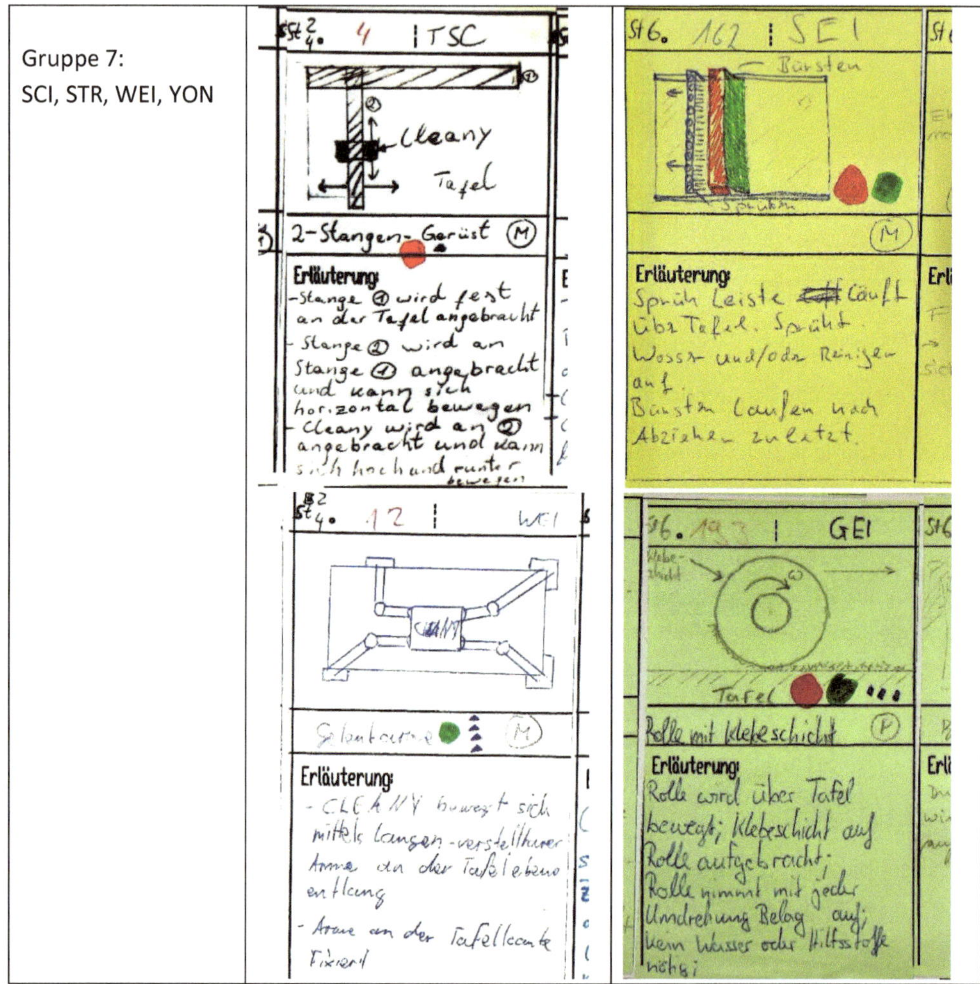

Abb. 1.6-2: Benutze Lösungsprinzipien für CLEANY-*KV*7 "R.A.D."

Aus dieser Prinzipkombination wurde dann der in *Abb. 1.6-3* dargestellte Erstentwurf angefertigt.

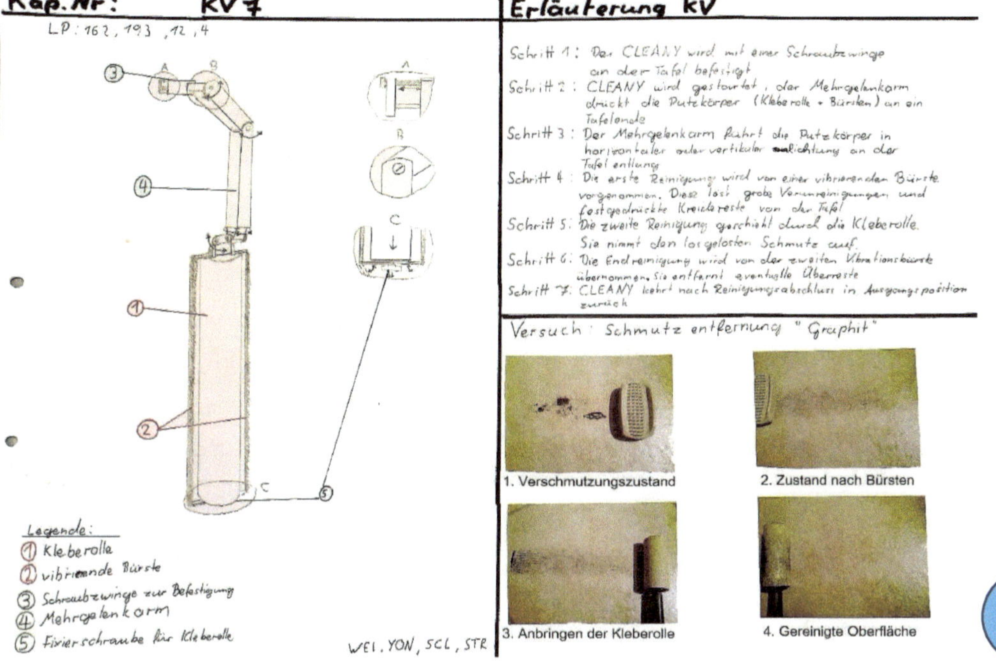

Abb. 1.6-3: Erstentwurf für CLEANY-*KV*7 "R.A.D."

Die Gruppe 7 stellte diesen Entwurf, ebenso wie die anderen Gruppen, allen Projektteilnehmern mit folgenden Erläuterungen vor:

„Der R.A.D. (Robot Arm Device) ist ein elektrisch angetriebener Roboterarm der über vibrierende Bürsten und eine Kleberolle die auf der Tafel vorhandenen Kreiderückstände selbstständig entfernt. Das Gerät verfügt über eine 3-Achsen Steuerung, um ein optimales Säuberungsergebnis zu erzielen. Nach manueller Einstellung der Startposition durch den Benutzer reinigt der R.A.D. mittels einer Start-Stopp-Technik automatisch die Tafel."

⚠ **Beachte** ⚠

Ab diesem Stadium sind Diskussionen und konstruktive Kritik/ Verbesserungsempfehlungen nicht nur erlaubt, sondern erwünscht! Die Diskussion sollte allerdings moderiert werden.

Abb. 1.6-3 enthält in diesem Stadium neben der Skizze mit den zugehörigen Positionsnummern auch deren Erläuterung und das Ergebnis erster orientierender Versuche. Zum Reinigungsablauf der Tafel ist vorgesehen, dass zuerst eine vibrierende Bürste die Kreide von der Tafel löst, danach eine Kleberolle das gelöste Kreidepulver aufnimmt und durch den nochmaligen Einsatz der vibrierenden Bürste eventuelle Kreidereste entfernt werden. Dieser Funktionsablauf wurde in einem improvisierten Versuch bestätigt und mit Fotos belegt. Auch die Darstellungen der anderen Konzeptvarianten *KV*1 bis *KV*6 erfolgten in der gleichen Form und mit improvisierten Versuchen, werden aber erst in den folgenden Kapiteln bedarfsweise erläutert.

Derartige Erstentwürfe enthalten mit Sicherheit noch zahlreiche Fehler und Verbesserungs-möglichkeiten. Diese gilt es in den nachfolgenden Arbeitsschritten zu erkennen und zu beseitigen.

Ausblick (Zukunft)

Lösungswege aufzuzeigen, also Konzepte zu entwickeln und anschaulich darzustellen, können auch für allgemeine praktische Aufgabenstellungen sehr gut eingesetzt werden. Wer beispielsweise darunter leidet, dass er ständig in zeitlichen Stress gerät, weil er mit seinen Aufgaben häufig oder immer Terminprobleme bekommt, muss sich überlegen, wie er diese Aufgaben zeitlich priorisieren kann. D. h. er muss einen Weg finden, das Wichtigste zuerst zu tun. Ein gutes Konzept bietet dafür nicht nur Erklärungssätze, sondern unterstützt den Weg durch gute Wegweiser, in Form von schematischen Darstellungen. Dies wird vorbildlich durch die Eisenhower-Matrix (nach [PRO 14]) dargestellt (*Abb. 1.6-4*).

„Das Wichtige ist selten dringend! Das Dringende ist selten wichtig!"

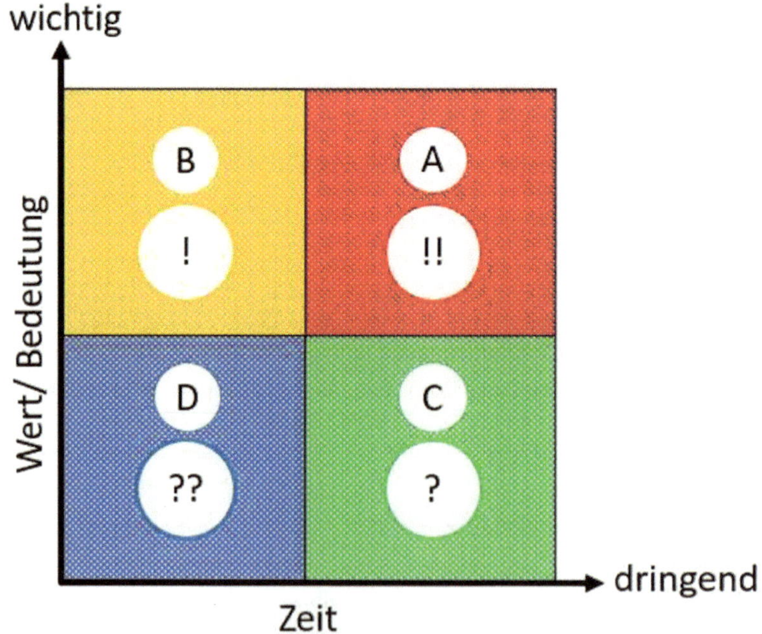

Abb. 1.6-4: Eisenhower-Aufgaben-Matrix (nach [PRO 14])

In dieser Matrix existieren 4 Felder (A, B, C, D), die zum einen der zeitlichen Dringlichkeit und zum anderen der Bedeutung einer zu erledigenden Aufgabe zugeordnet sind.

D-Aufgaben sind weder wichtig noch dringend zu erledigen (z. B. endlose „Schneeball-Recherchen" im Internet), die sich meistens durch bloßes „Nein sagen" auflösen.

B-Aufgaben sind wichtig, aber (noch) nicht dringend zu bearbeiten. In der Regel sind dies wichtige Aufgaben mit langfristigen Terminvorgaben (z. B. Erstellung eines Seminarvortrages für das kommende Jahr). Diese Aufgaben beinhalten einen großen Nutzen. Bei Vernachlässigung („Aufschieberitis") sind Unzufriedenheit und Stress vorprogrammiert. Es lohnt sich, derartige Aufgaben in kleinere Einheiten zu strukturieren und systematisch abzuarbeiten.

C-Aufgaben scheinen dringlich zu sein, besitzen aber eine untergeordnete Bedeutung (z. B. Unterbrechungen der Art: „Können Sie mal ganz schnell …"). Häufig werden dabei kurzfristige Erwartungen anderer befriedigt. Deshalb ist zu prüfen, ob nicht andere Personen eher dafür zuständig sind, die Dringlichkeit wirklich gegeben ist, oder eine „Schmalspur-Bearbeitung" (Pareto-Prinzip) ausreichend sein könnte. Derartige Aufgaben sollte man, wenn überhaupt, möglichst geblockt als „Lückenfüller" abarbeiten.

*KV*1 bis
KVn

A-Aufgaben kommen in vier verschiedenen Varianten vor (*Abb. 1.6-5*):

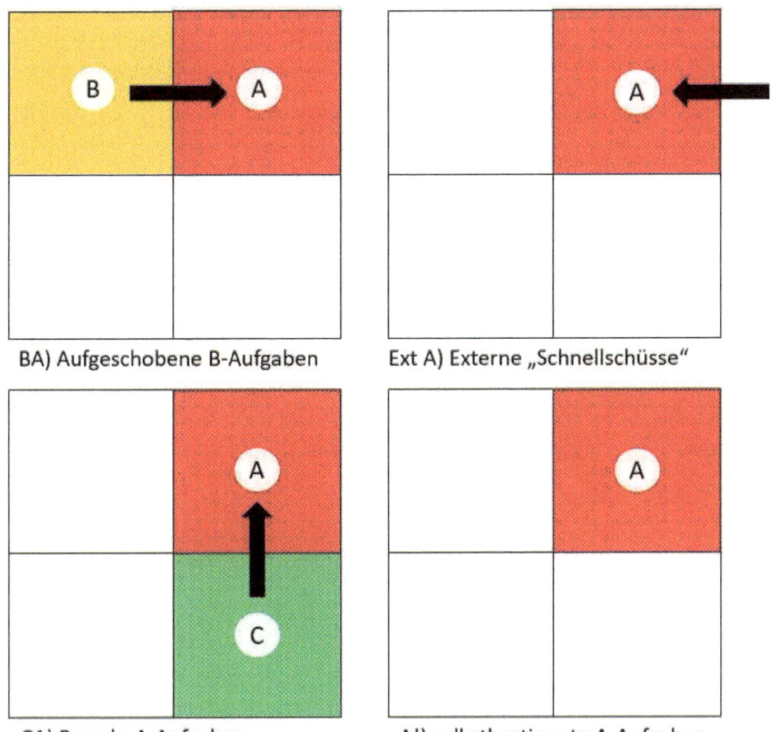

Abb. 1.6-5: Varianten der A-Aufgaben (nach [PRO 14]

- **BA)** Wird verursacht durch aufgeschobene oder zu spät begonnene B-Aufgaben („Aufschieberitis"!). Schwerwiegende Folgen sind eine sinkende Arbeitsqualität, Terminschwierigkeiten bzw. Nachtarbeit, und im Extremfall Krankheit durch Dauerstress! Also: B-Aufgaben frühzeitig in Teilschritten erledigen!

- **Ext A)** Dieser A-Typ basiert auf von außen verursachten (also externen) Aufgaben und der Erfahrung „Unverhofft kommt oft!", und muss sofort selbsterledigt werden. Beispielsweise wird er verursacht durch plötzliche Krankheit eines Kollegen, dessen Aufgaben mit übernommen werden müssen. Besonders Lehrer und Hotline-Mitarbeiter werden mit der Art der Arbeit überdurchschnittlich stark belastet, was häufig zu „Burnout" führt.

- **CA)** Dies sind eigentlich C-Aufgaben, die jedoch aufgrund ihrer Dringlichkeit mit einer A-Aufgabe verwechselt werden, was auch als Pseudo-A-Typ bezeichnet wird. Häufig sind dies „asap-Aufgaben" (as soon as possible = so bald wie möglich). Es gilt das unter C-Aufgaben Gesagte.

- **A!)** Selbstbestimmte A-Aufgaben müssen sofort bearbeitet werden. Ein Beispiel dafür ist die kurzfristige Umsetzung einer guten Idee im beruflichen oder privaten Bereich. Trotzdem muss man sich auch bei diesem Aufgabentyp die Frage stellen, ob die Bearbeitung *effektiv* (d. h. wertvoll und nützlich) ist, und wenn ja, wie sie möglichst *effizient* (d. h. zeit- und ressourcenschonend) erledigt werden kann.

 **Beachte** 

Es ist wichtiger wenige richtige Dinge zu tun (Effektivität), als viele Dinge richtig zu tun (Effizienz). Außerdem sollte sinnvollerweise nicht eine Maximierung der Aufgabenbearbeitung (= 100 %-Lösung), sondern idealerweise eine Optimierung (= 80 %-Lösung bei 20 %-Aufwand → Pareto-Prinzip) angestrebt werden.

Auf der Basis des vorgenannten Konzepts der Eisenhower-Matrix lassen sich individuell zugeschnittene Verhaltensänderungen bei der Erledigung von Aufgaben ableiten.

Fazit

Anlass (IST-Zustand)	Konzeptvarianten (KV) = Lösungswege zur Realisierung vorausdenken
Lösungsansatz (Wege zum Ziel)	KV auf vergleichbarem Informationsniveau erarbeiten und Funktionsversuche/ Funktionsberechnungen improvisieren
Ergebnis (Lösungserfolge)	Prinzip Freiwilligkeit für KV-Teams und KV-Inhalte aber auf Basis von ANFOLI und Funktionsstruktur
Ausblick (Zukunft)	Konzepte lassen sich auch für sinnvolle Arbeitstechniken entwickeln (z. B. Eisenhower-Matrix und Pareto-Prinzip)

$KV1$ bis
KVn

1.7 Schwachstellenanalyse der Konzeptvarianten und deren Optimierung (*KV*-OPT)

Die Schwachstellenanalyse dient dazu, eventuell später auftauchende Probleme und Fehler, bei einer anfangs optimal erscheinenden Problemlösung oder Entwicklung, von Anfang an auszuschließen. Gleichzeitig wird damit die Möglichkeit geschaffen, die Konzeptvarianten KV_n nach den anschließend durchgeführten Verbesserungen miteinander zu vergleichen, und die optimale Variante zu ermitteln.

Anlass (IST-Zustand)

Es ist wichtig Schwachstellen möglichst früh zu finden, denn je später man sie entdeckt, desto teurer werden sie (10er Regel, d. h. Folgekosten durch Fehler nehmen in vielen Branchen mit jedem nachfolgenden Arbeitsschritt um den Faktor 10 zu). Es kommt immer wieder vor, dass Schwachstellen übersehen werden. Immer öfter starten z. B. Automobilhersteller Rückrufaktionen für fehlerhafte Bauteile, die selbst nur wenige Cent kosten, aber Folgekosten von mehreren 100 Millionen Euro verursachen. Neben den Kosten entstehen darüber hinaus auch gewaltige Imageschäden. Noch schlimmer ist es, wenn mehrere Schwachstellen übersehen werden (z. B. bei Sicherheitseinrichtungen, Baustatik, Werkstoffverwechslungen), wie z. B. im Falle des Flughafens Berlin Brandenburg. Die Folgen dieser fehlerhaften Planung waren nicht nur eine Verschiebung des Eröffnungstermins, sondern auch eine Explosion der Kosten in Milliardenhöhe.

Von der eigenen Problemlösung, Idee oder dem sicheren Gelingen des eigenen Projekts ist der dafür Verantwortliche meistens so überzeugt, dass er gerne die Schwachstellen ausblendet (Stichwort *Ideenfixation*). Er will diese förmlich nicht wahrhaben, da KV-Problembereiche als „persönliches Versagen" interpretiert werden könnten.

Auch aus dem Grund, dass man aus den bisher ermittelten Konzeptvarianten die optimale ermitteln will, muss für alle KV_n eine Schwachstellenanalyse auf vergleichbarem Niveau durchgeführt werden, um die wichtigsten Problembereiche zu beseitigen.

Wie kann man systematisch die Schwachstellen erkennen und diese vermeiden? Welche bewusst angenommenen Ursachen könnte es geben, die zum Versagen führen (Ursache-Wirkung Prinzip)?

Lösungsansatz (Wege zum Ziel)

Es muss eine Möglichkeit geschaffen werden, um spätere Probleme oder Fehler bei der Realisierung oder bei dem gesamten Produktlebenszyklus (von der Wiege bis zur Bahre, also von der Planung bis zu Recycling/ Entsorgung) frühzeitig zu erkennen und anschließend durch entsprechende Maßnahmen mit Sicherheit auszuschalten. Eine solche Vorgehensweise wird häufig als Schwachstellenanalyse bezeichnet.

Die Schwachstellenanalyse kann somit auch als Fehlervermeidungsmethode beschrieben werden. Indem die Schwachstellen systematisch aufgelistet, und dadurch die Grundlagen zur Verbesserung geschaffen werden, bleiben alle unangenehmen Folgen (Kosten, Terminüberschreitung, Qualitätseinbuße, Imageschaden) erspart.

Während in den bisherigen Arbeitsschritten bevorzugt *optimistisch/ vertrauensvoll/ positiv* bezüglich einer Realisierung der Konzeptvarianten gedacht wurde, wird die Denkeinstellung bei der Schwachstellenanalyse in *pessimistisch/ destruktiv/ negativ* geändert.

Statt vorauszusetzen *„es funktioniert!"*, geht man jetzt bewusst davon aus *„es funktioniert nicht!"*.

Die-Konzeptvariante wird bei diesem Arbeitsschritt also systematisch **„kaputtgedacht"**, indem der Worst-Case oder bewusst eine bestimmte Negativ-Problematik angenommen wird. Das heißt, das was in den vorausgegangenen Arbeitsschritten vermieden wurde, also *Kritik*, ist jetzt nicht nur erwünscht, sondern sogar *gefordert*.

Wie sieht nun eine solche Schwachstellenanalyse aus?

KV-OPT

Ergebnis (Lösungserfolge)

Die Schwachstellenanalyse kann sowohl allein als auch in Gruppen angewendet werden. In Gruppen existiert der Vorteil, dass die Idee aus vielen verschiedenen Blickwinkeln betrachtet und dadurch ein breites Spektrum an möglichen Fehlern abgedeckt wird. Außerdem ist auch eine gute Diskussionsgrundlage gegeben. Die schon aus *Kap.1.1* bekannte Methode der *Team-Ideen-Galerie*, kann hierfür gut angewendet werden.

Bei der Schwachstellensuche wird häufig mit dem sog. **Ishikawa-Diagramm** gearbeitet (siehe *Abb. 1.7-1*). Es wurde entwickelt von dem japanischen Professor Kaoru Ishikawa, auch bekannt als **Fischgräten-** oder **Ursachen-Wirkungs-Diagramm**.

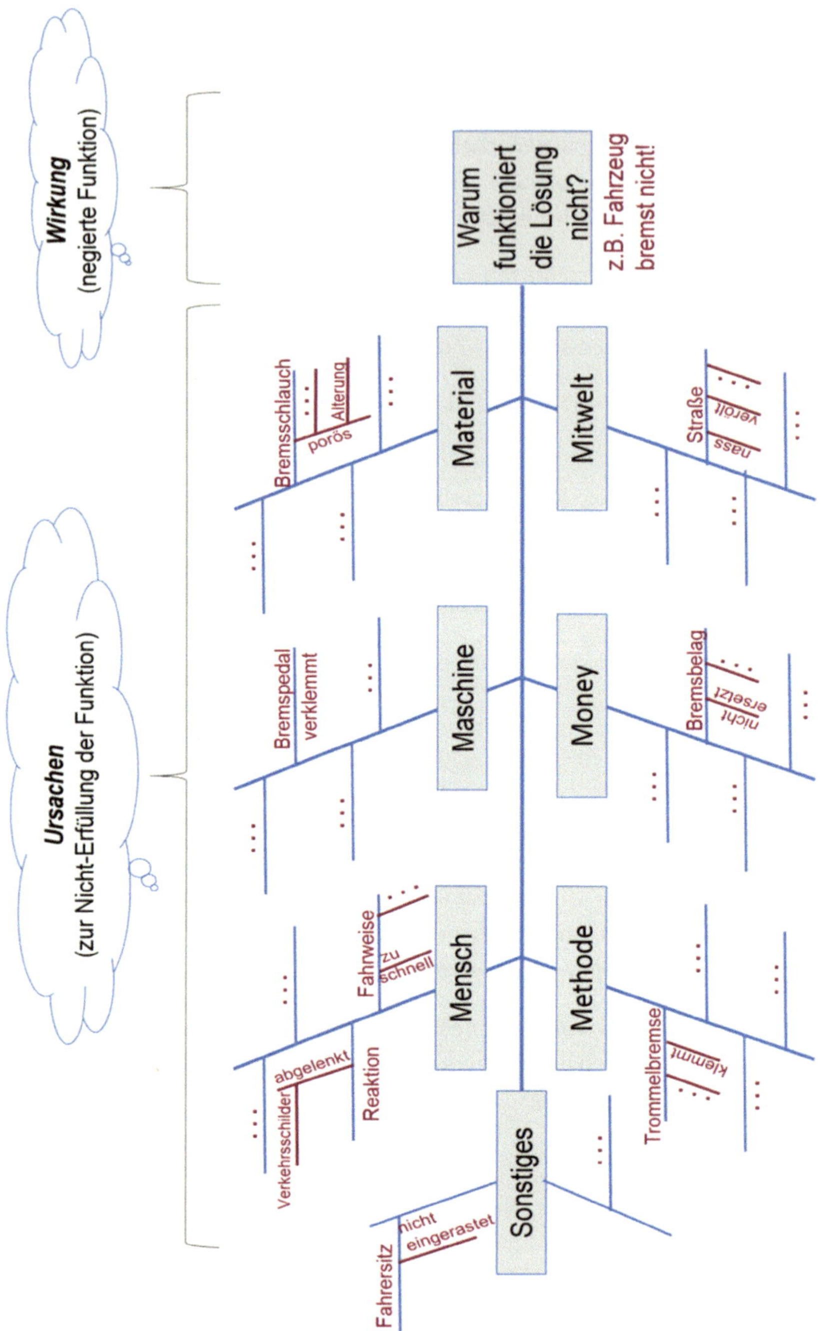

Abb. 1.7- 1: Schematische Darstellung des Ishikawa-Diagramms (mit Beispiel)

Als **Wirkung** wird die **Nichterfüllung einer Funktion** *vorausgesetzt* (möglichst in Frageform),
wozu anschließend sämtliche denkbaren **Ursachen** (= Fehlerbereiche) gesucht werden. Das
Diagramm besteht aus einem horizontalen Hauptpfeil, in den von oben und unten schräge

Ursachenpfeile münden. Diese Pfeile können in vielen Fällen mit den wichtigsten Ursachenbereichen für ein bewusst vorausgesetztes „Nichtfunktionieren" **Mensch, Maschine, Material, Methode, Mitwelt** und **Money** bezeichnet werden. Dazu kommt noch der Platzhalter **Sonstiges**, der für zusätzliche Ursachenbereiche benötigt wird. Diese Suchkriterien bezeichnet man auch als die **6 M´S**.

Mögliche Ausprägungen der **6 M´S** sind als Such-Anregung in *Abb. 1.7-2* dargestellt:

Mensch

Alle Ursachen, die aus fehlender Erfahrung, mangelnder Fähigkeiten oder Kenntnisse, persönlichem Verhalten, Abneigungen, negativer Einstellung zur Arbeit, fehlender Motivation etc. entstanden sein könnten.

Maschine

Alle Ursachen, die durch Einrichtungen, Arbeitsplatzgestaltung, Maschinen, Messeinrichtungen, Werkzeuge und sonstige Betriebsmittel entstanden sein könnten.

Material

Alle Ursachen, die durch eingesetzte Materialien (z. B. Materialversagen, Allergien…) und Zulieferteile entstanden sein könnten.

Methode

Alle Ursachen, die durch intern vorgegebene Arbeitsabläufe, Organisationsstrukturen, Dienstanweisungen, Kontroll- und Genehmigungsverfahren, Berechnungsverfahren u. a. entstanden sein könnten.

Mitwelt

Alle Ursachen, die durch externe Einflüsse wie Kundenverhalten, gesetzliche Vorschriften, Konkurrenzsituation, Arbeitsmarktsituation, Umwelteinflüsse, Natur- und sonstige Katastrophen u. a. entstanden sein könnten.

Money

Alle Ursachen, die durch Kosten, Ausgaben, „flüssige Mittel", Finanzierung, Einsparmaßnahmen usw. entstanden sein könnten.

Sonstiges

Alle Ursachen, die nicht in die oben genannten Kategorien passen, aber trotzdem wichtig sind.

KV-OPT

Abb. 1.7- 2: Suchkriterien der Schwachstellenanalyse mit Hilfe der 6 M´S

Mit Hilfe der 6 M´S werden von den TN die möglichen Ursachen gesucht, die zum Versagen führen könnten. Als sehr effektiv und effizient hat sich auch hierbei die *Team-Ideen-Galerie* bewährt, die unter Einsatz der *Kap. 1.1* beschriebenen Galeriekarten durchgeführt wird.

Nach dem Erkennen der Schwachstellen oder dem Auffinden der Ursachen werden diese Punkte zu der dazu passenden „Fischgräte" hinzugefügt. Um eine Unterteilung in kritische bzw. weniger kritische Schwachstellen in das Diagramm mit einfließen zu lassen, werden die gefundenen und durchgehend nummerierten Schwachstellen nach ihrer Wichtigkeit entweder <u>unterstrichen</u> oder eingerahmt.

Als nächstes werden die Lösungsverbesserungen durchgeführt. Da man in der Praxis sich im Normalfall nicht um jede Schwachstelle kümmern kann, werden die kritischsten bzw. wahrscheinlichsten ausgesucht und behoben. Dazu wird am besten das schon bekannte Wahlverfahren für Teams (*Kap. 1.1)* verwendet.

Es gibt noch viele weitere Methoden, mit denen eine Fehleranalyse durchgeführt werden kann. Viele dieser Methoden sind jedoch sehr teuer in der Durchführung und werden nur von großen Firmen oder in großen Branchen genutzt, so zum Beispiel die **F**ehler-**M**öglichkeits- und **E**influss**a**nalyse (FMEA) im Automobilbau. Das Ishikawa-Diagramm bietet dagegen mit seiner einfachen Handhabung und übersichtlichen Darstellung eine einfache und kostengünstige Alternative.

 **Beachte** 

Bei sehr komplexen, allgemeinen oder organisatorischen Problemstellungen ist es ratsam, statt der eingeschränkten *6 M'S*-Suchbegriffe die in *Kap. 1.1* dargestellten METEOR-Modelle (für Unternehmen oder Projekt) zu verwenden. Diese regen mit ihren 23 Suchkriterien eher zu einer ganzheitlichen Schwachstellen-Suche an als die *6 M'S*.

Schwachstellen-Analyse der Konzepte eines Tafelreinigungsgerätes (CLEANY)

Für CLEANY wurde die Schwachstellenanalyse mittels der oben genannten Vorgehensweise für alle sieben Konzeptvarianten durchgeführt, von denen hier nur diejenige für *KV*6 ausführlich gezeigt wird.

Schwachstellenanalyse für die Konzeptvariante KV6 „El Limpiador"

Die Teilgruppe *KV*6 hat ihrem ersten Entwurf (s. *Abb. 1.7-3*) den Namen „El Limpiador" gegeben, was so viel bedeutet wie „Der Reiniger".

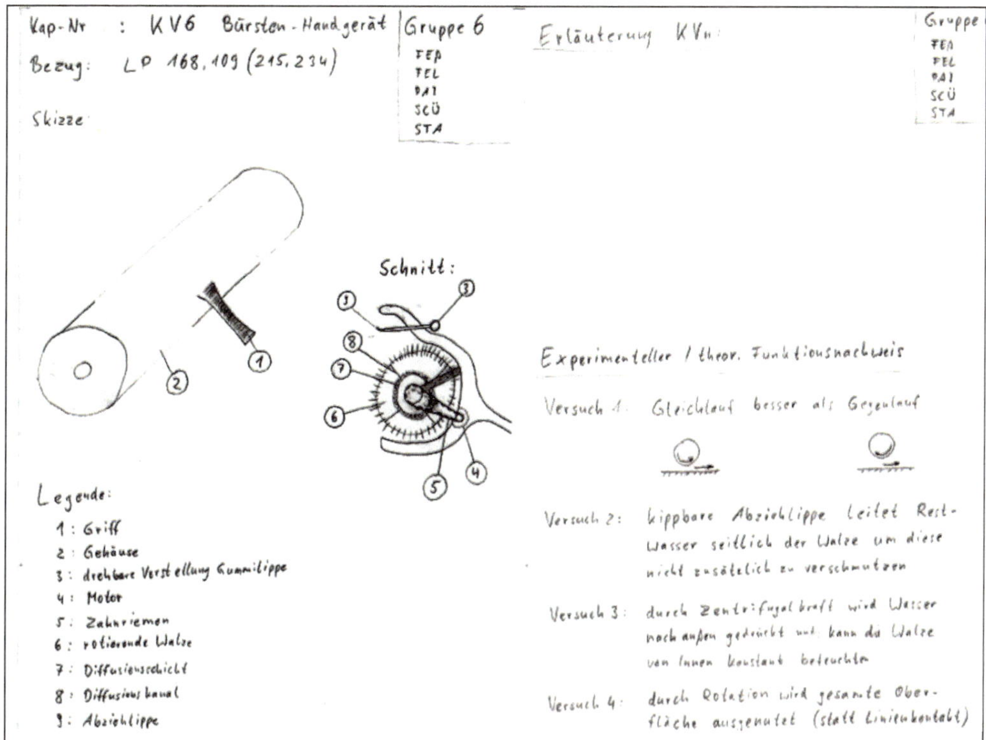

KV-OPT

Erläuterung der KV6 „El Limpiador":

"Das Reinigungsgerät wird am Griff gehalten, der direkt mit dem Gehäuse verbunden ist. An diesem ist eine verstellbare Gummilippe (9) befestigt. Diese kann arretiert (3) um die Dispersion aus Wasser und Schmutz gezielt auf einer Seite des Gerätes abzuleiten. Die im Gehäuse rotierende Walze (6) wird mittels Zahnriemen (5) von einem kleinen, aber leistungsstarken Kommutatormotor (4) angetrieben. Die Walze ist von Wasser durchflossen. Durch die Diffussionsschicht (7) und die Diffusionskanäle (8) kann das Wasser in geringer Menge austreten. Dies wird hauptsächlich durch die von der Rotation der Walze verursachten Fliehkräfte angetrieben. Die Diffusionskanäle sind so eng bemessen, dass allein durch die Erdanziehungskraft kein Wasser durch sie hindurch dringt."

Abb. 1.7-3: 1. Entwurf der CLEANY-Konzeptvariante *KV*6

 **Beachte** 

Teams neigen häufig dazu, ihre Konzeptentwürfe sofort in PPT/ CAD zu erstellen. Das kostet nicht nur viel Zeit, fördert zudem die Ideenfixation und verhindert unter Umständen kreatives Weiterentwickeln. Handskizzen, wie bei KV6, sind in diesem Stadium völlig ausreichend (die Eisenhower-Matrix und das Pareto-Prinzip lassen grüßen!).

Die Schwachstellenanalyse wurde konkret in drei Schritten folgendermaßen durchgeführt, die anschließend erläutert werden:

1. *Fragestellung* zur Ermittlung aller denkbaren Problem-Ursachen

2. *Schwachstellen-Priorisierung* durch das Team

3. *Konzept-Optimierung* durch Vermeidung der wichtigsten Schwachstellen

1. Fragestellung

 **Beachte** 

Die Fragestellung sollte zum „Kaputtdenken" anregen, und sollte eine negierte Funktions-erfüllung enthalten! Bei CLEANY wurde folgende Frage benutzt:

Welche Probleme und Fehler könnten bei der CLEANY-Konzeptvariante KV_n auftreten, so dass eine Tafelreinigung nicht funktioniert?

Diese Analyse erfolgte zunächst exemplarisch mit dem gesamten Semesterteam am Beispiel $KV6$, um die Vorgehensweise zu verdeutlichen. Dazu erhielten die TN die Möglichkeit, sich auf freiwilliger Basis, und damit wieder stärkenorientiert, einen Bereich der 6M´S auszusuchen, für den sie gezielt die Schwachstellen suchen wollten. Dieser Bereich wurde dann auf die verteilten Galeriekarten- Vorderseiten geschrieben (*Abb. 1.7-4*), so dass nach der Durchführung der in *Kap. 1.1* beschriebenen *Team-Ideen-Galerie*, eine schnelle Clusterung der 6M´S- Rubriken möglich war. Auf jeder Galeriekarte wurde jeweils nur eine Schwachstelle auf der Vorderseite in Schlagworten beschrieben (mit Marker) und auf der Rückseite näher erläutert (mit Kuli oder Bleistift). Anschließend wurden die Karten auf Metaplan-Tafeln nach den 6M´S-Begriffen geordnet angeheftet (*Abb. 1.7-5*).

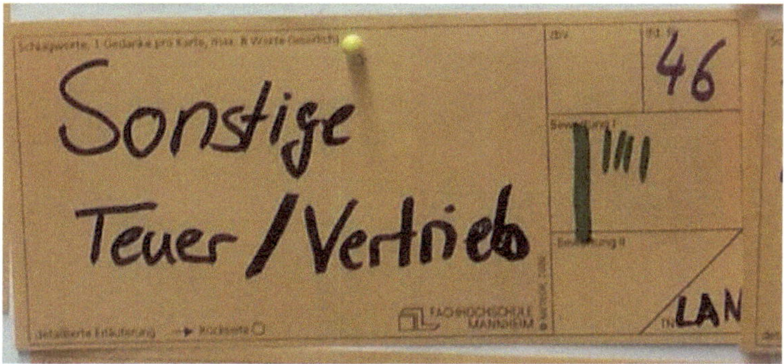

Abb. 1.7-4: Beispiel einer ausgefüllten Galeriekarte für eine Schwachstelle der CLEANY-Konzeptvariante *KV* 6 zur 6M´S-Rubrik „Sonstige"

Abb. 1.7-5: Clusterung von zwei Schwachstellenbereichen für die CLEANY - *KV* 6

2. Schwachstellen-Priorisierung

Es wurden insgesamt 56 Schwachstellen gefunden, die mittels der „weichen Entscheidungstechnik" unter Vorgabe von sieben zu vergebenden Punkten (max. zwei kumuliert) einer Priorisierung unterzogen wurden. Das Ergebnis der zehn wichtigsten Schwachstellen aus Sicht des gesamten Teams ist in *Abb. 1.7-6* dargestellt. In der Ranking-Tabelle wurden die Schlagworte der Vorderseiten der Galeriekarten und die Erläuterungen der Rückseiten sowie die erhaltene Stimmenzahl (dicker Strich = 5 Punkte, dünner Strich = 1 Punkt) eingetragen.

Ranking	Begriff	Erläuterungen	Stimmenzahl	
1	Nachfrage	Marktanalyse, Beweggründe für Kauf, zeitgemäß? wer kauft das Gerät?	IIIIIII	35
2	Verschleiß	Schwamm-, Lager-, Bürsten- und Keilriemen-Abnutzung, Standzeit der Bürste	IIIII	25
3	Bedienung	Einhandbetrieb, Dosierung des Anpressdruckes, vorgegebene Arbeitsrichtung, Neigung des Gerätes	III´´´´	19
	Kosten	Teures Innenleben, zu teuer gegenüber Konventionellem		
4	Belastung für Bediener	Gewicht Batterie und Motor, Handbetrieb anstrengend, nicht für alte Menschen, Anpressdruck	III´	16
	Wasserdichtheit	Motorgehäuse wasserdicht? Wassereindringung		
5	Wartung	Reinigung der Bürste, Akkulaufzeit, Wechsel der Rolle, wer führt Wartung durch?	III	15
6	Wasserzu- & ablauf	Spritzwasser, wie wird Wasser abgeführt?, Wasserzufuhr zur Bürste, Wasserpfützen um die Tafel, Tank?	II´´	13
7	Sicherheit	Einziehen von langen Haaren?, Kurzschluss, vor kleinen Kindern wegschließen	II´´	12
8	Lärm	Behinderung anderer Vorlesungen, Vibrationen, Lärm	I	5
9	Recycling	Rückführung des Wischwassers über Filtersystem	´´´	3
	Drehzahl	Gründliche und schnelle Reinigung nur mit schneller Walzenbewegung		
	Bauraum für Antrieb	Handgerät zu klein für Motor und Antrieb?		
	Arbeitsrichtung	Müsste auch horizontal reinigen		
10	Energiespeicher	Batterie oder Akku?	´	1

Abb. 1.7-6: Die zehn wichtigsten Problembereiche der CLEANY-*KV*6

Die vorstehende Ranking-Tabelle ist mit *Abb. 1.7-7* in ein Ishikawa-Diagramm überführt worden. Hier zeigt sich der Vorteil der tabellarischen Darstellung, bei der die Details sichtbar erläutert werden können.

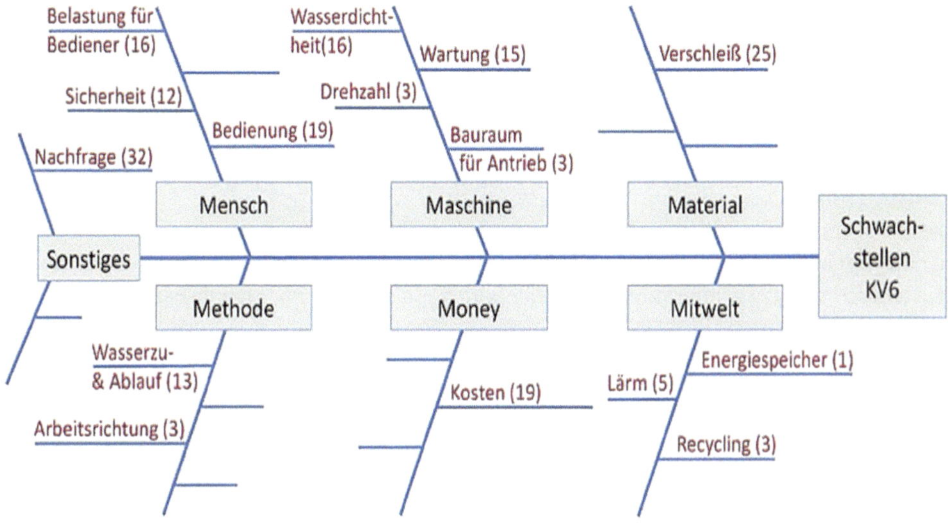

Abb. 1.7-7: Die 10 wichtigsten Problembereiche der CLEANY-KV6 als Ishikawa-Diagramm dargestellt

Nach der allgemeinen Lebenserfahrung, wonach nichts so gut ist, dass man es nicht noch besser machen könnte, wurden nun die zehn wichtigsten Schwachstellen der KV6 durch eine verbesserte Variante umgangen.

KV-OPT

3. Konzept-Optimierung

Nach erfolgter Beseitigung der Schwachstellen durch das *KV*6-Team, stellt sich die optimierte Konzeptvariante *KV*6, wie in den Abbildungen beschrieben (*Abb. 1.7-8* und *Abb. 1.7-9*), dar:

Schwachstellen-Korrektur *KV* 6: „El Limpiador":

Gummilippe (mit Abstreif-Schwamm)

Als ergänzende Maßnahme zur Gummilippe wurde ein Abstreif-Schwamm hinzugefügt. Der Schwamm nimmt ständig das abgeführte Schmutzwasser von der Lippe auf und führt dieses in den Wasserkreislauf zurück. So wird verhindert, dass das Schmutzwasser die Tafel hinunterfließt.

Reinigungsrolle

Die Reinigungsrolle wird aus verschleißfestem Material hergestellt. Dadurch werden eine geringe Abnutzung und lange Lebensdauer der Rolle gewährleistet, weshalb diese selten ausgetauscht werden muss. Durch die Wasserzirkulation in der Rolle wird diese ständig vom Schmutz befreit.

Wasserkreislauf

Es wurde ein Wasserkreislauf, bestehend aus Frischwassertank, Wasserzulauf, Auffangbecken, Wasserpumpe und Filter, dem System hinzugefügt. Der Wasserkreislauf ermöglicht es ressourcen- und umweltschonend, sowie zeitsparend, das Reinigungsgerät zu betreiben.

Zahnriemen

Es wurde zudem ein optimierter Zahnriemen verwendet, der speziell auf die Anforderungen des Geräts, an diesen, ausgelegt ist. Somit wird dem Versagen des Zahnriemens vorgebeugt.

Gleiter

Der Teflon-Gleiter hat neben dem Auffangen des Schmutzwassers zudem noch die Funktion, dass dieser das Kratzen mit dem Reinigungsgerät an der Tafel verhindert.

Gehäuse

Durch den Einsatz von wasserdichtem Material wurde gewährleistet, dass z. B. der Motor vor dem Eindringen von Wasser geschützt ist. Dies gilt auch für den Rest des Gehäuses, wodurch Kurzschlüsse oder sonstige Fehlfunktionen, hervorgerufen durch Wasserschäden, des Geräts vermieden werden. Das Gehäuse wurde außerdem mit Längsstreben verstärkt, sodass ein Bruch des Gehäuses, durch zu hohe Belastungen, verhindert wird.

Nachfrage/ Kosten

Mit dem Produkt wird die Tafel schneller und einfacher als mit herkömmlichen Mitteln gereinigt. Außerdem wird die Nachfrage durch Senkung der Kosten gewährleistet. Hierfür wurden einfache und robuste Teile benutzt, die günstig in der Anschaffung sind und eine lange Lebensdauer aufweisen. Der Kostenvoranschlag für KV6 beläuft sich auf 50 € ± 10%.

Abb. 1.7-8: Verbesserungen an CLEANY -KV6 aufgrund der Schwachstellenanalyse (vgl. Abb. 1.7-6)

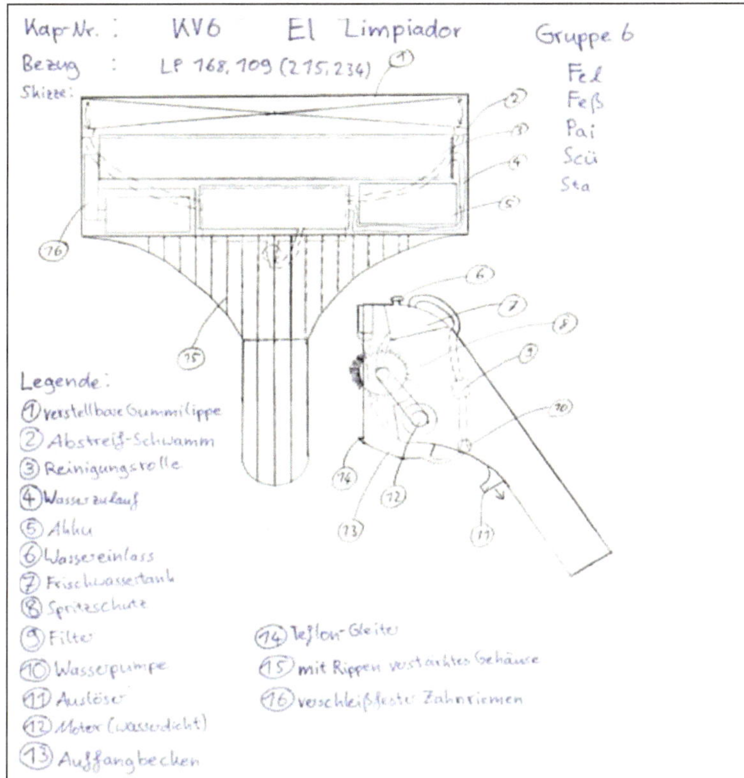

Erläuterung der verbesserten *KV*6 „El Limpiador":

Das Reinigungsgerät wird an dem Griff gehalten und kann über einen Auslöser (11) gestartet werden. Ein auswechselbarer Akku (5) versorgt den Motor (12) mit elektrischer Leistung. Der Motor (12), im Inneren des Gehäuses, treibt über einen Zahnriemen (16) die Reinigungsrolle (3) an. Gleichzeitig startet eine Pumpe (10) den Wasserkreislauf. Das Frischwasser wird in die Rolle (3) befördert, durch die Drehung nach außen gedrückt, diffundiert nach außen und befeuchtet die Reinigungsrolle (3). Das Gerät wird mit der Reinigungsrolle senkrecht an der Tafel entlanggeführt. Durch die Möglichkeit der Schrägstellung der Gummilippe (1) läuft das Schmutzwasser zu einer vordefinierten Seite ab. Am Rand der Gummilippe (1) wird das Schmutzwasser von dem Abstreif-Schwamm (2) aufgenommen und läuft in das Auffangbecken (13). Durch das strömende Wasser wird der entfernte Kreidebelag mit weggespült. Die Reinigungsrolle aus Schaumstoff (3) nimmt keine Verschmutzung auf.

Abb. 1.7-9: Verbesserte Konzeptvariante CLEANY -KV6 und Erläuterung der Positionsnummern und Funktionen

Nach erfolgter Verbesserung aller Konzeptvarianten *KV*1 bis *KV*7 kann daraus im nächsten *Kap. 1.8* die optimale Konzeptvariante ermittelt werden.

Ausblick (Zukunft)

Die Konzeptvarianten KV_n wurden durch die Schwachstellen-Analyse noch einmal gründlich überdacht und es gibt Lösungen für die wichtigsten oder sogar alle gefundenen Schwachstellen. Einzelne Teile wurden überarbeitet oder gar komplett ersetzt. Die KV_n sind jetzt auf einem vergleichbaren Interpretationsniveau und können im nächsten Kapitel mit den anderen KV_n verglichen werden.

Es ist Ihnen sicher nicht entgangen, dass die Schwachstellenanalyse dem ersten Schritt in der METEOR-Strategie entspricht, der mit der kurzen Frage „wo klemmt's?" den Einstieg in allgemeine Problemlösungen eröffnet. Wobei im zweiten Schritt der Frage nachgegangen wird *„was ist gut an der bisherigen Lösung?"* (denn Gutes sollte man beibehalten!), und im dritten Schritt das Ziel *„neue Lösung mit Zukunft?"* erarbeitet wird (*vgl. Kap. 1.1*). Dieses Vorgehen für allgemeine Problemstellungen erlaubt es somit einem Team (aber im Bedarf auch einer einzelnen Person) in kürzester Zeit neue, tragfähige und zukunftsorientierte Perspektiven zu entwickeln.

Fazit

Anlass (IST-Zustand) Keine KV ist lupenrein fehlerfrei

Lösungsansatz (Wege zum Ziel) Jede KV lässt sich systematisch „kaputt denken" und danach verbessern

Ergebnis (Lösungserfolge) Ishikawa-Diagramm zur KV-Optimierung: einfach, übersichtlich, effektiv

Ausblick (Zukunft) Ziel: Lösungen mit Zukunft

1.8 Optimalkonzept systematisch finden (TOP)

Nachdem die Konzeptvarianten nach der Schwachstellenanalyse und den daraus resultierenden Verbesserungen auf einem vergleichbaren Informationsniveau vorliegen, besteht das Ziel nun darin, das beste Konzept zu ermitteln. Es ist darauf hinzuweisen, dass es sich bei der nachstehend beschriebenen Methode, wie grundsätzlich bei allen Entscheidungstechniken (z. B. „Stiftung Warentest", ADAC-Testberichte, [VDI 2225] etc.), zwar um eine *subjektive Einschätzung*, jedoch auf *objektivierter, systematisch vergleichender Grundlage* handelt.

Anlass (IST-Zustand)

Viele tägliche Entscheidungen werden „aus dem Bauch heraus" gefällt. Das ist in den meisten Fällen auch gut so, was sich in der Zwischenzeit auch wissenschaftlich zu bestätigen scheint. Bei sehr wichtigen Entscheidungen, wie es beispielsweise bei der Entwicklung von neuen Produkten der Fall ist, können derartige Bauch-Entscheidungen allerdings in wirtschaftliche Katastrophen für ein Unternehmen führen. Es wird geschätzt, dass nur jede zehnte Entwicklung eines Unternehmens wirtschaftlich erfolgreich ist, was unter anderem auch seinen Grund in fahrlässig falschen Entscheidungen hat. Dazu zählen sog. Schnellschüsse, Lobbyistendruck, Profilierungsentscheidungen, top-down-Entscheidungen, Entscheidungen aufgrund von wenigen K. O.-Kriterien u. v. m, die in der Regel an Machtpositionen gekoppelt sind.

Wie lassen sich derartig nachteilige Entscheidungen für die Auswahl bei den gefundenen Konzeptvarianten verhindern?

Lösungsansatz (Wege zum Ziel)

Um eine Entscheidung herbeiführen zu können, müssen zunächst einmal Alternativen (Varianten) vorhanden sein. Dies war der Grund für die Erzeugung von Konzeptvarianten, was vor allem durch die methodische Ausschaltung von Ideenfixationen ermöglicht wurde. Des Weiteren muss eine systematische Gleichbehandlung aller Varianten im Rahmen einer Entscheidungstechnik erfolgen. Die Entscheidung sollte möglichst einfach, logisch, dokumentiert und nachprüfbar sein, sowie auf der in *Kap. 1.3* ermittelten Anforderungsliste basieren. In [VDI 2225] sind die Grundlagen einer derartigen Vorgehensweise beschrieben, die nachstehend auf ein einfaches und praktisches „Kochrezept" reduziert, und gleichzeitig für allgemeine Anwendungen bei Teamarbeit aufbereitet wurde.

Ergebnis (Lösungserfolge)

Um eine systematische Entscheidung mit hoher Erfolgswahrscheinlichkeit herbeizuführen, hat sich die Abarbeitung der folgenden zehn Schritte bewährt:

1. Lösungsvarianten ermitteln
2. Vorauswahl treffen
3. Bewertungskriterien festlegen
4. Gewichtungsfaktoren g_i für Bewertungskriterien ermitteln
5. Bewertungsmaßstab/ Wertefunktion vorgeben
6. Varianten systematisch bewerten
7. Wertigkeit W_t und W_w berechnen
8. Stärkendiagramm erstellen
9. Netzdiagramme erstellen
10. Entscheidung Optimalkonzept

Die Anwendung dieser Arbeitsschritte auf das Anwendungsbeispiel CLEANY wird bewusst sehr detailliert dargestellt, um den Leser für die in der Praxis scheinbar wenig benutzte Methode zu interessieren.

Optimalkonzept des Tafelreinigungsgerätes (CLEANY)

Die ersten beiden der 10 Kochrezeptschritte sind für allgemeine Projekte gedacht, und werden hier bei diesem Beispiel für den Konstruktionsbereich deshalb nur verkürzt dargestellt.

1. Lösungsvarianten ermitteln

Die Lösungsvarianten entsprechen bei CLEANY den in *Kap. 1.6* ermittelten Konzeptvarianten $KV1 - KV7$. Diese werden in dem später zu bearbeitenden Schritt 6. (Varianten systematisch bewerten) mit ihren für eine Entscheidung wesentlichen Merkmalen noch vergleichend gegenübergestellt (*Abb. 1.8-11 und 1.8-12*).

 **Beachte** 

Für jede Fragestellung gibt es verschiedene Lösungen. Deshalb sollte man möglichst viele alternative Lösungen entwickeln. Dabei unbedingt auf gleichen Konkretisierungsgrad achten. Z.B. Entwurfs-Varianten müssen auf vergleichbarem Untersuchungsniveau vorliegen!

---

2. Vorauswahl treffen

Bei einer Vorauswahl scheiden alle Lösungsvarianten aus, die nicht mit der Anforderungsliste verträglich sind. Als KO-Kriterien gelten dabei alle *Festforderungen* (F in der ANFOLI, z. B. in *Abb. 1.3-2*), die in jedem Falle erfüllt werden müssen, und *Mindestforderungen* (M), die nur zur positiven Seite hin abweichen dürfen. Nur die Konzeptvarianten, die alle Fest- und Mindestforderungen erfüllen, werden im weiteren Entscheidungsverfahren berücksichtigt.

Bei CLEANY wurden alle *KV* als mit der Anforderungsliste verträglich betrachtet, und bleiben somit Entscheidungskandidaten.

3. Bewertungskriterien festlegen

Um die Bewertungskriterien festzulegen, werden aus der Anforderungsliste die wichtigsten Anforderungen an das Produkt herausgesucht, die nicht Festforderungen (F) sind (diese mussten in Schritt 2. ja bereits von allen Konzeptvarianten erfüllt werden!). Es sind also alle Mindestforderungen (M) und Wünsche (W) auf ihre Eignung als Bewertungskriterium zu untersuchen. Hierzu bietet sich die Beachtung des *Pareto-Prinzips* an (s. *Kap. 1.5*). Die Kriterien werden in zwei Bereiche eingeteilt:

- Technische Kriterien

- Wirtschaftliche Kriterien

In beiden Kriterienbereichen sind die spezifisch ökologischen Bewertungskriterien mit enthalten und werden als solche kenntlich gemacht.

In jedem Bereich sind sinnvoll maximal 10 *positiv formulierte Kriterien* in Form eines Verbs und eines Substantivs vorzusehen. Beispielsweise „geringe Betriebskosten" im Bereich „Wirtschaftliche Kriterien", statt „Betriebskosten" oder „hohe Betriebskosten" als Kriterien-beschreibung zu wählen. Einige Studien mit mehr als zehn Bewertungskriterien pro Kriterien-bereich haben gezeigt, dass dadurch die Ergebnisse der Entscheidung nicht mehr wesentlich beeinflusst werden, aber einen ungleich höheren Arbeitsaufwand erfordern, wie es z. B. unsinnigerweise bei der so genannten Nutzwertanalyse Standard ist!

Ebenso wie bei der Erstellung der Anforderungsliste in *Kap. 1.3*, kann auch hier die *Leitlinie Abb. 1.3-1* in modifizierter Form zur Suche nach geeigneten Bewertungskriterien verwendet werden [PAH 13].

Bei CLEANY wurden mit Abarbeitung dieser Leitlinien-Anregung in moderierter Team-Diskussion mögliche Kriterien am Flip-Chart notiert, und in einer schnellen Team-Entscheidung (durch „Hand heben" 10 Punkte pro Kriterienbereich vergeben, max. 2 kumulieren) auf die folgenden Kriterien reduziert (*Abb. 1.8-1*):

Technische/ ökologische Kriterien	Wirtschaftlich/ ökologische Kriterien
• gute Reinigungswirkung • schnelle Wiederverwendbarkeit • hohe Lebensdauer (ökologisch) • hohe Arbeitssicherheit • leichte Transportmöglichkeit • eindeutige Handhabung • geringe Geräusche	• geringe Recycling/ Entsorgungskosten (ökologisch) • geringe Betriebskosten (ökologisch) • geringe Herstellungskosten • geringe Wartungskosten • geringe Vertriebskosten • geringes "time to market" • geringe (End-)Montagekosten.

Abb. 1.8-1: Für CLEANY ausgewählte Bewertungskriterien

4. Gewichtungsfaktoren g_i für Bewertungskriterien ermitteln

Häufig weisen die Bewertungskriterien unterschiedliche *Wichtigkeiten* (W_i) auf. D. h. die einzelnen Kriterien müssen in eine Rangfolge gebracht werden, und darüber hinaus durch einen in Berechnungen verwendbaren *Gewichtungsfaktor* (g_i) ergänzt werden. Eine elegante und systematische Methode kann als *paarweiser Kriterienvergleich* beschrieben werden.

Die grundlegende Frage bei der Anwendung der Methode lautet:

	→ **wichtiger**	als …
„Ist das *erstgenannte* Kriterium	→ **gleichwichtig**	wie … das *zweitgenannte* Kriterium?"
	→ **weniger wichtig**	als …

Für die Antwort der jeweiligen Frage wird anschließend das zugehörige *Symbol* und der *Wert* aus *Abb. 1.8-2* in die *Gewichtungsmatrix Abb. 1.8-3* eingetragen. Die Spalten-Bewertungskriterien (= erstgenannt) werden in der gleichen Reihenfolge auch als Zeilen-Bewertungskriterien (= zweitgenannt) nummeriert eingetragen.

Um die einzelnen Wichtigkeiten festzulegen, ist es sinnvoll, im gesamten Team eine demokratische Wahl „durch Hand heben" durchzuführen. Der Moderator kann dabei sehr schnell im überblickenden Vergleich der jeweils erhobenen Hände die Mehrheit der Antworten feststellen und die Symbole in die vorgefertigte Matrix eintragen. Wenn beispielsweise das erstgenannte Kriterium „Geringe Recycling-/ Entsorgungskosten" weniger wichtig ist als das zweitgenannte „Geringe Betriebskosten", so wird in dem jeweiligen Fragen-Schnittpunkt des oberhalb der Diagonalen liegenden Teiles der Matrix das Symbol „-„ eingetragen und später in den Rechenwert „0,1" umgewandelt. Die Diagonalfelder erhalten keinen Wert ($\equiv 0$), da das jeweilige Kriterium mit sich selbst verglichen wurde.

wichtiger → + → 1

gleichwichtig → = → 0,5

weniger wichtig → – → 0,1

Abb. 1.8-2: Umwandlung der Antwort zu den Wichtigkeiten in Symbole und Werte (die umwandlungs-Rechenwerte 1/ 0,5/ 0,1 sind sinnvolle Erfahrungswerte)

Die rote Hälfte der Matrix in *Abb. 1.8-3* ist die Inverse der blauen Hälfte, da es sich um die Umkehrung der Fragenrichtung handelt. Deswegen wird zunächst nur die blaue Hälfte mit Symbolen ausgefüllt und anschließend der rote Teil ergänzt.

Aus blau „+" wird rot „-", bei blau „=" bleibt der Wert rot „=" und aus blau „-" wird rot „+".

Danach werden die Symbole der gesamten Matrix im Rechenwerte umgewandelt. Ist dies erledigt, werden die Zeilen-Werte zusammengezählt. Dies ergibt die $\sum W_i$. In der zweitletzten Spalte werden alle Einzelwerte von $\sum W_i$ zusammengezählt und ergeben dann $\sum aW_i$ (Summe aller Wichtigkeiten). Der Gewichtungsfaktor gi wird danach durch die Rechnung $\frac{\sum W_i}{\sum aW_i} = gi$ ermittelt. Wichtig ist das alle gi Werte zusammen den Wert 1 ergeben müssen, was durch sinnvolles Auf- oder Abrunden der Einzelwerte von gi möglich wird (maximal 2 Stellen hinter dem Komma vorsehen!).

<table>
<tr><td colspan="2"></td><td colspan="5">Gewichtungsmatrix für Berwertungkriterien</td><td>Datum:</td></tr>
<tr><td colspan="2">W_i = Wichtigkeit</td><td colspan="5"></td><td></td></tr>
<tr><td rowspan="2">Kriterien:</td><td rowspan="2">Nr.</td><td colspan="3">→ Zweitgenannt</td><td rowspan="2">$\sum$ Wi</td><td rowspan="2">$g_i = \frac{\sum W_i}{\sum aW_i}$</td></tr>
<tr><td>1</td><td>2</td><td>3</td></tr>
<tr><td>geringe Recycling-/ Entsorgungskosten</td><td>↓ 1</td><td>█</td><td>- 0,1</td><td>0 0,5</td><td>0,6</td><td>0,19=0,6/3,2</td></tr>
<tr><td>Geringe Betriebskosten</td><td>2</td><td>+ 1</td><td>█</td><td>- 0,1</td><td>1,1</td><td>0,34</td></tr>
<tr><td>Geringe Herstellkosten</td><td>3</td><td>0 0,5</td><td>+ 1</td><td>█</td><td>1,5</td><td>0,47</td></tr>
<tr><td rowspan="3">Erstgenanntes Kriterium</td><td>wichtiger</td><td>+</td><td>1</td><td rowspan="3">als zweitgenanntes</td><td rowspan="3">$\sum a W_i$= 3,2</td><td rowspan="3">(1,0!)</td></tr>
<tr><td>gleichwichtig</td><td>=</td><td>0</td></tr>
<tr><td>weniger wichtig</td><td>-</td><td>0,1</td></tr>
</table>

(In der Spalte Nr. verläuft senkrecht die Beschriftung „Erstgenannt".)

Abb. 1.8-3: Beispielhaftes Vorgehen zur Ermittlung der Gewichtungsfaktoren

Bei CLEANY ergaben sich die Gewichtungsfaktoren für die wirtschaftlich/ ökologischen Kriterien gemäß *Abb. 1.8-4* und für die technisch/ ökologischen Kriterien gemäß *Abb. 1.8-5*.

Gewichtungsfaktoren gi für CLEANY — wirtschaftlich/ ökologische Kriterien — Datum:

W_i = Wichtigkeit

Kriterien:	Nr.	1	2	3	4	5	6	7	$\sum W_i$	$gi = \dfrac{\sum W_i}{\sum aW_i}$
Geringe Recycling/ Entsorgungskosten	1	■	– 0,1	0 0,5	+ 1	0 0,5	0 0,5	+ 1	3,6	**0,15**
geringe Betriebskosten	2	+ 1	■	– 0,1	0 0,5	+ 1	0 0,5	+ 1	4,1	**0,18**
geringe Herstellkosten	3	0 0,5	+ 1	■	+ 1	+ 1	+ 1	+ 1	5,5	**0,24**
geringe Wartungskosten	4	– 0,1	0 0,5	– 0,1	■	0 0,5	+ 1	+ 1	4,2	**0,18**
geringe Vertriebskosten	5	0 0,5	– 0,1	– 0,1	0 0,5	■	– 0,1	0 0,5	1,8	**0,07**
geringes „time to market"	6	0 0,5	0 0,5	– 0,1	– 0,1	+ 1	■	+ 1	3,2	**0,14**
geringe Montagekosten	7	– 0,1	– 0,1	– 0,1	– 0,1	0 0,5	– 0,1	■	1,0	**0,04**

Erstgenanntes Kriterium: wichtiger + 1 / gleichwichtig = 0 / weniger wichtig - 0,1 — als zweitgenanntes — $\sum aW_i = 23{,}4$ — **(1,00)**

Abb. 1.8-4: Gewichtungsfaktoren gi für die wirtschaftlich/ ökologischen Bewertungskriterien von CLEANY

Gewichtungsfaktoren gi für CLEANY — technisch/ ökologische Kriterien — Datum:

W_i = Wichtigkeit

Kriterien:	Nr.	1	2	3	4	5	6	7	$\sum W_i$	$gi = \dfrac{\sum Wi}{\sum aWi}$
gute Reinigungswirkung	1	■	+ 1	0 0,5	– 0,1	+ 1	0 0,5	+ 1	4,1	**0,18**
schnelle Wiederbenutzbarkeit	2	– 0,1	■	0 0,5	– 0,1	+ 1	0 0,5	+ 1	3,2	**0,14**
hohe Lebensdauer	3	0 0,5	0 0,5	■	– 0,1	+ 1	0 0,5	0 0,5	3,1	**0,14**
hohe Sicherheit	4	+ 1	+ 1	+ 1	■	+ 1	+ 1	+ 1	6,0	**0,27**
gute Transportmöglichkeit	5	– 0,1	– 0,1	– 0,1	– 0,1	■	– 0,1	– 0,1	0,6	**0,03**
einfache Handhabung	6	0 0,5	0 0,5	0 0,5	– 0,1	+ 1	■	+ 1	3,6	**0,16**
geringes Geräusch	7	– 0,1	– 0,1	0 0,5	– 0,1	+ 1	– 0,1	■	1,9	**0,08**

Erstgenanntes Kriterium: wichtiger + 1 / gleichwichtig = 0 / weniger wichtig - 0,1 — als zweitgenanntes — $\sum aW_i = 22{,}5$ — **(1,00)**

Abb. 1.8-5: Gewichtungsfaktoren gi für die technisch/ ökologischen Bewertungskriterien von CLEANY

5. Bewertungsmaßstab/ Wertefunktion vorgeben

Um die Lösungs- bzw. Konzeptvarianten miteinander vergleichbar zu machen, wird ein Bewertungsmaßstab benötigt. Als einfach und praktisch nutzbar hat sich dabei für zahlenmäßig nicht belegbare Kriterien (z.B. einfache Handhabung, und alle weiteren Kriterien aus dem technischen Kriterien-Bereich) ein Bewertungsbereich von 0-4 Punkten (**Werteskala**, *Abb. 1.8-6*) herausgestellt.

4 Punkte	≙	ideal, sehr gut
3 Punkte	≙	gut, überdurchschnittlich
2 Punkte	≙	befriedigend, durchschnittlich
1 Punkt	≙	gerade noch tragbar, unterdurchschnittlich
0 Punkte	≙	unbrauchbar

Abb. 1.8-6: Einfache Wertskala für allgemeine Bewertungskriterien

Für zahlenmäßig belegbare Kriterien (z.B. hohe Lebensdauer) wird jedoch besser eine **Wertefunktion** genutzt, wie in *Abb. 1.8-7* gezeigt.

Die Gruppe bestimmt hierbei den Bereich zwischen sehr gut (= 4 Punkte) und unbrauchbar (= 0 Punkte), mit dem Maßstab „Stand der Technik". Einen Anhaltspunkt können hierbei ähnliche, bereits existierende Produkte bilden. *Abb. 1.8-7* zeigt ein Beispiel zur Lebensdauer einer Konzeptvariante KV_n. Unbrauchbar wäre in diesem Fall eine KV die nach fünf Jahren nicht mehr nutzbar wäre, daher beginnt die x-Achse erst bei 5 Jahren. Dafür gäbe es allerdings 0 Punkte. Eine sehr gute KV wäre hingegen eine mit einer Lebensdauer von 25 Jahren, und dies entspricht dem Maximalwert von 4 Punkten.

Die Startwerte 5 Jahre = 0 Punkte und 25 Jahre = 4 Punkte werden durch eine Gerade (lineare Steigung) verbunden. Eine durchschnittliche KV wäre mit zwei Punkten noch brauchbar. Zum Beispiel erhält eine KV_x mit einer Lebensdauer von 20 Jahren 3 Punkte und ist somit besser als der Durchschnitt.

Würde das Kriterium „geringer Raumbedarf" lauten, so würde sich jedoch zwischen Bestwert und Ungeeignet eine abfallende Gerade ergeben.

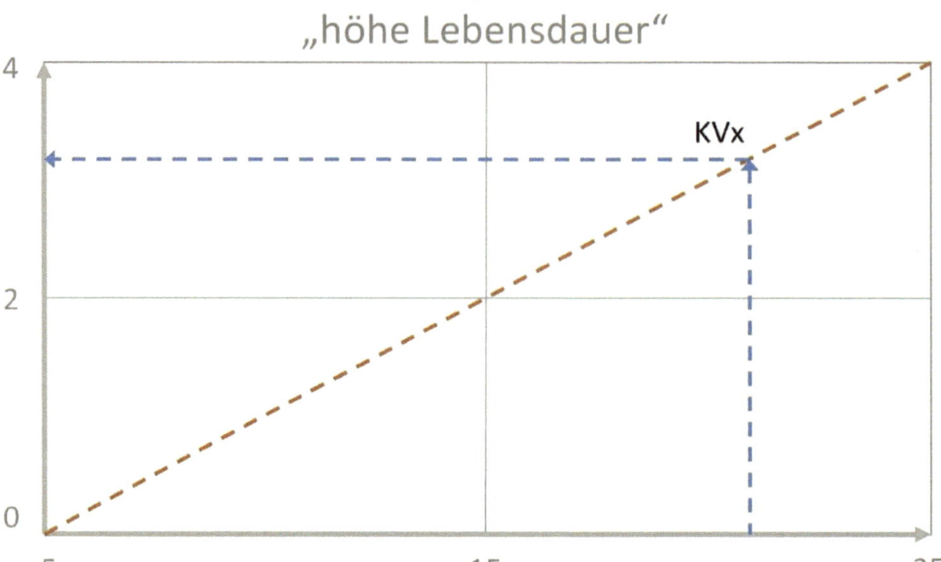

Abb. 1.8-7: Beispiel einer Wertefunktion für ein Bewertungskriterium „hohe Lebensdauer" und Ermittlung der Punktzahl für eine KV_x bei 20 Jahren

Um für CLEANY nicht Äpfel mit Birnen zu vergleichen, werden die Bewertungsmaßstäbe für die *KV* in *Mobil-* und *Stationärlösungen* unterteilt. Für einzelne Kriterien besteht allerdings kein Unterschied. So haben die Punkte t*ime to market, Betriebskosten* und *Montagekosten* die gleiche Spanne der Werte sowohl für das mobile als auch für das stationäre System.

Im Team entstanden daraus folgende Festlegungen für die Bewertung (*Abb. 1.8-8*).

KV-Lösung wirtschaftl./ ökolog. Kriterien	Mobil		Stationär	
	Ideal	Ungeeignet	Ideal	Ungeeignet
Recycling/ Entsorgungskosten	10 €	50 €	10 €	90 €
Betriebskosten	0,02 €	0,18 €	0,02 €	0,18 €
Herstellungskosten	50 €	350 €	130 €	1880 €
Wartungskosten	5 €	25 €	10 €	90 €
Vertriebskosten	10 €	50 €	20 €	180 €
„time to market"	4 Monate	20 Monate	4 Monate	20 Monate
Montagekosten	0 €	100 €	0 €	100 €

Abb. 1.8-8: Festgelegte wirtschaftl./ ökol. Bewertungen für ideale und ungeeignete *KV*-Lösungen bei CLEANY

In den *Abb. 1.8-9* werden die sich hieraus ergebenden Wertefunktionen getrennt für die mobilen und die stationären *KV*-Lösungen dargestellt, während in *Abb. 1.8-10* die für beide geltenden Wertefunktionen gezeigt sind.

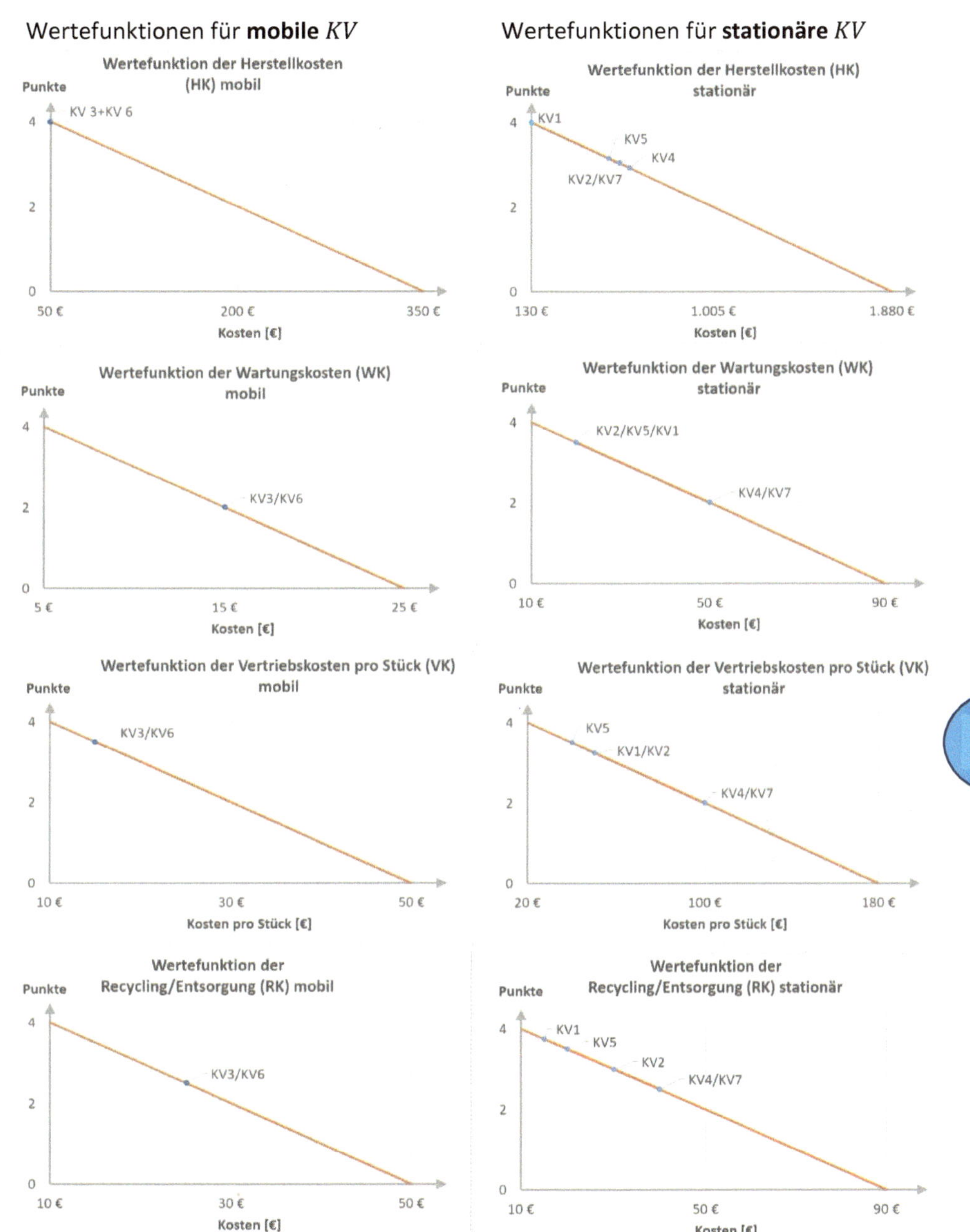

Abb. 1.8-9: *Unterschiedliche* Wertefunktionen für die wirtschaftl./ ökolog. Bewertung der *mobilen* (links) und der *stationären* (rechts) *KV*-Lösungen bei CLEANY

Gemeinsame Wertefunktionen

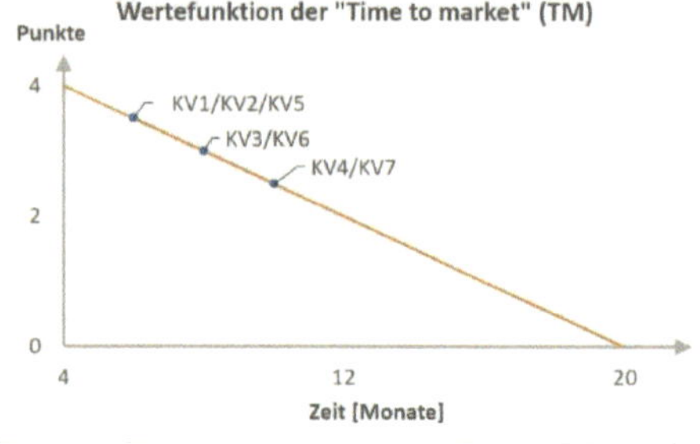

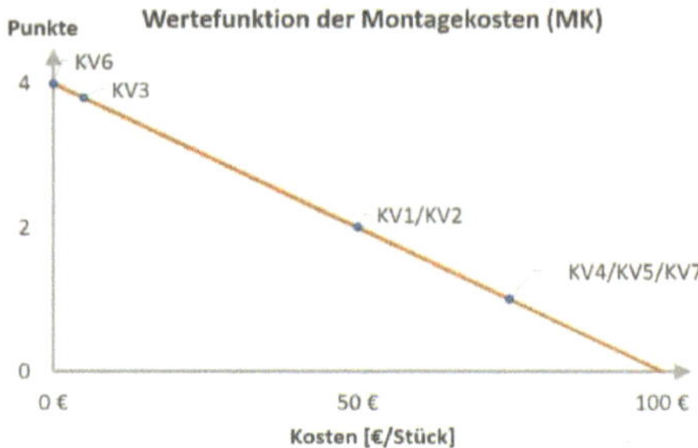

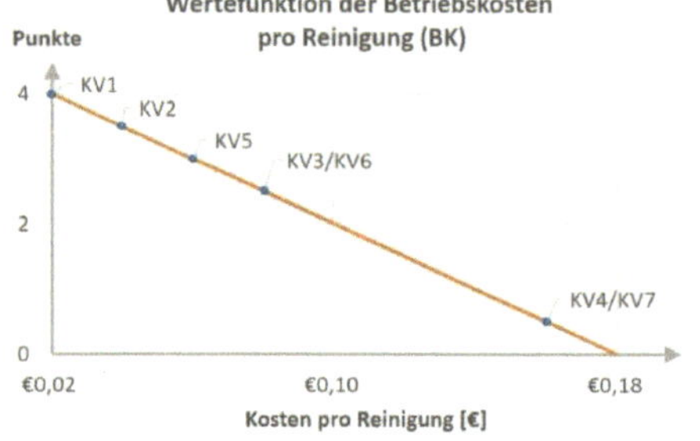

Abb. 1.8-10: *Gemeinsame* Wertefunktionen für die wirtschaftl./ ökolog. Bewertung der *mobilen* und der *stationären KV*-Lösungen bei CLEANY

6. Varianten systematisch bewerten

An dieser Stelle kommt das Wissen aus Schritt 5. Bewertungsmaßstab/ Wertefunktion vorgeben sowie Kap. 1.6 und Kap. 1.7 zum Tragen. Jede Gruppe stellt nun ihre optimierte *KV* vor, damit alle Teilnehmer auf demselben Informationsstand sind. Hilfreich ist es für jede Gruppe, wenn sie sich Notizen parallel zum Vortrag der anderen Gruppen machen.

 **Beachte** 

Eine zusätzliche Möglichkeit besteht darin, dass jede Gruppe eine Art Steckbrief mit Skizze von ihrer *KV* auf einem Flip-Chart erstellt, um diese dann auf Metaplantafeln auszuhängen, wie es in den *Abb. 1.8-11, Abb. 1.8-12* und *Abb. 1.8-13* gezeigt ist.

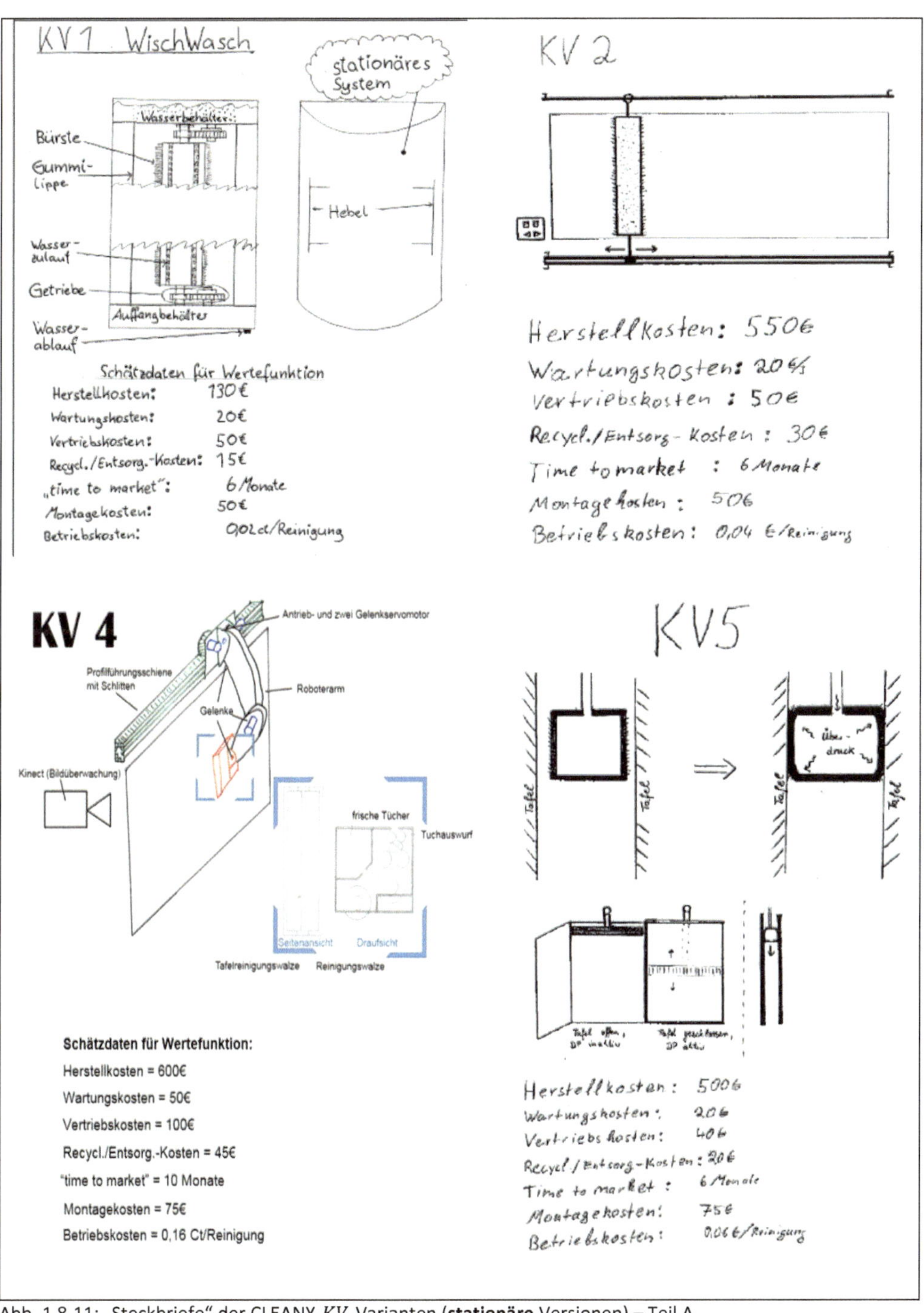

Abb. 1.8-11: „Steckbriefe" der CLEANY-*KV*-Varianten (**stationäre** Versionen) – Teil A

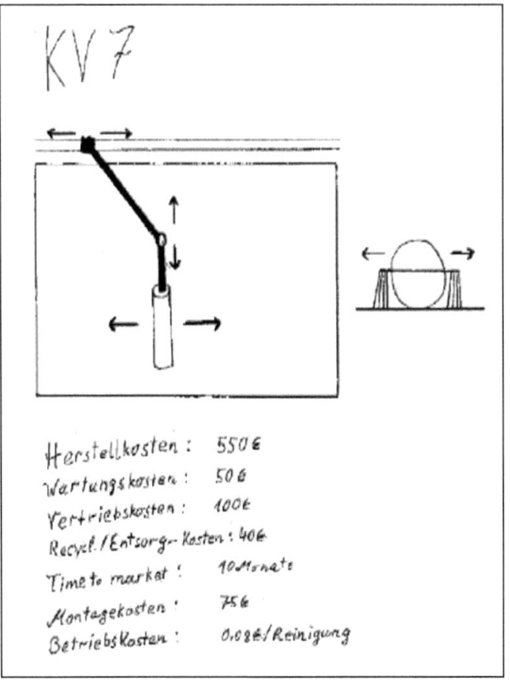

Abb. 1.8-12: „Steckbriefe" der CLEANY-*KV*-Varianten (**stationäre** Versionen) – Teil B

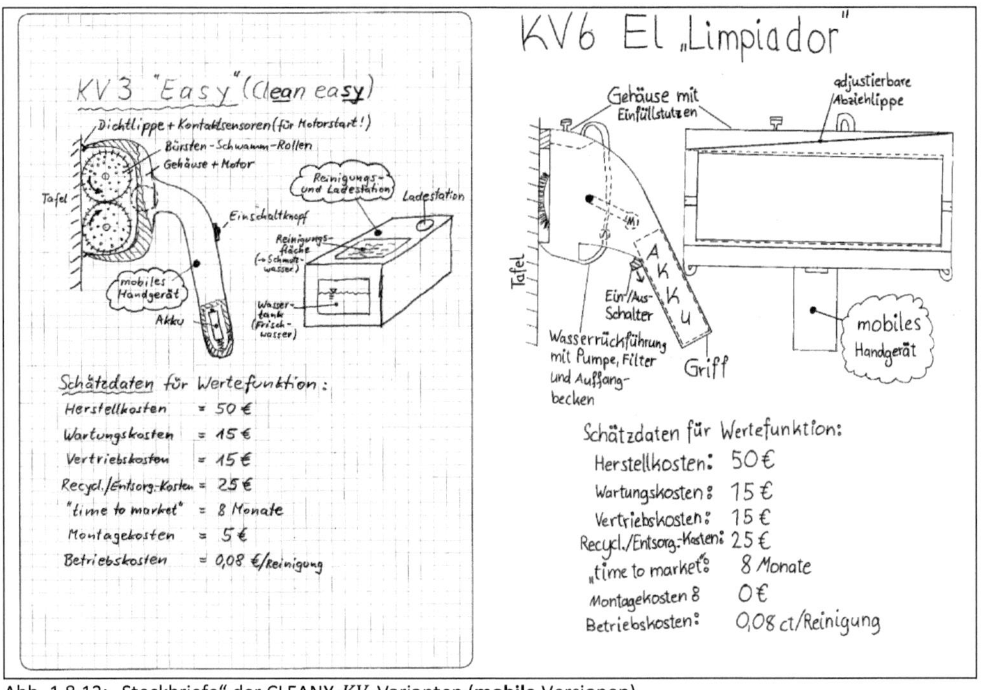

Abb. 1.8-13: „Steckbriefe" der CLEANY-*KV*-Varianten (**mobile** Versionen)

Auf Basis der vorstehend dargestellten „Steckbriefe" werden sowohl für die technisch/ ökologischen als auch für die wirtschaftlich/ ökologischen Kriterien die Punkte für jede Konzeptvariante ermittelt.

Für die durch Zahlenwerte bestimmbaren Kriterien werden diese aus den Wertefunktionen den *Abb. 1.8-9* und *Abb. 1.8-10* ausgelesen.

Kriterien, die durch subjektive Einschätzungen bewertet werden müssen, sollten am besten durch jedes einzelne Teammitglied ohne Beeinflussung von außen bestimmt werden. Dazu eignen sich vorgefertigte Formblätter, wie sie beispielhaft ausgefüllt in *Abb. 1.8-14* gezeigt sind. Es ist logisch, die Bewertung „kriterienweise" und nicht „*KV* nach *KV*-weise" vorzunehmen. Bei der Bewertung ist es sinnvoll, für jedes Kriterium zuerst die Extremwerte für die vorliegenden Konzeptvarianten zu bestimmen, also zunächst die „beste" und die „schlechteste" *KV* bezüglich des betreffenden Kriteriums zu bewerten. Wenn das Maximum und Minimum gefunden ist (das heißt jedoch nicht unbedingt max. 4 Punkte und min. 0 Punkte zu vergeben), werden die restlichen *KV* mit ihrer Bewertung dazwischen eingeordnet.

Anschließend erfolgt die Auswertung durch Mittelwertbildung aller Daten der ausgefüllten Bewertungsblätter durch diejenigen Teilnehmer, die sich zur Übernahme dieser freiwilligen Sonderaufgabe (vgl. *Kap. 1.1*) bereiterklärt haben. Das Ergebnis ist in *Abb. 1.8-15* gezeigt. In dieser Abbildung ist gleichzeitig gegenübergestellt, wie sich die Bewertungen der betreffenden *KV*-Gruppe (≡ Selbstbild) von denjenigen aller übrigen Teilnehmer (≡ Fremdbild) unterscheiden. Grün bedeutet, dass die jeweilige Gruppe ihren Vorschlag besser als der Durchschnitt bewertet hat. Bei Gelb ist die Bewertung von Gruppe und Durchschnitt nahezu gleich. Bei Rot hat die Gruppe ihre *KV* schlechter als der Durchschnitt bewertet.

Bewertungsliste für *Cleany*												
Technische Wertigkeit und Ökologische Wertigkeit							Datum: 5. Juni 20 XX					
			Varianten Nr.									
Nr.	Bewertungskriterium	gi	KV1	KV2	KV3	KV4	KV5	KV6	KV7	KV8	KV9	KV10
1	gute Reinigungswirkung		4	2	2	1	0	4	1			
2	Schnelle Wiederverwendbarkeit		3	1	3	4	1	3	4			
3	hohe Lebensdauer		4	3	3	1	2	3	1			
4	hohe Arbeitssicherheit		4	1	3	1	3	4	1			
5	gute Transportmöglichkeit		2	1	3	0	0	4	1			
6	einfache Handhabung		4	4	4	4	2	4	4			
7	geringe Geräusche		3	1	3	1	0	3	2			
8												
9												
10												
$\Sigma P, \Sigma Pg$												
$P_{max} = n * Pi_{max}, Pg_{max} = 4$												
$W_t(g) = \sum P(g)/P(g)_{max}$												
Rangfolge												

Bemerkungen:

Abb. 1.8-14: Ausgefülltes Formblatt technisch/ ökologische Bewertung für CLEANY durch ein Teammitglied TN_x der Gruppe $KV6$

		Konzeptvariante Nr.												
Nr.	Bewertungskriterium	KV1 Gesamt	Gruppe 1	KV2 Gesamt	Gruppe 2	KV3 Gesamt	Gruppe 3	KV4 Gesamt	Gruppe 4	KV5 Gesamt	Gruppe 5	KV6 Gesamt	Gruppe 6	KV7 Gesamt	Gruppe 7
1	gute Reinigungswirkung	3,57	4	3,29	4	2,00	4	2,71	4	2,29	3	2,86	4	2,43	2
2	schnelle Wiederbenutzbarkeit	3,00	3	2,86	4	2,29	2	3,57	4	2,29	3	2,00	3	3,57	3
3	hohe Lebensdauer	2,57	3	3,14	3	2,57	4	2,71	4	2,71	4	2,29	3	2,57	2
4	hohe Arbeitssicherheit	3,71	3	2,00	2	3,43	2	2,43	4	3,29	3	2,71	4	1,14	1
5	gute Transportmöglichkeit	2,00	2	1,43	1	3,86	4	1,86	3	1,71	3	3,57	4	2,14	1
6	einfache Handhabung	3,57	4	3,00	4	3,43	4	2,71	2	2,71	4	3,14	4	2,71	2
7	geringe Geräusche	3,14	3	2,29	3	2,71	2	2,29	1	2,14	1	2,43	3	2,29	2

Bewertungsliste für Cleany — Datum:

Technisch/Ökologische Wertigkeit

Abb. 1.8-15: Mittelwerte der „Technisch/ Ökologischen Bewertung" für CLEANY durch alle Teammitglieder (≡ Fremdbild) und Gegenüberstellung mit der betreffenden Bewertung durch die Gruppe (≡ Selbstbild)

 **Beachte** 

Falls sich für ein Kriterium bei allen Konzeptvarianten die gleiche Punktbewertung ergibt, so ist dieses Kriterium in der Tabelle zu streichen, da ansonsten dieses Kriterium das Ergebnis aller anderen Kriterien nivelliert.

7. Wertigkeit W_t und W_w berechnen

Die in Punkt *6. Varianten systematisch bewerten* ermittelten Werte zwischen 0 und 4 werden jetzt auf einfache Art zu *neutralen Wertigkeiten* zwischen **0 (Unbrauchbar)** und **1 (Ideal)** (also einer gefühlsmäßig leichteren Interpretierbarkeit zwischen **0 %** und **100 %**) für die technisch/ ökologischen (W_t) und wirtschaftlich/ ökologischen Kriterien (W_w) umgerechnet. Dies ist vor allen Dingen bedeutungsvoll für die grafische Darstellung der Ergebnisse, die für alle Entscheidungsstudien dann ein gleiches Aussehen haben, und damit leichter interpretierbar sind als Ergebnisse mit absoluten Punktzahlen, die je nach Kriterien-Anzahl und maximal verteilbarer Punktzahl ein nach oben offenes Endresultat liefern.

Abb. 1.8-16 zeigt ausschnittsweise eine solche Wertigkeits-Tabelle, die beispielhaft die Ermittlung von Rechenwerten **mit** und *ohne* Gewichtungsfaktor g_i zeigt.

wirtschaftliche/ ökologische Wertigkeit W_w und $W_{w(g)}$					
Nr. **(n)**	Bewertungskriterium	gi		Konzeptvariante Nr.	
				KVx	KVy
1	geringe Recycling/ Entsorgungskosten	0,15	P_i ohne gi	3,50	3,00
			$P_{i(g)}$ mit gi	0,53 $(3,50 \cdot 0,15)$	0,45
2	geringe Betriebskosten	0,18	ohne gi	4,00	3,50
			mit gi	0,72	0,63
3	geringe Herstellungskosten	0,24	ohne gi	2,93	3,87
			mit gi	0,70	0,93
4	geringe Wartungskosten	0,18	ohne gi	3,00	3,50
			mit gi	0,54	0,63
5	geringe Vertriebskosten	0,07	ohne gi	2,00	3,25
			mit gi	0,14	0,23
6	geringes "time to market"	0,14	ohne gi	3,50	3,50
			mit gi	0,49	0,49
7	geringe Montagekosten	0,04	ohne gi	2,00	2,00
			mit gi	0,08	0,08
8	-		ohne gi		
			mit gi		
ohne gi					
	$\sum P_i$			20,93	22,62
	$P_{max} = n \cdot P_{imax}$ mit $P_{imax} = 4$		$(7 \cdot 4) = 28$	28,00	28,00
	$W_w = \dfrac{\sum P_i}{P_{max}}$		$\dfrac{20,93}{28} = 0,75$	0,75	0,81
	Rangfolge			5	1
mit gi					
	$\sum P_{i(g)}$			3,20	3,44
	$P_{max,g} = \sum g \cdot P_{imax}$ mit $\sum g = 1,0$ und $P_{imax} = 4$		$(1,0 \cdot 4) = 4,00$	4,00	4,00
	$W_{w(g)} = \dfrac{\sum P_{i(g)}}{P_{max,g}}$		$\dfrac{3,20}{4,00} = 0,80$	0,80	0,86
	Rangfolge			2	1

Abb. 1.8-16: Ausschnitt aus einer wirtschaftlich/ ökologischen Wertigkeitstabelle mit exemplarischer Berechnung der Wertigkeiten

Kurzerklärung der Berechnungen mit Farbgebung:

Grauhinterlegten Felder sind Kriterien oder Werte aus den vorrangegangenen Punkten, die an entsprechender Stelle in die Tabelle eingetragen werden.

Gelbmarkierte Felder sind zu berechnende Felder.

Unter dem Punkt „Bewertungskriterium" werden die in Punkt *3. Bewertungskriterien festlegen* ausgewählten Kriterien eingetragen. Zu jedem Bewertungskriterium werden die entsprechenden gi-Werte eingetragen, die unter *4. Gewichtungsfaktoren gi für Bewertungskriterien ermitteln* festgelegt wurden. Unter „Konzeptvarianten" werden die einzelnen KV aufsteigend ihrer Nummer gelistet. Die entsprechend zugehörigen Bewertungsergebnisse aus den Punkten *5. Bewertungsmaßstab/ Wertefunktion vorgeben* und *6. Varianten systematisch bewerten* (aus technisch/ ökologischer Tabelle und wirtschaftlich/ ökologischer Tabelle) werden bezüglich der einzelnen Kriterien in der Zeile „ohne gi" eingepflegt.

Gelhinterlegte Felder „mit gi" berechnen sich aus dem Wert der grauhinterlegten Felder „ohne gi" der oberen Zeile multipliziert mit dem zugehörigen gi-Wert des Bewertungskriterium. Ein Beispiel hierfür ist in *Abb. 1.5-15* bei $KV1$/ Nr. 1 dargestellt.

Folgend eine Beispielrechnung zur Bestimmung der Rangfolge:

$$P_i \text{ (ohne } gi) \cdot gi = P_{i(g)} \text{ (mit } gi)$$
$$3{,}50 \cdot 0{,}15 = 0{,}53$$

Für die Berechnung der Wertigkeiten W_w (ohne g_i) bzw. von $W_{w(g)}$ (mit g_i) sind weitere Parameter zu beachten.

Die Summe der grauen Felder, also die Summe der Werte ohne Multiplikation mit g_i, ergibt $\sum P_i$.

$$\sum P_i = P_1 + P_2 + P_3 + \cdots = 3{,}5 + 4{,}00 + 2{,}93 + \cdots = 20{,}93$$

P_{max} steht für die maximal erreichbare Punktzahl einer KV. Bei der Bewertung ohne g_i ist dies die Anzahl der Bewertungskriterien n multipliziert mit der maximal erreichbaren Punktzahl eines einzelnen Kriteriums P_{imax}.

$$P_{max} = n \cdot P_{imax}$$
$$(7 \cdot 4) = 28$$

W_w bzw. $W_{w(g)}$ ist die Wertigkeit einer KV, wobei diese einmal ohne und einmal mit Gewichtungsfaktor g_i berechnet wird. Der Wert liegt immer zwischen 0 und 1. Für W_w wird $\sum P_i$ durch die maximal erreichbare Punktzahl P_{max} geteilt.

$$W_w = \frac{\sum P_i}{P_{max}} = \frac{20{,}93}{28} = 0{,}75$$

Analog ergibt sich die Wertigkeit $W_{w(g)}$.

$$W_{w(g)} = \frac{\sum P_{i(g)}}{P_{max,g}} = \frac{3{,}20}{4{,}00} = 0{,}80$$

Die Rangfolge ergibt sich aus der Höhe des W_w-Wertes ohne und mit g_i. Je höher dieser Wert ist, desto besser ist die jeweilige KV einzustufen.

Nach Durchführung aller Berechnungen für CLEANY in der oben genannten Form ergeben sich die nachfolgend gezeigten Wertigkeitstabellen für die technisch/ ökologischen Kriterien (*Abb. 1.8-17*) und die wirtschaftlich/ ökologischen Kriterien (*Abb. 1.8-18*).

Bewertungsliste für Cleany | Datum:

Technisch/Ökologische Wertigkeit

Nr. (n)	Bewertungskriterium	g_i		KV1	KV2	KV3	KV4	KV5	KV6	KV7	KV8	KV9	KV10
				Konzeptvariante Nr.									
1	gute Reinigungswirkung		ohne gi	3,57	3,29	2,00	2,71	2,29	2,86	2,43			
		0,18	mit gi	0,64	0,59	0,36	0,49	0,41	0,51	0,44			
2	Schnelle Wiederbenutzbarkeit		ohne gi	3,00	2,86	2,29	3,57	2,29	2,00	3,57			
		0,14	mit gi	0,42	0,40	0,32	0,50	0,32	0,28	0,50			
3	Hohe Lebensdauer		ohne gi	2,57	3,14	2,57	2,71	2,71	2,29	2,57			
		0,14	mit gi	0,36	0,44	0,36	0,38	0,38	0,32	0,36			
4	Hohe Arbeitssicherheit		ohne gi	3,71	2,00	3,43	2,43	3,29	2,71	1,14			
		0,27	mit gi	1,00	0,54	0,93	0,66	0,89	0,73	0,31			
5	Gute Transportmöglichkeit		ohne gi	2,00	1,43	3,86	1,86	1,71	3,57	2,14			
		0,03	mit gi	0,06	0,04	0,12	0,06	0,05	0,11	0,06			
6	Einfache Handhabung		ohne gi	3,57	3,00	3,43	2,71	2,71	3,14	2,71			
		0,16	mit gi	0,57	0,48	0,55	0,43	0,43	0,50	0,43			
7	Geringe Geräusche		ohne gi	3,14	2,29	2,71	2,29	2,14	2,43	2,29			
		0,08	mit gi	0,25	0,18	0,22	0,18	0,17	0,19	0,18			
8	-		ohne gi										
			mit gi										
9	-		ohne gi										
			mit gi										
10	-		ohne gi										
			mit gi										
ohne gi													
	$\sum P_i$			21,57	18,00	20,29	18,29	17,14	19,00	16,86			
	$P_{max}=n \cdot P_{imax}, P_{imax}=4$			28,00	28,00	28,00	28,00	28,00	28,00	28,00			
	$W_w=\sum P_i/P_{max}$			0,77	0,64	0,72	0,65	0,61	0,68	0,60			
	Rangfolge			1	5	2	4	6	3	7			
mit gi													
	$\sum P_{i(g)}$			3,31	2,68	2,85	2,70	2,66	2,65	2,29			
	$P_{max.g}=\sum g \cdot P_{imax}$ mit $\sum g=1{,}0$ und $P_{imax}=4$			4,00	4,00	4,00	4,00	4,00	4,00	4,00			
	$W_{w(g)}=\sum P_{i(g)}/P_{max.g}$			0,83	0,67	0,71	0,68	0,67	0,66	0,57			
	Rangfolge			1	3	2	3	4	4	5			

Abb. 1.8-17: Technisch/ ökologische Wertigkeit für alle CLEANY-*KV*

Bewertungsliste für Cleany   Datum:

Wirtschaftlich/Ökologische Wertigkeit

Nr. (n)	Bewertungskriterium	gi		Konzeptvariante Nr.									
				KV1	KV2	KV3	KV4	KV5	KV6	KV7	KV8	KV9	KV10
1	geringe Recycling/ Entsorgungskosten	0,15	ohne gi	3,75	3,00	2,50	2,50	3,50	2,50	2,50			
			mit gi	0,56	0,45	0,38	0,38	0,53	0,38	0,38			
2	geringe Betriebskosten	0,18	ohne gi	4,00	3,50	2,50	0,50	3,00	2,50	0,50			
			mit gi	0,72	0,63	0,45	0,09	0,54	0,45	0,09			
3	geringe Herstellkosten	0,24	ohne gi	4,00	3,04	4,00	2,93	3,15	4,00	3,04			
			mit gi	0,96	0,73	0,96	0,70	0,76	0,96	0,73			
4	geringe Wartungskosten	0,18	ohne gi	3,50	3,50	2,00	2,00	3,50	2,00	2,00			
			mit gi	0,63	0,63	0,36	0,36	0,63	0,36	0,36			
5	geringe Vertriebskosten	0,07	ohne gi	3,25	3,25	3,50	2,00	3,50	3,50	2,00			
			mit gi	0,23	0,23	0,25	0,14	0,25	0,25	0,14			
6	geringes "time to market"	0,14	ohne gi	3,50	3,50	3,00	2,50	3,50	3,00	2,50			
			mit gi	0,49	0,49	0,42	0,35	0,49	0,42	0,35			
7	geringe Montagekosten	0,04	ohne gi	2,00	2,00	3,80	1,00	1,00	4,00	1,00			
			mit gi	0,08	0,08	0,15	0,04	0,04	0,16	0,04			
8	-		ohne gi										
			mit gi										
9	-		ohne gi										
			mit gi										
10	-		ohne gi										
			mit gi										
ohne gi													
	$\sum P_i$			24,00	21,79	21,30	13,43	21,15	21,50	13,54			
	$P_{max}=n*P_{imax}, P_{imax}=4$			28,00	28,00	28,00	28,00	28,00	28,00	28,00			
	$W_w=\sum P_i/P_{max}$			0,86	0,78	0,76	0,48	0,76	0,77	0,48			
	Rangfolge			1	2	4	5	4	3	5			
mit gi													
	$\sum P_{i(g)}$			3,67	3,24	2,96	2,06	3,23	2,97	2,08			
	$P_{max.g}=\sum g*P_{imax}$ mit $\sum g=1,0$ und $P_{imax}=4$			4,00	4,00	4,00	4,00	4,00	4,00	4,00			
	$W_{w(g)}=\sum P_{i(g)}/P_{max.g}$			0,92	0,81	0,74	0,51	0,81	0,74	0,52			
	Rangfolge			1	2	5	7	3	4	6			

Abb. 1.8-18: Wirtschaftlich/ ökologische Wertigkeit für alle CLEANY-*KV*

8. Stärkendiagramm erstellen

Die gemeinsame grafische Darstellung der in Punkt *7. Wertigkeit W_t und W_w berechnen* erhaltenen W_t- und W_w-Werte für alle Konzeptvarianten in einem Diagramm geht auf *F. Kesselring* (TU Twente, NL, 1942) zurück, und wird auch als *Stärkediagramm* bezeichnet. Zur Erstellung werden zunächst die Wertigkeiten tabellarisch zusammengestellt, wie es in *Abb. 1.8-19* gezeigt ist.

KV	mit g_i		ohne g_i	
	$W_{t(g)}$ (X-Achse)	$W_{w(g)}$ (Y-Achse)	W_t (X-Achse)	W_w (Y-Achse)
KVx	0,25	0,85	0,23	0,8
KVy	0,83	0,34	0,8	0,3
KVz	0,93	0,93	0,88	0,9

Abb. 1.8-19: Exemplarische Wertepaar-Tabelle für ein Stärkendiagramm

Diese Tabelle ist anschließend in das Diagramm *Abb. 1.8-20* überführt worden. Die ausgefüllten Symbole repräsentieren die Wertepaare **mit** g_i.

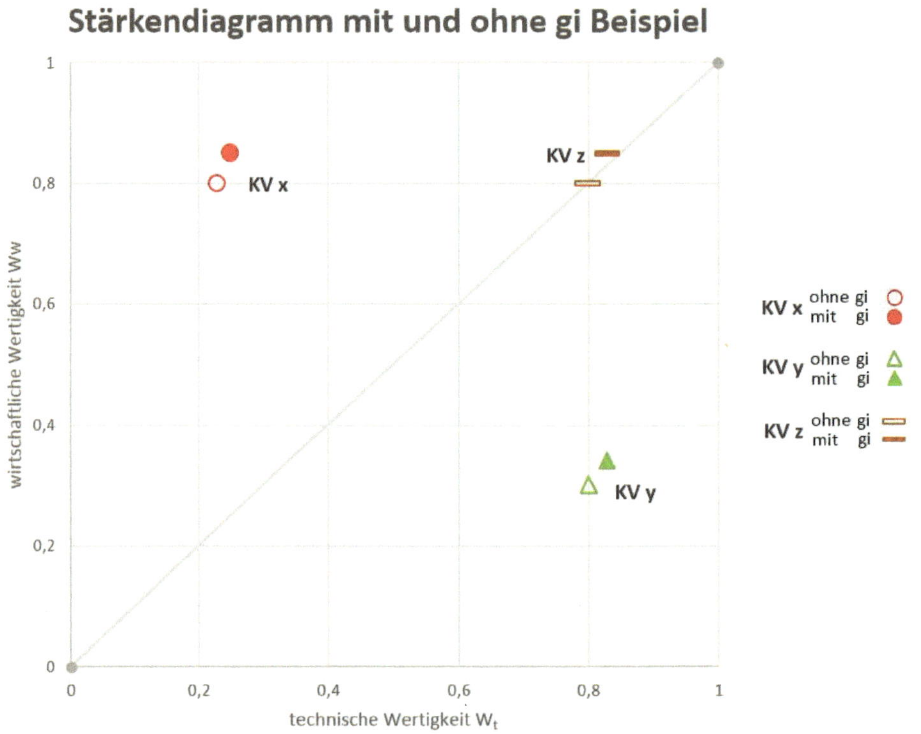

Abb. 1.8-20: Exemplarische Wertepaar-Darstellung im Stärkendiagramm

Während KV_x wirtschaftlich positiv auffällt, ist die technische Wertigkeit sehr schwach ausgeprägt. Demgegenüber ist KV_z, ausgeglichen auf der Diagonale liegend, sowohl wirtschaftlich als auch technisch günstig. KV_y weist zwar eine vorteilhafte technische Wertigkeit auf, ist aber wirtschaftlich schwach bewertet.

 **Beachte** 

Bei vielen Untersuchungen dieser Art hat es sich gezeigt, dass der Unterschied in den Wertigkeiten ohne und mit Gewichtung umso geringer ist, je mehr Kriterien benutzt werden! Bei Anwendung mit vielen Kriterien lohnt sich also kaum der Aufwand Gewichtungsfaktoren g_i einzuführen.

Für CLEANY sind die Stärkendiagramme aus den Tabellen in *Abb. 1.8-17* und *Abb. 1.8-18* für *mobile* Geräte in *Abb. 1.8-21* und für *stationäre* Geräte in *Abb. 1.8-22* dargestellt.

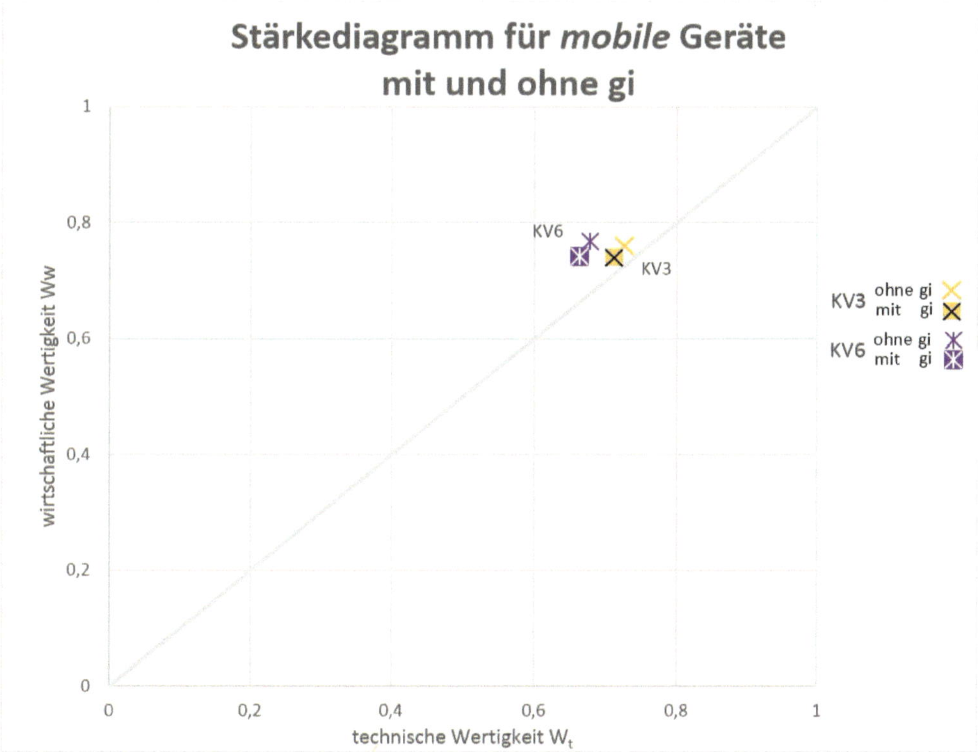

Abb. 1.8-21: CLEANY-Stärkendiagramm für die *mobilen* Geräte *KV*3 und *KV*6 ohne (unausgefüllte Symbole) und mit Gewichtung g_i (gefüllte Symbole)

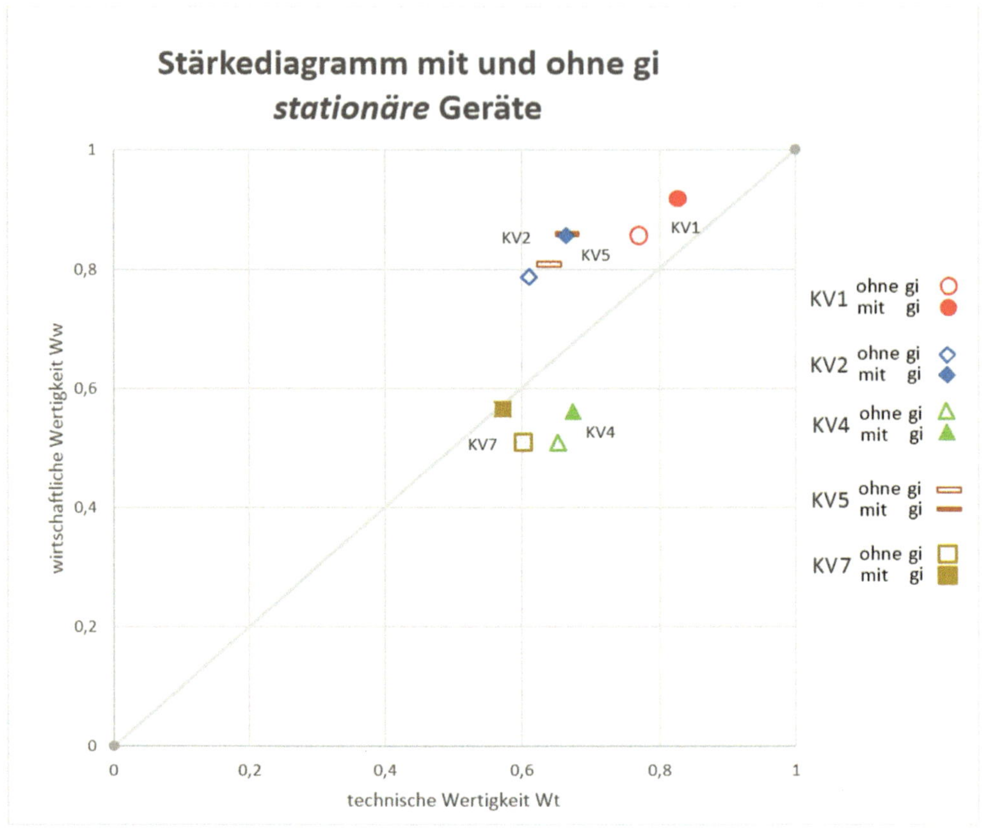

Abb. 1.8-22: CLEANY-Stärkendiagramm für die *stationären* Geräte $KV1$, $KV2$, $KV4$, $KV5$ und $KV7$ ohne (unausgefüllte Symbole) und mit Gewichtung g_i (gefüllte Symbole).

Während die Konzeptvarianten $KV3$ und $KV6$ der *mobilen* Geräte nahezu gleichwertig gut hinsichtlich der technischen und wirtschaftlichen Wertigkeiten abschneiden, tritt bei den *stationären* Geräten vor allem $KV1$ positiv in Erscheinung. Die Unterschiede ohne und mit Gewichtungsfaktoren g_i sind gering - was der oben genannten Erfahrung entspricht.

9. Netzdiagramme erstellen

In Netzdiagrammen lassen sich vorteilhaft die Stärken und Schwächen der einzelnen Konzeptvarianten darstellen. Dazu werden **sinnvoll** die Tabellenwerte von *Abb. 1.8-17* und *Abb. 1.8-18* **ohne** Gewichtungsfaktoren genutzt. Für die technisch/ ökologischen Punktbewertungen ist das Ergebnis in *Abb. 1.8-23* und für die wirtschaftlich/ ökologischen Bewertungen der Konzeptvarianten in *Abb. 1.8-24* zusammengefasst.

Je größer die überdeckte Fläche der einzelnen KV-Netze ist, umso vorteilhafter ist die Lösung. Je weiter außen für ein Einzelkriterium der Wert liegt, umso besser ist die Lösung dieser KV. Auf diese Weise lassen sich die Stärken der einzelnen KV besonders einfach erkennen und damit eventuell zur Verbesserung anderer KV nutzen! Beispielsweise kann das schlechte Abschneiden von $KV7$ bei dem Kriterium „geringe Betriebskosten" durch Nutzung einer technischen Lösung der anderen stationären KV-Lösungen möglicherweise kompensiert werden!

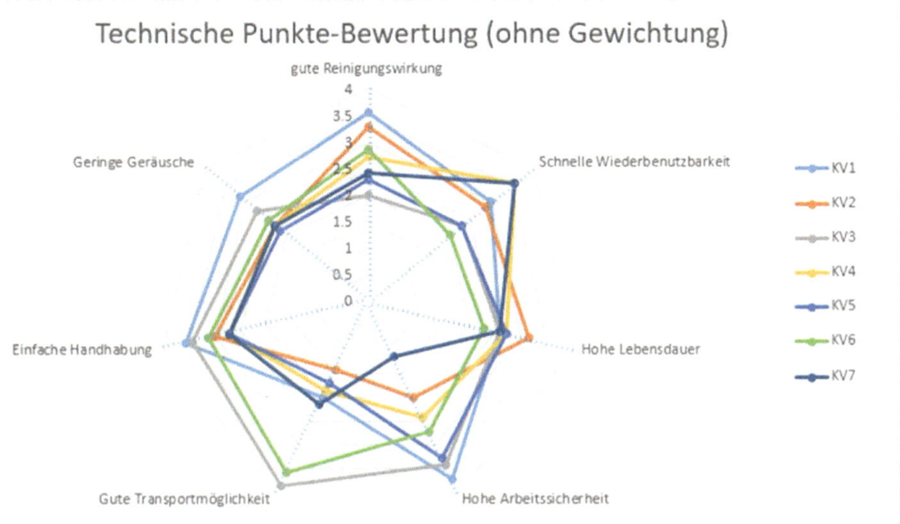

Abb. 1.8-23: Netzdiagramm für die technisch/ ökologische Bewertung aller CLEANY-Konzeptvarianten

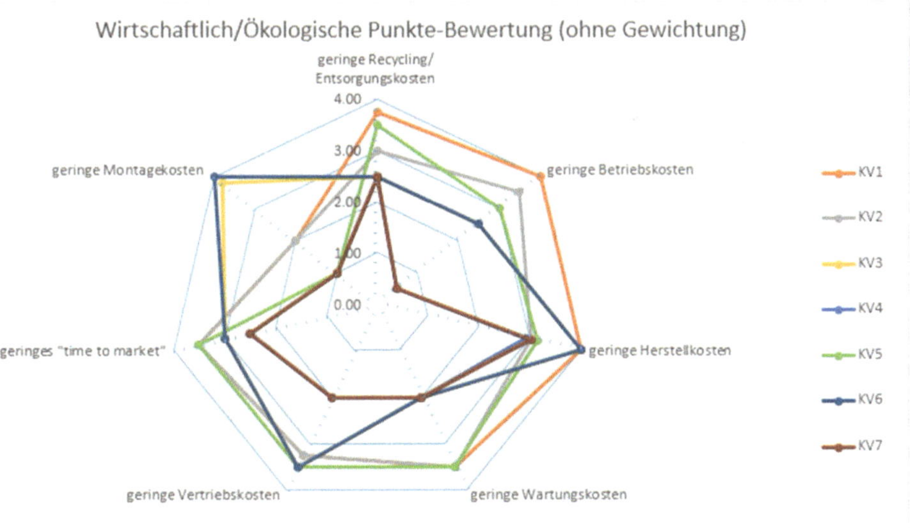

Abb. 1.8-24: Netzdiagramm für die wirtschaftlich/ ökologische Bewertung aller CLEANY-Konzeptvarianten

10. Entscheidung Optimalkonzept

Ohne Berücksichtigung weiterer Verbesserungsmöglichkeiten, die aus einer genaueren Analyse der Netzdiagramme abgeleitet werden könnten, wäre die *stationäre Gerätevariante KV1 als Optimalkonzept* zu favorisieren. Alternativ könnten *sowohl KV3 als auch KV6* (eventuell mit gegenseitigen konstruktiven Verbesserungen im Detail) als *mobile Optimalkonzepte* weiterverfolgt werden.

Ausblick (Zukunft)

Gratulation! Sie haben es fast geschafft! Sie können sich jetzt nicht nur bei zukünftigen konstruktiven Aufgabenstellungen mit den bisherigen acht systematischen und methodischen Arbeitsschritten im Team zu optimalen Konzeptlösungen hinführen lassen, sondern diese Techniken auch für allgemeine Aufgabenstellungen nutzen.

Es muss nicht gleich auf die Fragestellung „wie finde ich den Mann/ die Frau fürs Leben?" angewendet werden - dafür sind nach wie vor intuitive Vorgehensweisen und Entscheidungen der bessere Weg.

Sie müssen auch nicht immer alle zehn (sieben für allgemeine Projekte) Arbeitsschritte im Team methodisch anwenden. Und auch wenn sie kein Team verfügbar haben, können Sie einzelne Schritte und Methoden anwenden.

Beispielsweise würde es durchaus Sinn machen, bei den folgenden Fragestellungen die hier in *Kap. 1.8* vorgestellte „objektivierte Entscheidungstechnik auf subjektiver Basis" zu nutzen:

❖ *Wie schaffe ich sicher diese schwierige Klausur im Studium?*
   (Allein gut, aber besser im Team mit Kommilitonen bearbeiten.)
   Hinweis:
   Für die Strömungstechnik finden Sie eine wirkungsvolle Hilfe im Springer Vieweg-
   Buch „Strömungsklausur im Nacken? Mit Methode locker packen" [PES 20]

❖ *Wie führe ich meine Bachelor-/ Masterthesis erfolgreich durch?*
   (Warum nicht mit einem oder gar mehreren Kommilitonen eine gemeinsame
   Aufgabenstellung suchen und im Team bearbeiten? Es gibt zahlreiche Professoren,
   die für diese Art der Arbeit offen sind.)

❖ *Wie finde ich sicher die für mich beste Arbeitsstelle nach dem Studium?*
   (Alleine möglich, aber besser mit den Eltern, dem Partner oder Freunden gemeinsam
   im Team diese Entscheidung treffen)

❖ *Wie sollte ich mich beruflich so verändern, dass meine Arbeit sinnhaltig wird?*

(Dies kann vielleicht die wichtigste Fragestellung in ihrem Leben sein, die Sie vermutlich am besten allein lösen müssen. Das kann sogar dazu führen, dass Sie erkennen, dass ihre jetzige Arbeitsstelle für Sie das Beste ist, Sie aber Ihre Wertvorstellungen und Ziele verwirklichen müssen.)

Fazit

Anlass (IST-Zustand)	Falsche (Macht-, Bauch-) Entscheidungen können teuer werden
Lösungsansatz (Wege zum Ziel)	Alternativen (Lösungsvarianten) erzeugen und methodisch vergleichen
Ergebnis (Lösungserfolge)	„Kochrezept" anwenden - zehn Schritte zur transparenten Optimalentscheidung
Ausblick (Zukunft)	Entscheidungen zu treffen, kann man lernen

---

TOP

1.9 Optimalkonzept detailliert ausarbeiten (WORK)

Mit dem Ergebnis von *Kap. 1.8* sind die Grundlagen geschaffen, um alle erforderlichen Fertigungsunterlagen für das ausgewählte optimale Konzept zu erstellen. Dazu gehören unter anderem die nach den Regeln des Technischen Zeichnens darzustellenden 2-D und 3-D Zeichnungen. Dazu werden heutzutage fast ausschließlich CAD-Systeme verwendet. Des Weiteren sind alle festigkeits- und verformungskritischen Bauteile und Systemkomponenten bezüglich Werkstoff, Fertigungsverfahren, Oberflächengüte und -modifikation, Lebensdauer u. a. festzulegen.

Im vorliegenden Buch liegt der Schwerpunkt allerdings auf der *Konzeptentwicklung im Team*, die in den *Kap. 1.1* bis *1.8* erläutert sind. Deshalb finden sich hier nur allgemeine Hinweise für die Erledigung dieser Detaillierungsaufgabe.

Anlass (IST-Zustand)

Der Teufel steckt im Detail!

Diese allgemeine Erfahrung lässt sich auch im Konstruktionsprozess feststellen. Bei neuen Aufgabenstellungen, die ja in der Regel mit neuen Produktentwicklungen einhergehen, sind beispielsweise fundierte Kenntnisse in „Technisches Zeichnen, CAD, Konstruktionselemente, Technische Mechanik, Werkstoffkunde, Physik, Mathematik, Strömungsmechanik, Elektrotechnik, Fertigungstechnik" und weiteren Spezialdisziplinen des Ingenieur- und Entwicklungswesens erforderlich. Und dies jeweils auf dem neuesten *Stand der Technik*. Nicht selten wird sich jeder selbstkritische Entwickler dabei bewusst, dass viele Studieninhalte nur noch in Bruchstücken präsent oder veraltet sind, praktikable Anleitungen sich weder in Google noch in Wikipedia finden lassen und viele Bücher und Fortbildungsseminare oft nur „Steine statt Brot" bieten. Gerade in kleinen und mittleren Unternehmungen fehlen häufig diesbezüglich hilfreiche Experten und Abteilungen, so dass sich dem Allround-Ingenieur die Feststellung aufdrängt: „hätte ich früher doch nur besser aufgepasst und mehr gelernt!".

Finden sich nicht doch vielleicht bessere Einstellungen und mögliche Hilfen in dieser Situation?

Lösungsansatz (Wege zum Ziel)

Fehlendes Fachwissen lässt sich durch folgende Alternativen ergänzen:

1. *Selbststudium* (das ist am härtesten)

2. *Fortbildungsseminare* (das ist kostspielig)

3. *Versuch und Irrtum* (das kann gefährlich sein)

4. *Experten fragen* (das ist in der Regel am sichersten)

Zu den Alternativen 1.-3. existieren zahlreiche Möglichkeiten, wie zum Beispiel Bücher, Fachzeitschriften, Zusatzstudium, Seminare oder Improvisationstechniken, die hier nicht weiter vertieft werden sollen. Besonders an Hochschulen bietet es sich allerdings an, der Alternative 4. Beachtung zu schenken.

Ergebnis (Lösungserfolge)

Bevor auf das bisher betrachtete Beispiel CLEANY eingegangen wird, wird eine für allgemeine Detaillierungsprobleme geeignete Vorgehensweise erläutert. Eine Expertenbefragung könnte in folgende Aktivitäten-Rangfolge gegliedert werden:

1. Besitzt vielleicht in Ihrem Projektteam jemand die geeigneten „Stärken"? Dazu genügt eine einfache Frage in die Runde, die man nicht aus falschem Stolz scheuen sollte. Die entscheidende Überlegung ist nicht, ob Sie es unbedingt selbst machen müssen, sondern ob ein Anderer es nicht leichter und besser kann. Das ist auch nicht zu vergleichen mit dem allseits wenig geliebten Delegieren! Sie werden staunen, wie hilfsbereit Teammitglieder sein können und welche tiefen Fachkenntnisse in Einzelnen schlummern. *Kap. 1.1* gibt hierzu ergänzende Hinweise (z. B. in *Abb. 1.1-21* und *Abb. 1.1-22*).

2. Fragen stellen an:
   - Hochschule → Professoren
   - Betriebe → Abteilungen
   - Vereine → Mitglieder

3. METEOR-Strategie → häufig neue (und völlig andere) Lösung *ohne* Expertenwissen möglich!

4. Alle bisher in diesem Buch vorgestellten Team-Methoden lassen sich angepasst auch für den Ausarbeitungsprozess sinnvoll anwenden. Besonders trifft dies auf die Team-Ideen-Galerie und die dabei verwendete Team-Entscheidungstechnik zu.

Konzept-Ausarbeitung eines Tafelreinigungsgerätes (CLEANY)

Die Konzeptentwicklung von CLEANY wurde erst kurz vor der Erstellung der Erstauflage dieses Buches beendet. Ob es je zu einer Realisierung kommt steht nicht fest. CLEANY diente auch lediglich als Projektbeispiel zur einfachen und praktischen Erlernung des Methodischen Entwickelns/ Konstruierens im Team an einer Hochschule! Das Autorenteam hat trotzdem einen ersten Designentwurf von der als optimal empfundenen Konzeptvariante $KV1$ „Wischwasch" (*Abb. 1.9-1*) erstellt, bei der sinnvolle Ergänzungen/ Ideen der anderen Varianten mit einfließen sollten.

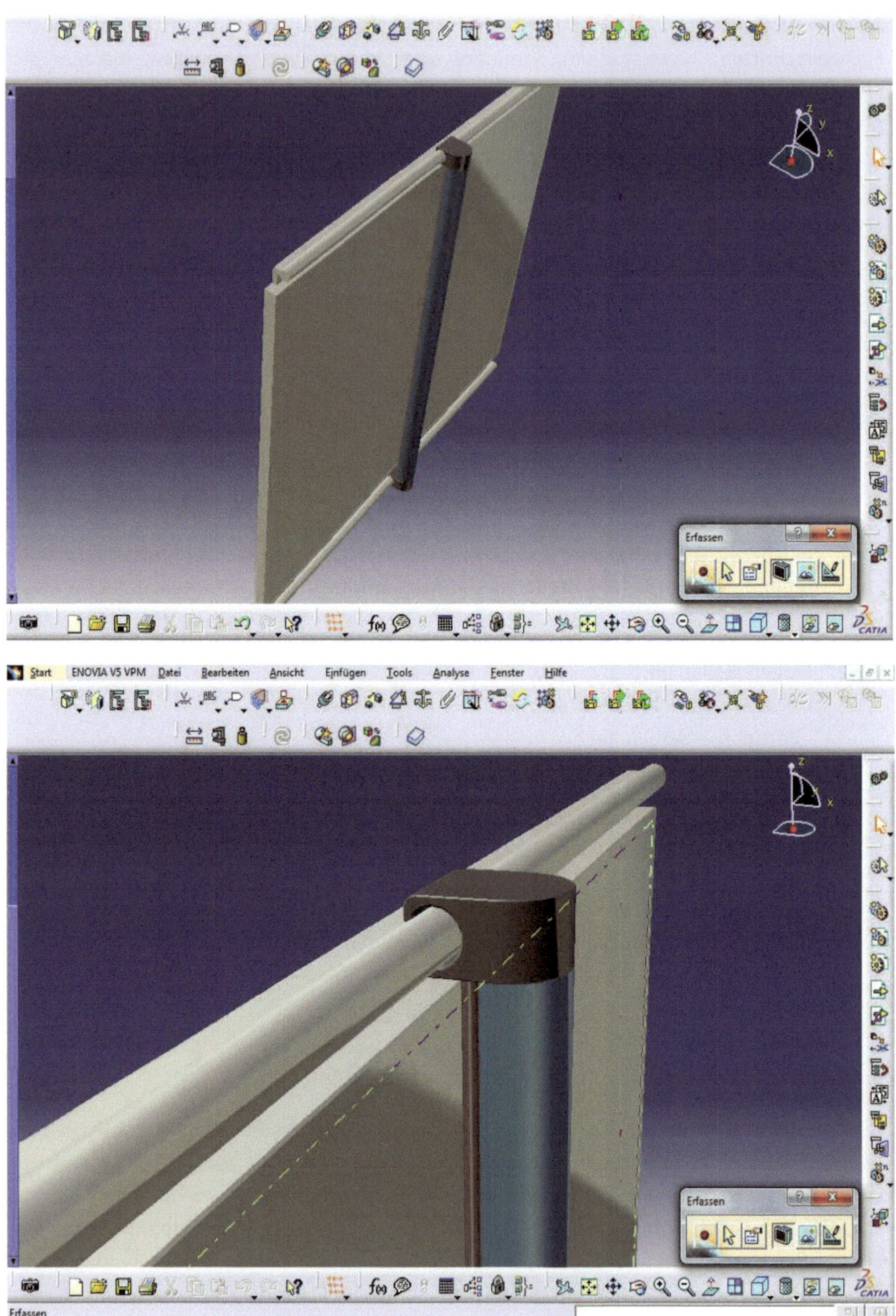

Abb. 1.9-1: Erster Entwurf der CLEANY-Konzeptvariante $KV1$ „Wischwasch"

Ausgehend davon müssten jetzt als wichtigste Aufgaben bearbeitet werden (möglichst auch im Team, wo immer möglich, aber erst nach einer seriösen Marktanalyse!):

- Detailkonstruktion aller CLEANY-Bauteile und –Komponenten

- Werkstoffauswahl aller CLEANY-Bauteile und –Komponenten

- Festigkeitsnachweise, Dimensionierung und Einkaufsoption der sog. Schlüsselbauteile (Motor, Schalter, Gehäuse …)

- Arbeitsvorbereitung und Fertigungsplanung

- *Synchrone* Durchführung von Labor- und Funktionsuntersuchungen für Bauteile, Komponenten, Module und Gerät

- Sonstiges

Eine vollständige Aufgabenliste lässt sich unter Anwendung des METEOR-Unternehmensmodells (*Abb. 1.1-23*) erstellen. Das übliche „tayloristische", „nacheinander" in „Abteilungen" bearbeiten, erzeugt nicht nur längere Entwicklungszeiten (Stichwort time to market) und höhere Entwicklungskosten, sondern häufig auch weniger optimale Resultate. Dies wurde bei der synchronen Produktentwicklung (SPE, s. *Kap. 1.10*) eindrucksvoll nachgewiesen, wobei die Zeit für eine Waagenentwicklung von vorher (konventionell) auf nachher um 66% reduziert wurde!

Ausblick (Zukunft)

Die Ausarbeitung eines Konzepts erfordert den größten Zeitaufwand bei einer Konstruktions- oder Entwicklungsaufgabe. Deswegen sind bei diesem Schritt noch einmal die *drei Konstruktionsgrundregeln* **eindeutig, einfach, sicher** besonders zu beachten. Dies geschieht am besten in Frageform:

- Sind alle Funktionen des Konzepts **eindeutig** in ihrer Wirkung?

- Sind alle Funktionen des Konzepts durch möglichst **einfache** Bauteile und Komponenten realisierbar?

- Lassen sich alle verwendeten Konzeptbestandteile nach den Prinzipien der *unmittelbaren Sicherheitstechnik* berechnen, herstellen und **sicher** nutzen? Unmittelbar heißt hier „sicher aus sich selbst heraus, d. h. durch eindeutige und einfache Funktionsrealisierungen, Berechnungsnachweise, Herstellungsverfahren und Nutzungsmöglichkeiten". Zumindest sollte die Konzept-Ausarbeitung zu einer *mittelbaren Sicherheit* führen, d. h. durch *aktive* (z. B. Sicherheitsgurt beim PKW) oder *passive* (z. B. Kettenschutz beim Fahrrad) Sicherheitsförderung gewährleistet sein. Eine *hinweisende Sicherheitstechnik* (z. B. Warnschilder) sollte nur zusätzlich in Erwägung gezogen werden.

Nur eindeutige Funktionsrealisierungen, also das Gegenteil von mehrdeutigen Lösungen (z. B. Verschrauben plus Verkleben zur vermeintlichen Sicherheitssteigerung), die einen einfachen Aufbau ermöglichen, führen zur Erhöhung der Sicherheit!

Im Zweifel sollte die Konzept-Ausarbeitung solange zurückgestellt werden, bis im Team eine eindeutige, einfache und sichere Konzept-Lösung gefunden wurde.

Fazit

Anlass (IST-Zustand)	Die Konzeptausarbeitung erfordert interdisziplinäres Wissen
Lösungsansatz (Wege zum Ziel)	Expertenwissen selbst erarbeiten (?) oder Experten finden (evtl. im Team)
Ergebnis (Lösungserfolge)	Bei Ausarbeitungen ist alles wichtig, was die Lösung sicherer macht
Ausblick (Zukunft)	Vor jeder langwierigen Ausarbeitung fragen, ob die Lösung eindeutig, einfach und sicher realisierbar ist. Im Zweifel bessere Lösung suchen

---

1.10 Projektergebnis dokumentieren, präsentieren und umsetzen (OK)

In diesem letzten Schritt soll Ihre im Team geleistete Arbeit für Außenstehende wirkungsvoll dargestellt werden. Dies können Kollegen, Vorgesetzte, Kunden, interessierte Mitbürger u. a. sein. Während sie bisher bezüglich der „Dokumentation" vorwiegend an sich selbst und an Ihrem Team orientiert sein mussten, steht jetzt Ihre Außenwirkung im Vordergrund.

Anlass (IST-Zustand)

Bei allen Aufgaben, die erstmals erledigt werden sollen, stellt sich die Frage: „wie soll ich vorgehen und in welcher Form soll ich das Ergebnis darstellen?". Auch bei Aufgaben, die bereits mehrfach bearbeitet wurden, wie z. B. Studien- oder Projektberichte erstellen, mit denen jedoch keine positive Rückmeldung verbunden war, stellt sich die Frage nach einer erfolgreicheren Vorgehensweise und Dokumentationsform.

Welche methodischen Schritte und Empfehlungen könnten also eine bessere Dokumentation mit einer positiven Wirkung erzielen?

Lösungsansatz (Wege zum Ziel)

Eine in der Natur seit Jahrmillionen benutzte und erfolgreiche Außenwirkung beruht auf dem Begriff „Selbstähnlichkeit = Fraktale". D. h. ein geometrisches oder biologisches *Konstruktionsprinzip*, welches „im Überblick" zu sehen ist, findet sich auch „im Detail" wieder. Typische Beispiele hierzu sind Farne und Romanesco-Blumenkohlzüchtungen (s. *Abb. 1.10-1*). Ein berühmtes Fraktal in der Mathematik ist die Mandelbrot-Menge (z. B. das sog. „Apfelmännchen", s. ebenfalls *Abb. 1.10-1*). Dabei ergeben sich sowohl bei beliebigen Vergrößerungen als auch Verkleinerungen stets die gleichen geometrischen Strukturen.

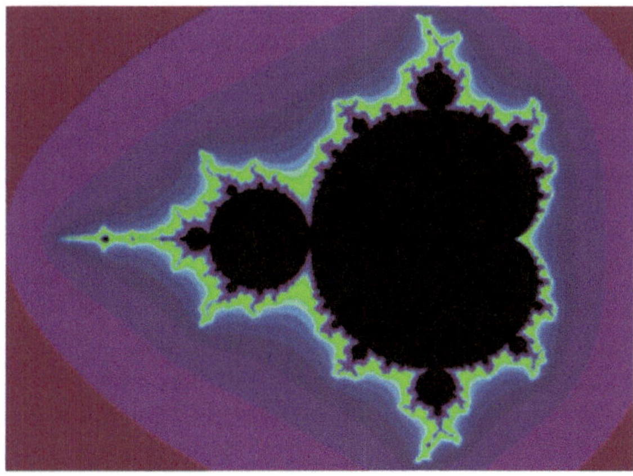

Abb. 1.10-1: Mandelbrot-Fraktal und Romanesco-Gemüse als Beispiele für „Selbstähnlichkeit" (Fotos nach [WIK 14.3])

Dieses Prinzip lässt sich auch auf erfolgreiche Unternehmensphilosophien anwenden, bei denen das *grundsätzliche Denken und Handeln* gleichermaßen beim gesamten Personal verinnerlicht ist. Jeder einzelne Mitarbeiter und jeder Firmenbereich handelt also nach den gleichen Grundsätzen wie die Firmenleitung. Für eine solche Firmenstruktur wurde der Begriff *Fraktales Unternehmen* geprägt. Einer der Vordenker hierzu ist Johann Tikart, der von 1988 bis 1997 Geschäftsführer der Mettler-Toledo GmbH in Albstadt war, die Industriewaagen herstellt. Er realisierte mit seinen Mitarbeitern die *absatzgesteuerte Produktion* (ASP = nur das produzieren, was bestellt wurde, das aber innerhalb einer Woche liefern) und die *synchrone Produktentwicklung* (SPE = Entwicklung in interdisziplinären Teams und nicht in Abteilungen) und erreichte damit eine Vielzahl von Auszeichnungen sowie viel öffentliches Interesse.

Auch für die Kommunikation und Wissensvermittlung lässt sich eine zumindest für westliche Kulturen sinnvolle „fraktale Strukturierung" von Dokumentationen angeben, die den „normalen" Erwartungen entsprechen und eine ausreichende Information bieten. Diese fraktale Struktur wurde bereits durchgehend in diesem Buch durch die vier Informationsbereiche

- **Anlass (IST-Zustand)**
- **Lösungsansatz (Wege zum Ziel)**
- **Ergebnis (Lösungserfolge)**
- **Ausblick (Zukunft)**

angewendet, und lässt sich gezielt auch auf kleinere oder größere Projektdokumentationen erweitern und durch zusätzliche „Skills = Fertigkeiten" ergänzen.

Ergebnis (Lösungserfolge)

Es sollen hier die gemeinsame Basis für alle Arten von „Dokumentationen" (wie Notiz, Projektbericht, Präsentation, Veröffentlichung, Patentanmeldung, Zusammenfassung, etc.) und Hilfen zur Umsetzung aufgezeigt werden.

Ein praktischer Weg um Dokumentationen zu erstellen, kann in fünf Arbeitsstufen beschritten werden:

1. Stichpunkte sammeln
2. Stichpunkte strukturieren
3. Inhaltsreihenfolge festlegen
4. Inhalte aus Stichpunkten erarbeiten
5. Dokumentation vervollständigen

Projekt-Abschlussbericht zur Konzeption eines Tafelreinigungsgerätes (CLEANY)

Es sollen hier lediglich die Abläufe zu der methodischen Erstellung des Abschlussberichtes für die in den *Kapiteln 1.1 bis 1.8* durchgeführte Konzeptentwicklung erläutert werden. Dieser Abschlussbericht dient in einem Unternehmen als Entscheidungsgrundlage zur detaillierten Ausarbeitung des Optimalkonzeptes (*Kap. 1.9*).

1. Stichpunkte sammeln

Begründung für diesen (häufig umgangenen) Arbeitsschritt ist das im Kopf des Einzelnen oder des Teams zunächst unstrukturierte und unterschiedliche Detailwissen zum durchgeführten Projekt. Es ist leichter, dieses verstreute Wissen zunächst wahllos zusammenzutragen, als strukturiert zu erarbeiten. Für das Sammeln von Stichpunkten bietet sich entweder die *Team-Ideen-Galerie (Kap. 1.1)* oder das „einfach handschriftlich aufschreiben was einem einfällt" an. Letzteres könnte etwa so aussehen (*Abb. 1.10-1*):

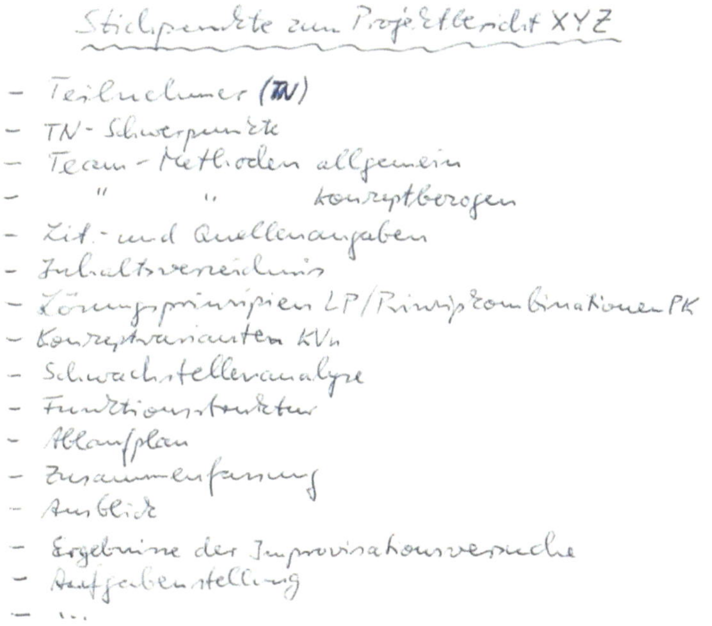

Abb. 1.10-1: Handschriftliches Sammeln von Stichpunkten für einen Projektbericht

Anschließend können die handgeschriebenen Stichpunkte in ein Textverarbeitungsprogramm überführt werden, um es im nächsten Bearbeitungsschritt einfacher weiterverwenden zu können.

2. Stichpunkte strukturieren

Nach Eingabe der Stichpunkte in ein Textverarbeitungsprogramm können die zu ähnlichen Sachgebieten gehörenden Schlagworte zusammengefasst, oder diese neu geordnet bzw. ergänzt werden. *Abb. 1.10-2* zeigt diesen Schritt im Vergleich zu *Abb. 1.10-1* exemplarisch auf.

Strukturieren der Stichpunkte zum Projektbericht XYZ

- Deckblatt erstellen
- Rahmenbedingungen:
    - Teilnehmer (TN)
    - TN-Schwerpunkt
    - …
- Inhaltsverzeichnis
- Zusammenfassung
- Aufgabenstellung
- Durchführungsweise:
    - Team-Methoden allgemein
    - Team-Methoden kompetenzbezogen
    - …

- Ergebniskapitel:
    - Ablaufplan der Funktionen
    - Funktionsstruktur
    - …
    - Lösungsprinzipien LP/ Prinzipkombinationen PK
    - Konzeptvarianten:
    - …
    - Ergebnisse der Improvisationsversuche
    - …

- Schwachstellenanalyse:
    - …
    - Ishikawa-Diagramm
    - …
- Ausblick
- Literatur- und Quellenverzeichnis
- Anhang
- Ideenkiste

Abb. 1.10-2: Strukturieren von Stichpunkten für einen Projektbericht

 Beachte 

Es ist ratsam, bereits in diesem Stadium eine *Mastervorlage für die Berichtsformatierung* zu erstellen (Schriftart, Schriftgröße, Vereinbarungen zu Überschriften, Zeilenabstände etc.). Dies erfolgt wieder am besten durch ein sich freiwillig dazu bereit erklärendes Team-Mitglied. Bei mehreren Autoren ist dies eine unabdingbare Voraussetzung und eine Anwendungspflicht für alle.

Der Stichpunkt *Ideenkiste* dient zur laufenden Auffüllung mit spontanen Ideen der Teilnehmer/ Autoren. Dieser wird sinnvoll in einer Kommunikationsplattform (z. B. Moodle) für alle Teilnehmer zugänglich gemacht. Spontane Ideen, die häufig morgens beim Aufwachen zu Tage treten, erfordern eine spontane Schreibbereitschaft - deswegen schon im Badezimmer *alte Visitenkarten und Kuli bereitlegen*! Die Visitenkarten, deren Rückseiten mit Ideen aller Art beschrieben sind, werden gesammelt, und lassen sich prima für kreative Entwicklungen nutzen.

---

3. Inhaltsreihenfolge festlegen/ 4. Inhalte aus Stichpunkten erarbeiten

Der Schritt *3. Inhaltsreihenfolge festlegen* wird im Allgemeinen mit der Erstellung eines Inhaltsverzeichnisses gleichgesetzt und häufig erst begleitend zur Inhaltserarbeitung *4. Inhalte aus Stichpunkten erarbeiten* angefertigt, wie es die anfängliche Erfahrung bei der Betreuung von hochschul-und industriebezogenen Pflichtarbeiten gezeigt hat. Es ist aber sinnvoll, sich zunächst Punkt 3. zu erarbeiten, und sich dann erst Punkt 4. zu widmen. Im Laufe der Zeit hat sich die nachfolgend dargestellte Vorgehensweise herausgebildet, die das Prinzip der oben erläuterten Selbstähnlichkeit (Fraktale) in weiten Bereichen verwirklicht.

Zunächst ist es sinnvoll, den allgemeinen didaktischen Grundsatz „vom Überblick zum Detail" zu verwirklichen, indem sowohl eine *Inhaltsübersicht* (eine Seite, enthält nur die Überschriften der Hauptkapitel, vgl. *Abb. 1.10-3*), als auch ein daran anschließendes *ausführliches Inhaltsverzeichnis (Abb. 1.10-5)* im Bericht angeordnet wird. Begleitend zur Darstellung von Inhaltsübersicht und Inhaltsverzeichnis werden im Folgenden Informationen zur textlichen/ inhaltlichen Gestaltung wichtiger Kapitel gegeben.

Parallel zu allen Inhaltsarbeiten ist anzuraten, dem Entwurf eines originellen *Deckblatts* Beachtung zu schenken, da dies dem Leser als Erstes ins Auge springt. Ein aussagefähiges Deckblatt enthält den Namen der Hochschule/ Firma/ Institution, die Projektart, das Projektthema, den (die) Autor (-en, in alphabetischer Reihenfolge), das Datum der Berichts-erstellung, sowie ein das Projektergebnis charakterisierendes und visuell schönes Bild oder eine Grafik.

Inhaltsübersicht

                                                                                            Seite

Vorwort   1

Durchführungsbeteiligte   ...
Autorenliste   ...
Zusatzaufgaben   ...
Inhaltsübersicht   ...
Inhaltsverzeichnis   ...
Abkürzungsverzeichnis (optional)   ...

1. Zusammenfassung
2. Einleitung und Aufgabenstellung
3. Grundlagen zur Durchführung
4. Ergebnisse
5. Ausblick zur Umsetzung der Ergebnisse
6. Quellenverzeichnis

Anhang
A1: Folien zur Endpräsentation
A2: Aufgabenstellung
A3: Protokolle und Methodik
A4: Ergebnisse
A5: Sonstiges
A6: Kopien der Literatur

Abb. 1.10-3: Beispiel einer *Inhaltsübersicht*

Die *Inhaltsübersicht* lässt sich in drei Bereiche gliedern:

1. *Vorangestellte Einführungskapitel* mit Vorwort, Durchführungsbeteiligte, Autorenliste, Zusatzaufgaben, Inhaltsübersicht, Inhaltsverzeichnis und evtl. Abkürzungsverzeichnis

2. *Hauptkapitel* mit Zusammenfassung, Einleitung und Aufgabenstellung, Grundlagen zur Durchführung, Ergebnisse, Ausblick zur Umsetzung der Ergebnisse und Quellenverzeichnis

3. *Anhang* mit einer Nummerierung der Anhangskapitel, die der Nummerierung des Hauptteils mit dem Zusatz A entsprechen, um eine leicht erkennbare Zuordnung zwischen Hauptkapiteln und Anhang zu ermöglichen!

Einige Gliederungspunkte erfordern eine besondere Beachtung. Im *1. Bereich (vorangestellte Einführungskapitel)* sind dies Durchführungsbeteiligte, Autorenliste und Zusatzaufgaben. Das Kapitel Durchführungsbeteiligte enthält alle aktiven Projektteilnehmer alphabetisch (!) mit Zu- und Vornamen, sowie mit ihrem Namenskürzel (z. B. Amann Hans (AMA), Befrau Lotte (BFR), usw.).

Die *Autorenliste* wird idealerweise als Matrix dargestellt, wobei die Zeilen den einzelnen Kapiteln des Inhaltsverzeichnisses und die Spalten den einzelnen Teilnehmern zugeordnet werden. Diejenigen Autoren, die das jeweilige Kapitel verantwortet haben, werden im Schnittpunkt von Zeile und Spalte mit einem x oder einem Symbol gekennzeichnet. Wenn es einen Haupt- und Nebenautoren gibt, können die Zeichen der Nebenautoren auch in Klammern gesetzt werden. Damit lassen sich die erstellten Berichtteile eindeutig ihren Verfassern zuordnen (*Abb. 1.10-4*).

3 Grundlagen					
3.7 Lösungsprinzipien zur Erfüllung der Teilfunktionen					
Hauptkapitel	**Unterkapitel**	**Namenskürzel**			
		AMA	BFR	CKI	DMA
...	...		X		
3 Grundlagen zur Durchführung	3.1 Allgemeine Hinweise...	X		X	
	3.2 Black Box				X
	3.3 Anforderungsliste		X		
	3.4 Ablaufplan				X
	...	X		X	
...	...		X		
hochschule mannheim		Konstruktionstechnik Bericht CLEANY Juni 20xx			C.Abel

Abb. 1.10-4: Schematische Darstellung einer Autorenliste

Ein Beispiel für *Zusatzaufgaben* findet sich in *Abb. 1.1-22*. Ein *Abkürzungsverzeichnis* kann häufig entfallen, wenn Abkürzungen unmittelbar im Text erläutert werden.

Der *2. Bereich (Hauptkapitel)* verwirklicht mit seiner Gliederung nahezu vollständig das Prinzip der Selbstähnlichkeit. Die *Zusammenfassung (Kap 1.1)* ist als inhaltlicher Einstieg in den Bericht für den „schnellen Leser" gedacht und genauso gegliedert wie die *Kapitel 1.2 bis 1.5*, ebenso wie die Strukturierung der Einzelkapitel in diesem Buch (vgl. auch *Kap. 1.1*):

Anlass (Ist-Zustand) → 2. Einleitung und Aufgabenstellung?
→ Was war zu tun?

Lösungsansatz (Wege zum Ziel) → 3. Grundlagen zur Durchführung
→ Wie ging man vor?

Ergebnis (Lösungserfolg) → 4. Ergebnisse?
→ Was kam raus?
(nur das Wichtigste, plakativ, einprägsam)

Ausblick (Zukunft) → 5. Ausblick?
→ Wie geht es weiter?

Die *Zusammenfassung* ist damit ein wichtiger Motivator, um beim Leser Interesse für das Durcharbeiten des ganzen Berichtes zu wecken, und sicher der wichtigste Teil einer Dokumentation! Wer also mehrere Monate an einem Projekt gearbeitet hat, sollte sich mehrere Tage Zeit nehmen, um dieses Kapitel zu formulieren.

Im *Quellenverzeichnis* werden dem Leser die Informationsquellen der Autoren mitgeteilt, die nicht der eigenen Gedankenwelt der Berichtsersteller entstammen.

Der *3. Bereich (Anhang)* ist analog wie die Hauptkapitel nummeriert, allerdings mit dem Zusatz **A.** Falls zu einem Hauptkapitel kein zugehöriger Anhang existiert, entfällt die entsprechende Nummerierung.

A1. *Folien zur Endpräsentation* entsprechen dem Kapitel 1. *Zusammenfassung* und können beispielsweise aus PowerPoint mit der Anweisung „Handzettel" mit einer gewünschten Zahl an Folien pro Seite ausgedruckt werden.

A2. *Aufgabenstellung* kann die schriftliche Aufgabenstellung der Hochschule/Firma zum Projekt enthalten.

A3. Der Anhang *Protokolle und Methodik* enthält beispielsweise alle Sitzungsprotokolle und methodische Grundlagenbeschreibungen zur Projektdurchführung.

A4. Im Anhang *Ergebnisse* finden sich alle handschriftlichen Projektresultate und Skizzen.

A5. Entfällt in den meisten Fällen.

A6. *Kopien der Literatur* dienen dazu, zukünftigen Projektnachfolgern die mühsame Beschaffung von Spezialliteratur zu ersparen. Die Kopien werden in der Regel in einem separaten Ordner abgelegt.

Jede Berichtsseite sollte mit einer *Kopfzeile* und einer *Fußzeile* versehen werden. In der *Kopfzeile* stehen die im Text der Seite zu Grunde liegenden Kapitel- und Unterkapitel-Überschriften. Dies ist wichtig, damit ein Leser bei Kapiteltexten die über mehrere Seiten gehen weiß, in welchem Kapitel er sich gerade beim Blättern befindet. Aus diesem Grunde sollte auch die ungerade Seitennummer in der Kopfzeile auf der rechten Seite stehen, und auf der linken Seite bei gerader Seitennummer. Dies ist „umblätterfreundlich" für den Leser. In der *Fußzeile* können z.B. bei wissenschaftlichen Arbeiten links der Name und das Logo einer Hochschule/ Firma stehen, in der Mitte Art und Titel des Berichts (evtl. Kurzfassung) sowie das Veröffentlichungsdatum, und rechts die Namen der Autoren (evtl. Kürzel). Damit ist jeder Seite für sich nach dem Kopieren eindeutig die Quelle zuzuordnen.

Die folgenden Erläuterungen zum *Inhaltsverzeichnis* beschränken sich auf Ergänzungen zur beschriebenen *Inhaltsübersicht*. Mit *Abb. 1.10-5* und *1.10-6* wird die sinnvolle Strukturierung eines *Inhaltsverzeichnisses* gezeigt.

Inhaltsverzeichnis

OK

Abb. 1.10-5: „Selbstähnliche" Strukturierung eines Inhalts**verzeichnis**ses, mit zusätzlicher Angabe der verantwortlichen Autoren für die Teilkapitel – Teil A

Anhang

Hinweis: Die Nummerierung des Anhangs entspricht der Nummerierung des Hauptteils mit dem Zusatz A, um eine leichtere Zuordnung zwischen Hauptteil und Anhang für den Leser zu ermöglichen!

A1 Folien zur Abschlusspräsentation

A2 Aufgabenstellung

A3 Protokolle und Methoden

A4 Ergebnisse

A4.3   Anhang zur Anforderungsliste
A4.9   Anhang zu Konzeptvarianten KV.. bis KV..
A4.10   Anhang zur Schwachstellenanalyse KV.. bis KV..
A4.11   Anhang zur Technisch-Wirtschaftlich-Ökologischen Bewertung

A6 Kopien der Literatur

Abb. 1.10-6: „Selbstähnliche" Strukturierung eines Inhalts**verzeichnis**ses, mit zusätzlicher Angabe der verantwortlichen Autoren für die Teilkapitel – Teil B

 **Beachte** 

Bei Team-Projekten ist es sinnvoll, gleich zu Beginn ein solches *Inhaltsverzeichnis* zu erstellen, und die Teilnehmer auf freiwilliger Basis sich ein zu verantwortendes Kapitel aussuchen zu lassen. Am besten immer gleich zwei Bearbeiter pro Kapitel vorsehen; erstens, weil Team-Ergebnisse eine doppelte Gedankenwelt beinhalten, und zweitens, um krankheitsbedingte Ausfälle zu kompensieren.

Ebenfalls ist es sinnvoll, gleich zu Beginn und begleitend zur Kapitelbearbeitung ein Quellenverzeichnis zu erstellen und die Quellenhinweise im Text sofort einzubinden. Es zeigt sich nämlich immer wieder, dass Textpassagen oder Abbildungen nach einiger Zeit nicht mehr einer Quelle zugeordnet werden können (besonders bei Internetrecherchen und Webseiten in der Quellenangabe). Als Vorlage kann das in diesem Buch verwendete System dienen. Das Wesentliche hierzu ist in *Abb. 1.10-7* zusammengefasst.

Hinweise zu Quellenangaben (beispielhaft zu Team-Projekt)

...

3.1 Allgemeine Hinweise zu Projektorganisation und –methode

- ...
- **Quellenangaben in Technischen Dokumentationen**

In diesem Projektbericht sind folgende Dinge zu beachten:

→ Alles was nicht vom Textersteller erdacht wurde, oder allgemeines Wissen ist, **muss** „im betreffenden **Text, Bild, Abb. ...** durch eine **Quellenangabe** [EME 08] gekennzeichnet sein". Bei wörtlicher Zitierung entweder in **„Anführungszeichen"** oder in ***Kursivschrift.*** Zitierweise s. vorstehend!

→ Auch *persönliche Anregungen, Ideen ...* [MEY 08] sind als solche zu kennzeichnen.

→ Jeder Teil-Autor ist für seinen Berichtsteil verantwortlich, d. h. er hat die Quellen in seinem Textteil selbst einzufügen und die komplette Quellenangabe gemäß untenstehenden Beispielen an den „Quellen-Verantwortlichen NN" weiterzuleiten!
...

6. Literatur- und Quellenverzeichnis

[EME 08]   Entwicklungsmethodik EME, Hochschule Mannheim, Fak. Verfahrenstechnik, Vorlesung Prof. Dr. K.-J. Peschges, SS 2008, Projektbericht „Energie aus dem Meer (ME)", S.27-34

[GOR 61]   Gordon, William J. J.: Synectics: The Development Of Creative Capacity, Harper and Brothers, New York 1961

[MEY 08]   Meyer, Bernd: Persönliche Mitteilung, Firma Musterbau, Weinheim, 15.Mai 2008

[PAH 13]   G. Pahl, W. Beitz: "Konstruktionslehre", Springer Verlag, 6. Auflage,2013

[WIK 08.1]   http://de.wikipedia.org/wiki/Synektik, Zugriff 7. Mai 2008

[WIK 08.2]   http://de.wikipedia.org/wiki/Bionik, Zugriff 8. Mai 2008

Abb. 1.10-7: Beispiel für Quellenangaben in technischen Projektberichten

Falls es sich bei einem Projektbericht um eine **experimentelle Labor- oder Versuchsarbeit** handelt, werden im Kap. 3. *Grundlagen zur Durchführung*, die Vorgehensweise beim Experimentieren, der Versuchsaufbau, die Messgeräte, die Auswertungsgrundlagen etc. in

Unterkapiteln beschrieben. In Kap. 4. *Ergebnisse*, werden anschließend die einzelnen Versuchsabläufe mit Zwischen- und Endergebnissen dargestellt (möglichst in Diagrammen), die Auswertungsresultate mitgeteilt und die wichtigsten Ergebnisse als *„Fazit"* kurz zusammengefasst. Durch das Fazit wird das Verinnerlichen der Ergebnisse für den Leser einprägsamer und ausgezeichnet nutzbar für die spätere *Zusammenfassung* (Kap. 1.). Alle Messprotokolle, Tabellen, umfangreiche Auswertungen etc. finden ihren Platz im *Anhang A4*, der nur bei Bedarf für den Leser interessant ist.

Für *Rechercheberichte* und *Berichte zu allgemeinen Themen* sind die Kap. 3. und Kap. 4. durch passende Unterkapitelbenennungen zu erstellen.

Die Beschränkung auf vier Hauptkapitel und die analoge Strukturierung der vorangestellten Zusammenfassung, erleichtert einem Leser die auf dem Prinzip der „Selbstähnlichkeit" beruhende Wiedererkennbarkeit von *Überblick* und *Detail* für alle so erstellte Berichtsarten.

5. Dokumentation vervollständigen

Es ist ärgerlich für den Leser, wenn Texte in Berichten häufig fehlerbehaftet sind oder sich die gleichen Textbausteine in mehreren Kapiteln wiederfinden - und das oft mit den gleichen Fehlern. Das Erstgenannte lässt sich durch Beachtung der Grammatik-Hinweise des Textverarbeitungsprogramms einigermaßen kompensieren. Auf die Anwendung der Kopierfunktion auf ganze Textpassagen sollte man als Autor besser verzichten.
Auf die Bedeutung einer visuell ansprechenden Gestaltung des Deckblatts wurde bereits hingewiesen - das Auge entscheidet mit bei ↑ oder ↓!

Es soll der Vollständigkeit halber nicht unerwähnt bleiben, dass die 5-Schritt-Vorgehensweise, die für die komplette Projektdokumentation angewendet wird, prinzipiell auch für die Erarbeitung jedes einzelnen Kapitels eingesetzt werden kann. Dies beruht auf dem Prinzip der Selbstähnlichkeit.

Ausblick (Zukunft)

Dokumentation und Präsentation von Projektergebnissen sind in diesem Buch vorwiegend für die Erfordernisse einer Hochschulausbildung dargestellt worden. Jedoch sind sie nutzbar für alle Studiengänge, da fast ausschließlich allgemein gültige Methoden und Skills benutzt wurden. Ein besonderer Vorteil für die logische Ergebnisvermittlung liegt in der Verwendung von *selbstähnlichen Strukturierungen*. Natürlich ist das Beschriebene auch für Projekte in anderen Bereichen nutzbar, wie z. B. in der Industrie, im Vereinsleben oder in politischen Gremien. Doch nicht nur für große Projekte kann eine strukturierte Dokumentation von Vorteil sein, sondern auch für „kleinste Aufgaben", wie das folgende Beispiel zeigen soll:

Die Sekretärin des Rektors einer Hochschule soll kurzfristig zu einem wichtigen Gespräch fünf Teilnehmer einladen, die von unterschiedlicher Bedeutung für das Thema sind. Der Rektor schlägt drei Termine zur Auswahl vor, und nennt die fünf Namen. Statt die Namen nur aufzuschreiben und z. B. in alphabetischer oder willkürlicher Reihenfolge die gewünschten Teilnehmer anzurufen, erstellt die Sekretärin eine strukturierte Liste, die einen wirkungsvollen „Morphologischen Kasten" darstellt (Abb. 1.10-8).

Termine Teilnehmer		12. April 9:00 – 11:00 Uhr	14.April 10:00 – 12:00 Uhr	17.April 14:00 – 16:00 Uhr
Abel	Tel. 12345	–	v	v
Bebel	Tel. 23456	v	–	v
Cebel	Tel. 34567	–	–	v
Debel	Tel. 45678	–	?	v
Ebel	Tel. 56789	v	–	–

Abb. 1.10-8: Telefonanruf-Ergebnis für kurzfristig anberaumten Gesprächstermin. (Teilnehmer nach Wichtigkeit für das Thema geordnet A → E, v = kann, ? = fraglich, - = kann nicht → Termin 17. April festmachen)

Da es unwahrscheinlich ist, dass bei kurzfristig anberaumten Gesprächsterminen alle Teilnehmer verfügbar sind, es aber häufig auf die für das Thema wichtigsten Personen ankommt, müssen diese in ihrer Bedeutungs-Reihenfolge A → E um Zustimmung gebeten werden. Die tabellarische Struktur erleichtert die systematische Terminfestlegung erheblich (Tabelle nach [GRA 90]).

Das Vorstehende soll zeigen, dass es sich auch bei kleinen Aufgaben lohnt, methodisch und strukturiert „Dokumentationen" zu erstellen bzw. immer nach möglichen Verbesserungen für die tägliche Arbeit zu suchen. Im Team und mit einer kurzen *Team-Ideen-Galerie* (vgl. *Kap. 1.1*) geht das effizient und effektiv.

Wer nicht im konstruktiven oder im industriellen Bereich arbeitet, sondern sich mit allgemeinen Problemstellungen beschäftigen muss, wird unter Umständen mit den in *Abb. V3-1* beschriebenen Methoden zur Durchführung der „7 Schritte des fraktalen Projektmanagements" einfacher zurechtkommen. Das Wichtigste sind vielleicht noch nicht einmal die konsequent durchgearbeiteten Arbeitsschritte, sondern die praktische Kenntnis der Teammethoden. Diese lassen sich isoliert auch für kleinere Aufgaben geschickt für optimale Lösungen einsetzen!

Fazit

Anlass (IST-Zustand)	Wie lässt sich eine gute Dokumentation und Präsentation gestalten
Lösungsansatz (Wege zum Ziel)	Inhalte im Überblick und im Detail selbstähnlich und logisch strukturieren
Ergebnis (Lösungserfolge)	Vom Einfachen (Stichpunkte) zum Komplexen (Dokument) arbeiten. Stärken der Team-Teilnehmer fördern und loben
Ausblick (Zukunft)	„Mach´ aus allem Wichtigen ein Projekt" – möglichst im Team

2 Konzeptentwicklung zum Öffnen einer Kokosnuss (KOKÖ)

Ergänzend zu der in *Kap. 1* vollständig dargestellten Methodenbegründung und -anwendung für eine vorwiegend konstruktive Aufgabenstellung wird jetzt ein auf den ersten Blick ebenfalls konstruktives Beispiel behandelt: "Wie lässt sich eine Kokosnuss öffnen?". Wie es zu dieser Fragestellung kam und welche überraschenden Lösungsvorschläge erarbeitet wurden, zeigen die folgenden Erläuterungen. Auch finden wieder die wichtigsten Handlungsziele ihre methodische Anwendung, wie z. B. „Vielfalt statt Einfalt", „Ideenfixation vermeiden", „hierarchiefreies Arbeiten", „basisdemokratische Entscheidungen", „optimal statt schnell", usw., die bei allen 10 Teilschritten zu berücksichtigen sind.

 Beachte 

Kap. 1 bildet die Basis dieses Buches und enthält viele nützliche Zusatztipps/ -informationen, die in *Kap. 2* nicht erwähnt werden. Diese sind in Form eines solchen Kastens in den entsprechenden gekennzeichneten Kapiteln (z. B. wenn Sie gerade *Kap. 2.*3 bearbeiten, finden Sie die Zusatzinformationen in *Kap. 1.3)* und fördern ein tieferes Verständnis des Inhalts oder beinhalten kleine, hilfreiche Tipps, die eine Umsetzung bzw. den Projektablauf erleichtern.

2.1 Methodisch Teamarbeit organisieren bei KOKÖ (METEOR)

*„Im Wintersemester besuchten 16 Studierende des 7./ 8. Semesters der Hochschule Mannheim, Fakultät Verfahrenstechnik, die Vorlesung „Konstruktionsmethodik" (KME) [PES 05]. Das Ziel dieser Vorlesung war, den Studierenden neben den allgemeinen bekannten, klassischen Projektmethoden, die Möglichkeit vorzuführen, wie es auch anders gehen kann. Die in KME vorgestellte methodische Konzeptentwicklung basiert auf der Ausnutzung der unterschiedlichen Erfahrungen, Eindrücke und Denkweisen **aller** an dem Projekt Beteiligten; so wird das vorhandene „Potential" größtmöglich ausgenutzt. Diese Art der Konzeptentwicklung bietet die Möglichkeit, sich nicht nur auf schon Vorhandenes zu fixieren, sondern ermutigt, neue Wege einzuschlagen, und sie bietet jedem die Chance, seine eigenen Ideen und seine eigene Meinung einzubringen. So sollten die Kursteilnehmer anhand eines selbst zu wählenden Projektes diese Art, an eine konstruktive Aufgabe heranzugehen, umsetzen"* (Zitat aus dem studentischen Vorwort des Projektberichtes KOKÖ).

Wie bereits in *Kap. 1* erläutert, erfordert die erfolgreiche Organisation einer Teamarbeit, dass möglichst alle Ablaufschritte methodisch zu unterstützen sind. Die *wichtigsten Teilprobleme* und eingesetzten Hilfsmittel/ Methoden werden deshalb analog zu *Kap. 1.1* bearbeitet, allerdings hier nur ergänzend ausführlich dargestellt:

1. Kennenlernen?   → Namensschilder, Vorstellung

2. Projektthema?   → Team-Ideen-Galerie, Team-Entscheidung

3. Projektprotokolle?   → Formular, EDV-Unterstützung, Kamera

4. Projektplanung/ -management? → Arbeitspaket-Zeitplan (strategisch)
                                     → To-Do-Tafel (operativ)

5. Persönliche Stärken nutzbar?   → Spezialaufgaben verteilen (Formular)

6. Sonstiges?   → Aktuelles/ Unvorhergesehenes/ Ergänzendes...

1. Kennenlernen?

Das Kennenlernen erfolgt analog zu *Kap. 1.1*.

2. Projektthema?

Bei analoger Vorgehensweise wie in *Kap. 1.1* (Team-Ideen-Galerie, Team-Entscheidung, ...) lassen sich die Ergebnisse der *Phasen 1-5* folgendermaßen zusammenfassen:

In fünf Minuten eines üblichen „Brainstormings" ergaben sich drei Vorschläge, von denen trotz ausführlicher Diskussion, keiner favorisiert wurde. Demgegenüber lieferte die Team-Ideen-Galerie, bei auf zwei pro TN gedeckelten Vorschlagskarten und ebenfalls in fünf Minuten stiller Parallelarbeit, 28 Ideen.

Beispielsweise:

Iso-Flasche mit Temperaturregelung, optimierter Skiträger, optimiertes Bügelbrett, harmonischer Wecker, Bettdecke-Wegzieh-Mechanismus, variabler Pilzsammelbehälter, tragbare Kaffeemaschine, Haftvermittler für Galerie-Karten,... und *Kokosnussöffner* (der es ermöglichen soll, eine Kokosnuss mit äußerer Schale, einfach ohne großen Aufwand zu öffnen).

Der letztgenannte Vorschlag wurde im vierten Wahldurchgang mit 13 von insgesamt 16 Stimmpunkten deutlich favorisiert (s. *Abb. 2.1-1*).

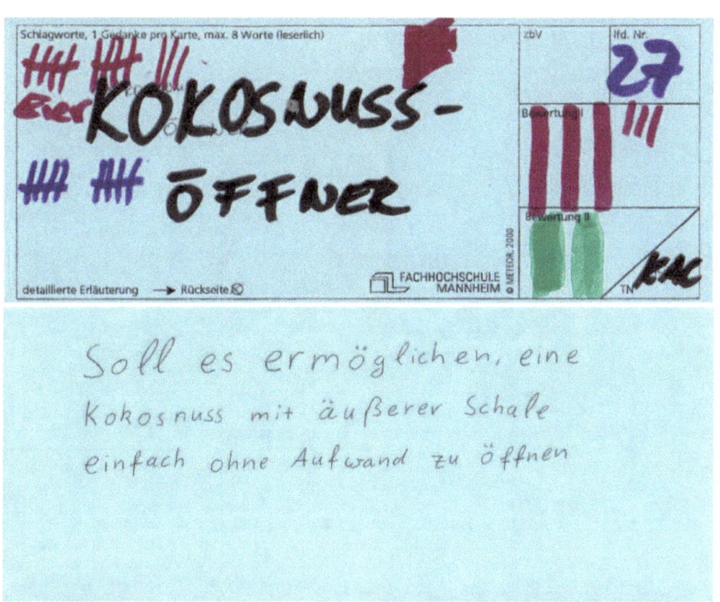

Abb. 2.1-1: Favorisierte Galeriekarte mit der Projekt-Idee „Kokosnuss-Öffner"

Als Kurzbezeichnung wurde aus verschiedenen Vorschlägen KOKÖ gewählt.

3. Projektprotokolle?

Auch bei KOKÖ wurden *Projektprotokolle* und *Protokoll-Ergänzungen* erstellt. Allerdings handschriftlich auf Protokoll-Formularen, die mittels Overhead-Projektor für alle TN sitzungsbegleitend sichtbar waren (s. *Abb. 2.1-2*). Die Protokoll-Ergänzungen konnten die Teilnehmer auf einem heute nicht mehr gebräuchlichen elektronischen Whiteboard verfolgen (aktuelle, bessere Lösung ist zum Beispiel ein SMART Board™). Eine *Videokamera* wurde hingegen nicht verwendet.

Abb. 2.1-2: Beispiel für ein handschriftliches Projektprotokoll KOKÖ

Eine Teilnehmerin des KOKÖ-Projektes (Kristine Schmitt) erstellte für sich begleitend zur Veranstaltung „Cartoon-Protokolle". Einige davon finden sich in den Kapiteln an passenden Stellen wieder. Hier beispielhaft dargestellt in Abb. 2.1-3 und Abb. 2.1-4.

Abb. 2.1-3: *Affi KoKö* hat eine Projektidee (Cartoon nach Kristine Pretzsch-Schmitt)

Abb. 2.1-4: Ice Age-Figur „Scratch" besinnt sich auf „Konstruktionsmethodik" (= KME) (Cartoon nach Kristine Pretzsch-Schmitt)

4. Projektplanung/ -management?

Die Projektplanung bzw. das Projektmanagement erfolgt analog zu *Kap. 1.1*.

Auch bei KOKÖ wurde eine einfache und überall (selbst ohne EDV) anwendbare Projektplanung und -verfolgung eingesetzt, wie sie in *Kap. 1.1* beschrieben ist. Die dort dargestellte *strategische* Projektplanung mittels *Arbeitspaket-Zeitplan* und die *operative* Projektverfolgung durch Verwendung einer *To-Do-Tafel*, lassen sich analog auf KOKÖ übertragen.

5. Persönliche Stärken nutzbar?

Ebenso wie in *Kap. 1.1* sind für KOKÖ die Liste der Sonderaufgaben für TN hilfreich.

→ stärkenorientiert und auf freiwilliger Basis.

Das „kandidatenlose Wahlverfahren" zur Ermittlung des Team-Moderators und dessen Stellvertreters ist auch bei KOKÖ eingesetzt worden.

6. Sonstiges?

Die wichtigsten Methoden und Hilfsmittel/ Skills für eine erfolgreiche Teamarbeit werden analog zu *Kap. 1.1* bearbeitet.

2.2 Hauptfunktionen von KOKÖ allgemein festlegen (BLACK BOX)

Vorschnell handeln mit fixen Ideen kann schmerzen (Abb. 2.2-1)!

Abb. 2.2-1: KOKÖ-Cartoon und „Ideen-Fixation" (von Kristine Pretzsch-Schmitt)

Die vom KOKÖ-Team erstellte Black Box ist in Abb. 2.2-2 dargestellt.

In diesem Fall lautet die Gesamtfunktion „Kokosnuss öffnen".

Der **Stoffumsatz** lässt sich am Eingang E als „Kokosnuss geschlossen" und „Hilfsstoffe" (z. B. Hammer, Meißel...) beschreiben. Am Ausgang A werden die separierten Stoffe „Schale, Mark, Milch, Rinde" und die „Reststoffe" (z. B. Haare der Schale) vorliegen.

Der **Energieumsatz** ist hier nur abstrakt mit Energiezufuhr (bei E) und Energieabfuhr (bei A) dargestellt.

Als **Signalumsatz** sind am Eingang E die Signale „Kokosnuss vorhanden" und „Kokosnuss geschlossen" verfügbar. Am Ausgang A werden die Signale „Bestandteile getrennt" als erwünschte Wirkung von KOKÖ, sowie „Fehlermeldung" und „Not-Aus" bei Störung oder Gefahr vorgesehen.

Die *Zusatzforderungen Z* (auf das zu entwickelte Produkt bezogen) werden im nachfolgenden *Kap. 2.3* als **Anforderungsliste** ermittelt. Dazu werden beispielsweise Anforderungen zum KOKÖ-Gerät, wie Herstellungskosten, Gewicht, Montage, etc. genauer zu bestimmen sein.

Abb. 2.2-2: Black Box für KOKÖ

2.3 Anforderungsliste zum Öffnen einer Kokosnuss (ANFOLI)

Analog zu *Kap. 1.3* erfolgte die Erstellung der ANFOLI mittels der Leitlinie von *Abb. 1.3-1* und dem *Team-Ideenkreisel*. Exemplarisch ist hier mit *Abb. 2.3-1* das Hauptmerkmal „Stoff" mit den zugehörigen Anforderungen dargestellt. Die Kurzfassung der kompletten ANFOLI ist in *Abb. 2.3-2* dargestellt.

F = Festforderungen M = Mindestforderungen W = Wünsche	Anforderungsliste für **KOKÖ**		Datum: 09.11.20xx	
Hauptmerkmal: **Stoff**　TN:**(MUL)**				
Eigenschaften Eingangsgrößen **E**		Zusätzliche Forderungen **Z**		Eigenschaften Ausgangsgrößen **A**
F	Eingangsstoff unverändert	F	Alle Stoffe von KOKÖ nach Nahrungsmittelgesetz	F	Ausgangsstoff unverändert (keine Geschmacksveränderung)
		W	Recycelte bzw. Nachwachsende Werkstoffe/Rohstoffe verwenden	W	Rest- und Hilfsstoffe wiederverwendbar
		W	Alle Werkstoffe recycelorientiert (VDI R. 2243)	F	Reststoffe aus KOKÖ entfernbar

Abb. 2.3-1: Teil einer Anforderungsliste für das Hauptmerkmal Stoff (KOKÖ)

Kurzfassung ANFOLI für KOKÖ (nach [PES 04])

Nach erfolgreich durchlaufenem Ideenkreisel wurden folgende Kriterien für den KOKÖ als immanent wichtig deklariert: **Sicherheit** und **Ergonomie** bei gleichzeitig hohem Wirkungsgrad unter Berücksichtigung des Umweltschutzes bezogen auf eine definierte **Lebenszeit von 500 Stunden** unter Berücksichtigung einer konventionellen Herstellungsweise.

Als maximale mögliche **Baugröße** wurden $L \cdot B \cdot H$ mit $300 \cdot 300 \cdot 300 \, mm$ definiert, bei einem zulässigen **Gesamtgewicht** von max. $10 \, kg$. Da es sich hier um ein Produkt für Lebensmittel handelt müssen alle produktberührten Teile nach **den Richtlinien der BG Nahrungsmittel** konform gestaltet und ausgeführt werden.

Ebenso müssen alle nationalen sowie internationalen Sicherheitsvorschriften und Konformitätserklärungen (**ISO, ASME, CE** etc.) unbedingt erfüllt werden, hierunter fällt auch die offensichtliche **Anzeige des Betriebszustandes** des KOKÖ (Störung, Wartung, Betriebsbereitschaft), um eine sichere Handhabung zu gewährleisten.

Des Weiteren wurde für die inhärente Sicherheit eine **minimale Altersgrenze für den/ die Benutzer/ Wartung von 10 Jahren** festgelegt, außerdem soll der Kokosnussöffner im **Batchbetrieb** gefahren werden, d. h. eine Nuss nach der anderen muss sicher geöffnet werden.

Bei einem möglichen Bausatz soll eine **leichte Montage/ Demontage gewährleistet** sein; es ist jedoch anzustreben ein Komplett-Produkt zu entwickeln.

Der KOKÖ soll mobil auch ohne einen speziellen Behälter transportierbar sein und mit seiner **eindeutigen Nutzung** durch seine gegliederte Funktionsstruktur überzeugen, bei **Herstellungskosten von bis zu 20 €** und bei **Betriebskosten von bis zu 0,05 €/ 20 g Nüsse.**

Abb. 2.3-2: Kurzfassung der Anforderungsliste für KOKÖ

2.4 Ablaufplan der Teilfunktionen von KOKÖ erarbeiten (FUTURE)

Mithilfe einer Black Box (Funktionskasten, Schwarzer Kasten) lässt sich jedes Projektthema in abstrakter Darstellung zusammenfassen, um dadurch die in der Problembeschreibung aufgezeigten Nachteile zu vermeiden. Für KOKÖ wurde eine analoge Vorgehensweise wie beim CLEANY-Beispiel angewendet, was zu folgenden Ergebnissen führte.

Zeitlichen Ablauf aller Teilfunktionen ermitteln (Ablaufplan)

Sie erinnern sich wahrscheinlich daran, als Sie das erste Mal mit den im Haushalt oder der Kellerwerkstatt vorhandenen Gerätschaften eine Kokosnuss öffnen wollten. Entweder wenden Sie mit dieser Kenntnis das Roboterprinzip an, um den Ablaufplan für den Stoffumsatz zu erstellen, oder Sie führen diese Prozedur noch einmal durch (Vorsicht Verletzungsgefahr!). Ein mögliches Ergebnis ist in *Abb. 2.4-1* gezeigt.

Stoffumsatz-Teilfunktion Nr.	„Roboter"-Schritte für „Kokosnuss von Hand öffnen"	Stoffumsatz-Teilfunktionen (abstrakt)
1	Säge, Hammer, Meißel, Messer, etc. bereitstellen	Hilfsstoff zuführen
2	Kokosnuss auf dem Küchentisch platzieren	Kokosnuss positionieren
3	Kokosnuss festhalten	Kokosnuss fixieren
4	Mindestens 2 „Augen" der Kokosnuss durchstechen	Drainage ermöglichen
5	Kokosnuss mit den geöffneten Augen nach unten drehen	Milch ausleiten
6	„Milch" in einem Becher auffangen	Milch sammeln
7	Kokosnuss in der Mitte durchsägen, an verschiedenen Stellen des Umfangs hämmern ... bis zum Bruch	Kokosnuss öffnen
8	Mark mit Haut von der Nussschale mit einem Messer oder Schraubendreher trennen	Mark/ Haut lösen
9	Braune Haut von weißem Mark mit einem Messer abschälen	Haut abtrennen
10	Braune Haut, Nussschale und Fasern (= Reststoffe) getrennt von Kokosmark platzieren	Bestandteile separieren
11	Reststoffe in Bio-Abfallgefäß geben, Milch und Mark in geeigneten Behältern aufbewahren	Bestandteile sammeln
12	Säge, Hammer, Meißel, Messer... an Aufbewahrungsort zurückbringen	Hilfsstoffe abführen
13	Bio-Abfall in Biotonne schütten	Reststoffe abführen

Abb. 2.4-1: Ergebnis der Robotersimulation und Teilfunktionen (Stoffumsatz) zur Erstellung des Funktionsablaufplans für KOKÖ

Mit den Funktionsergänzungen für Energie- und Signalumsatz lässt sich daraus der komplette Funktionsablaufplan erzeugen (*Abb. 2.4-2*).

Stoff (HUA)		**Energie (NUA)**		**Signal (NUA)**	
St-1	Hilfsstoffe zuführen	En-1	Transportenergie zuführen	Si-1a	Hilfsstoffe vorhanden
				Si-1b	Hilfsstoffe zugeführt
St-2	Kokosnuss positionieren	En-2	Positionierungs- energie zuführen	Si-2a	Kokosnuss positionierbar
				Si-2b	Kokosnuss positioniert
St-3	Kokosnuss fixieren	En-3	Fixierungsenergie zuführen	Si-3a	Kokosnuss fixierbereit
				Si-3b	Kokosnuss fixiert
St-4	Drainage ermöglichen	En-4	Drainageenergie zuführen		
				Si-4b	Drainage vorhanden
St-5	Milch ausleiten	En-5	Transportenergie zuführen	Si-5a	Milch ausleitungsbereit
				Si-5b	Milch ausgeleitet
St-6	Milch sammeln	En-6	Speicherenergie zuführen	Si-6a	Milch sammelfähig
				Si-6b	Milch gesammelt
St-7	**Kokosnuss öffnen**	En-7	Öffnungsenergie zuführen		
				Si-7b	Kokosnuss geöffnet
St-8	Mark/ Haut lösen	En-8	Trennungsenergie zuführen	Si-8a	Mark/ Haut ablöse- bereit
				Si-8b	Mark/ Haut abgelöst
St-9	Haut abtrennen	En-9	Trennungsenergie zuführen	Si-9a	Haut abtrennbereit
				Si-9b	Haut abgetrennt
St-10	Bestandteile separieren	En-10	Transportenergie zuführen	Si-10a	Bestandteile separierbar
				Si-10b	Bestandteile separiert
St-11	Bestandteile sammeln	En-11	Speicherenergie zuführen		
				Si-11b	Bestandteile gesammelt
St-12	Hilfsstoffe abführen	En-12	Transportenergie zuführen	Si-12a	Hilfsstoffe abführbereit
				Si-12b	Hilfsstoffe abgeführt
St-13	Reststoffe abführen	En-13	Transportenergie zuführen	Si-13a	Reststoffe abführbereit
				Si-13b	Reststoffe abgeführt
				Si-14	Not-Aus
HUA = Hauptumsatzart, NUA = Nebenumsatzart, **fett** = Hauptfunktion (St-7)					

Abb. 2.4-2: Ablaufplan der Funktionen für KOKÖ

Ablaufplan als Funktionsstruktur darstellen

Aus der Umwandlung des Ablaufplans in ein Blockschaltbild (Teil-Black-Boxen für die Teilfunktionen) erhält man die in *Abb. 2.4-3* gezeigte Grundfunktionsstruktur.

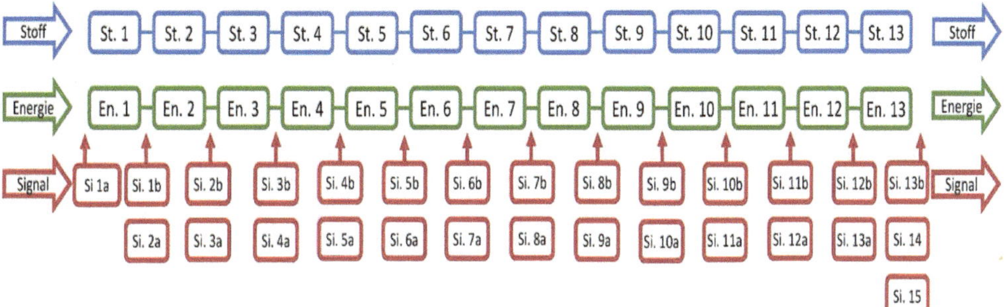

Legende

Stoff		Energie		Signal	
St 1	Hilfsstoff zuführen	En 1	Transportenergie zuführen	Si 1a	Bereitstellen Energie starten
St 2	Kokosnuss positionieren	En 2	Positionierungsenergie zuführen	Si 1b	Transportenergie starten
St 3	Kokosnuss fixieren	En 3	Fixierungsenergie zuführen	Si 2a	Positionierungsenergie starten
St 4	Drainage ermöglichen	En 4	Drainageenergie zuführen	Si 2b	Transportenergie starten
St 5	Milch ausleiten	En 5	Transportenergie zuführen	Si 3a	Positionierungsenergie starten
St 6	Milch sammeln	En 6	Speicherenergie zuführen	Si 3b	Trennvorgang starten
St 7	Kokosnuss öffnen	En 7	Öffnungsenergie zuführen	Si 4a	Trennvorgang starten
St 8	Mark/Haut lösen	En 8	Trennungsenergie zuführen	Si 4b	Fixieren starten
St 9	Haut abtrennen	En 9	Trennungsenergie zuführen	Si 5a	Milchausleitung bereit
St 10	Bestandteile separieren	En 10	Transportenergie zuführen	Si 5b	Milch ausgeleitet
St 11	Bestandteile sammeln	En 11	Speicherenergie zuführen	Si 6a	Milch sammelfähig
St 12	Hilfsstoffe abführen	En 12	Transportenergie zuführen	Si 6b	Milch gesammelt
St 13	Reststoffe abführen	En 13	Transportenergie zuführen	Si 7a	Kokosnuss öffnungsbereit
				Si 7b	Kokosnuss geöffnet
				Si 8a	Mark/Haut ablösebereit
				Si 8b	Mark/Haut abgelöst
				Si 9a	Haut abtrennbereit
				Si 9b	Haut abgetrennt
				Si 10a	Bestandteile separierbar
				Si 10b	Bestandteile separiert
				Si 11a	Bestandteile sammelfähig
				Si 11b	Bestandteile gesammelt
				Si 12a	Hilfsstoffe abführbereit
				Si 12b	Hilfsstoffe abgeführt
				Si 13a	Reststoffe abführbereit
				Si 13b	Reststoffe abgeführt
				Si 14	Störmeldung veranlassen
				Si 15	Not- Aus

Abb. 2.4-3: Grundfunktionsstruktur für KOKÖ als Blockschaltbild

Variationen der Funktionsstruktur, um die optimale Funktionsstruktur zu ermitteln

Mit den Voraussetzungen zur Variation der Grundfunktionsstruktur, die bei CLEANY in *Kap. 1.4* näher beschrieben sind, erhält man für KOKÖ das in *Abb. 2.4-4* gezeigte Ergebnis. Ausgehend von dem erarbeiteten Ablaufplan (*Abb. 2.4-1*) und der Grundfunktionsstruktur (*Abb. 2.4-3*) wurden logische und mit der Anforderungsliste verträgliche Variationen der Funktionsstruktur entwickelt und in *Abb. 2.4-4* und *Abb. 2.4-5* dargestellt.

Varianten-merkmal	Funktions-struktur	Skizze	Wirkung
	G	(s. *Abb. 2.4-3*) $(-4-5-6-7-)$	s. Anfoli
1. **R**eihenfolge ändern	R1	$7-4-5-6$	Hilfsstoff nicht zur Fixierung notwendig
	R2	Gemäß G: $(1-2-3)$ Variante: $2-3-1$	Öffnen = Drainage $\rightarrow$ schneller
	R3	$(-10-11-12-13-)$ $12-13-11-10$	- schneller - preiswerter
2. **M**ehrfach-anordnung (redundant)	M1	$(-3-)$ $-3a-3b-$	$\rightarrow$ sicherer! (Fixierung besser, falls prinzip-verschieden)
	M2	$(-7-)$ $-7a-7b-$	$\rightarrow$ sicherer! (KOKÖ-Öffnung besser, falls prinzipverschieden)
	M3	$(-10-)$ $-10a-10b-$	$\rightarrow$ sicherer! (Separierung besser, falls prinzipverschieden)
3. **S**chaltungsart ändern (Reihe $\leftrightarrow$ parallel)	S1	$(1-2-3)$	$\rightarrow$ schneller
	S2	$(4-5-6)$	$\rightarrow$ schneller
	S3	$(-10-11-)$	$\rightarrow$ schneller

Abb. 2.4-4: Funktionsstruktur-Varianten und –Wirkungen für KOKÖ aufgrund verschiedener Variationsmerkmale ermittelt

Variantenmerkmal	Funktionsstruktur	Skizze	Wirkung
3. **S**chaltungsart ändern (Reihe ↔ parallel)	S4	$(-12-13-)$ 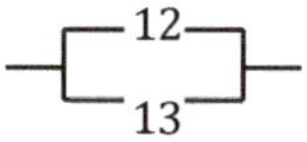 12 13	→ schneller
	S5	$(-4-5-6-7-)$ 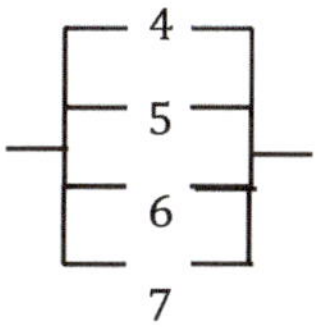 4 5 6 7	→ schneller
	S6	$(-7-8-9-10-)$ 7— 8—9 10 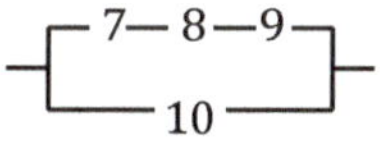	→ schneller → erfolgreicher
4. **S**teuerung ↔ **R**egelung (z.B. Thermostat/ Ventil bei Heizung)	SR1	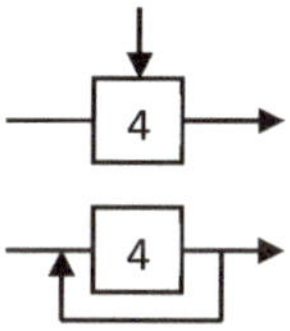 4 4	optimierte Drainage
5. **K**ombinationen von 1. bis 4.	K1	$(1-2-3-4-)$ 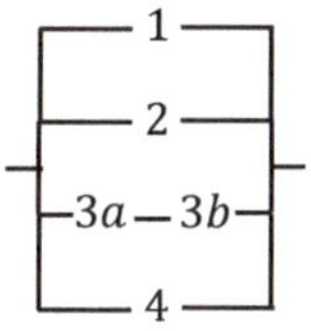 1 2 3a—3b 4	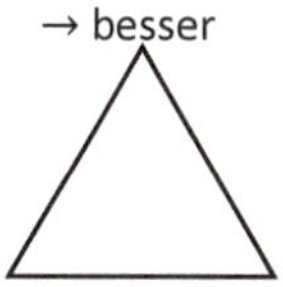 Strategie-Tripol → besser → schneller　　→ preiswerter aber beachte: KME-Grundregel  eindeutig? einfach?　　sicher?
	K1	$(-4-5-6-7-)$ 4—5— 6— 7 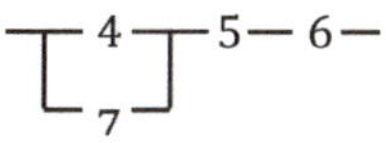	eingesparter Arbeitsschritt → schneller → preiswerter

Abb. 2.4-5: Fortsetzung der Variationen der KOKÖ-Funktionsstruktur (Stoffumsatz) und optimale Variante G (Teilfunktionsnummern vgl. *Abb. 2.4-3*)

Die abschließende Abstimmung zur Variation der Grundfunktionsstruktur ergab, dass die vorliegende Grundfunktionsstruktur das Optimum darstellt. Bei Bedarf können jedoch die Variationsmerkmale M2, S5 und S6, einzeln oder auch in Kombination, in die Grundstruktur eingefügt werden.

2.5 Lösungsprinzipien und sinnvolle Prinzipkombinationen von KOKÖ (LP + PK)

Der Ideensuche beim Öffnen einer Kokosnuss sind offenbar keine Grenzen im Weltraum gesetzt, wie es *Abb. 2.5-1* zeigt!

Abb. 2.5-1: KOKÖ-Cartoon und „Ideen" (von Kristine Pretzsch- Schmitt)

Die wichtigste Teilfunktion und somit auch die Hauptfunktion des Stoffumsatzes lautet beim KOKÖ „St-7 Kokosnuss öffnen".

Weitere ergänzende Teilfunktionen dieser Umsatzart sind:

-   St-8 Mark/ Haut lösen

-   St-9 Haut abtrennen

-   St-10 Bestandteile separieren

Auch beim KOKÖ wurden für die Suche nach Lösungsprinzipien für diese Teilfunktionen die gleichen Kreativtechniken wie bei CLEANY eingesetzt. Dadurch sind von 16 Teilnehmern (*Abb. 2.5-2*) insgesamt 268 Ideen entstanden.

Abb. 2.5-2: Teilnehmer des KOKÖ-Projekts

Diese LP-Ideen wurden ähnlich wie bei CLEANY ebenfalls in Morphologische Tafeln eingeordnet nach den folgenden Oberbegriffen (*Abb. 2.5-3*):

-   Mechanisch mit Hilfsmittel

-   Mechanisch ohne Hilfsmittel

-   Natur

-   Chemisch

-   Biologisch

-   Thermisch

-   Hydraulisch/ pneumatisch

-   Nuklear

- Energetisch

- Sonstige

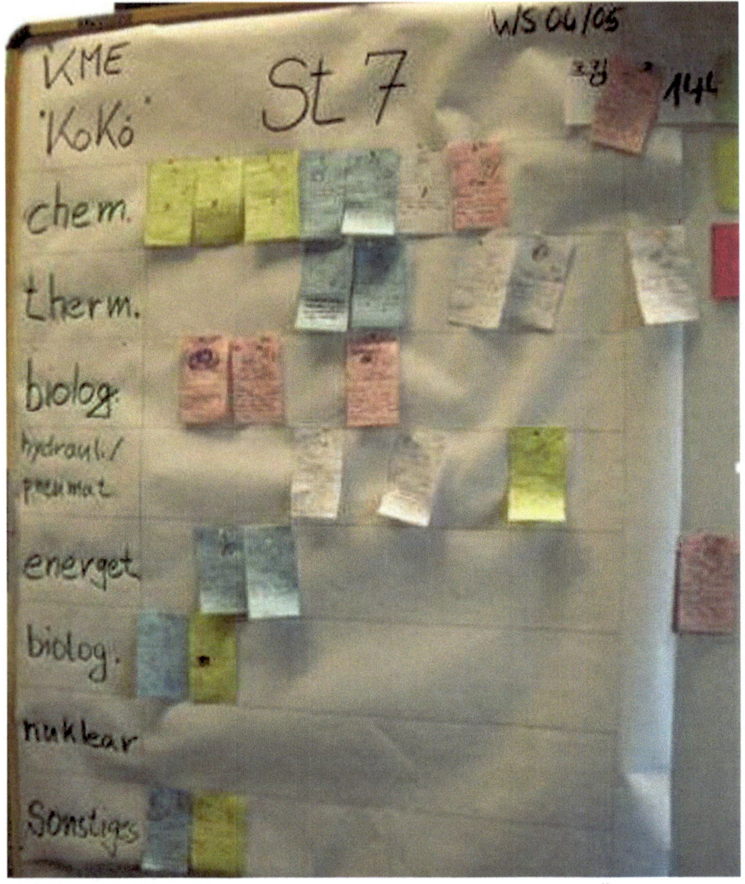

Abb. 2.5-3: Morphologische Tafel mit Strukturierungsbegriffen (KOKÖ)

Anschließend wurden die LP durchnummeriert und wie bei CLEANY einem Bewertungsverfahren unterzogen. Dabei mussten bei maximal zwei Kumulationen 20 Punkte vergeben werden. Die so erhaltenen bevorzugten LP wurden zu 19 Favoriten gebündelt. Der Morphologische Kasten dieser Favoriten ist in *Abb. 2.5-4* gezeigt. In dieser Darstellung sind die LP-Nummern rot umkreist worden. Außerdem lassen sich die Symbole für die Bewertungen erkennen (hier: fette Quadrate = 10 Punkte, Striche = 1 Punkt). Den Favoriten ähnliche LP wurden in einem zweiten Schritt diesen Favoriten auf den Metaplan-Tafeln zugeordnet, damit die darin enthaltenen Ergänzungsideen bei der weiteren Bearbeitung mitberücksichtigt werden konnten. Exemplarisch ist dies für die LP-Idee Nr. 163 (Frost-Sprengung) gezeigt (*Abb. 2.5-5)*.

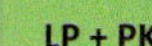

Abb. 2.5-4: 19 LP, die aufgrund einer demokratischen Bewertung durch das Team favorisiert wurden

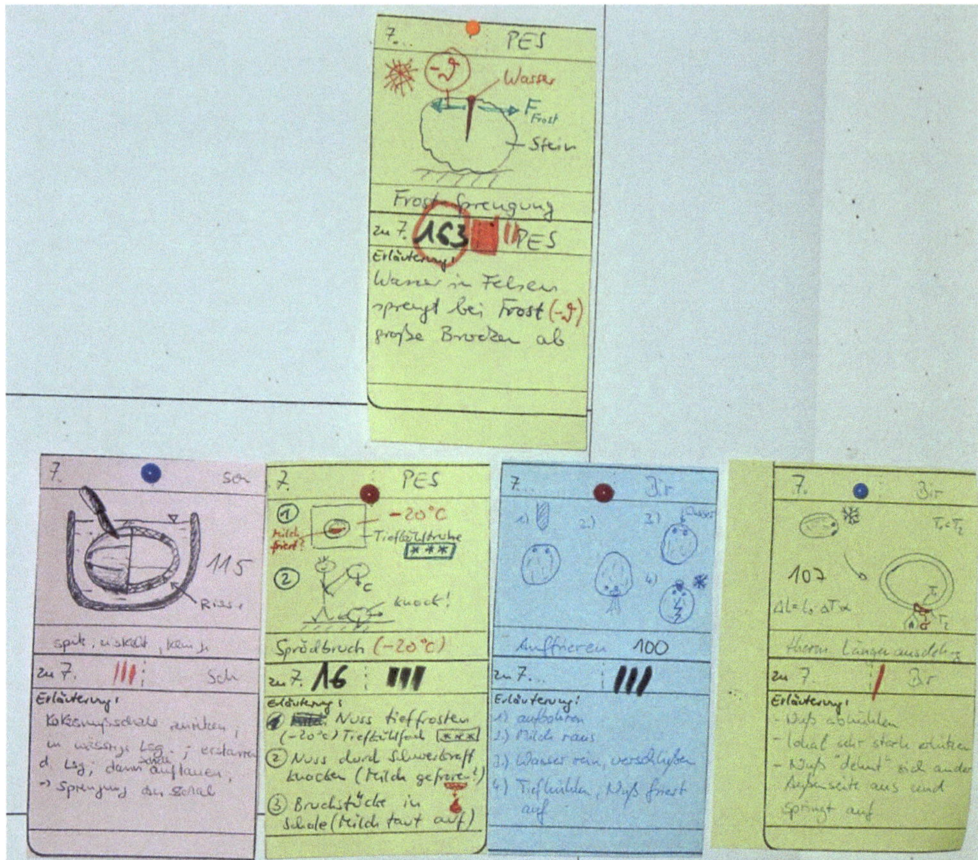

Abb. 2.5-5: Ergänzende LP-Ideen zu Nr.163 „Frost-Sprengung" zur Teilfunktion St-7 „Kokosnuss öffnen", die während unterschiedlicher Ideen-Suchmethoden (verschiedene Farb-Formulare!) entstanden sind

Diese bevorzugten Lösungsmöglichkeiten wurden dann von vier Gruppen mit je vier Teilnehmern bearbeitet, wobei sich jede Gruppe 2 Basis- und 2 Ergänzungs-LP ausgesucht hat, um diese zu *Konzeptvarianten* (s. *Kap. 1.6*) auszuarbeiten. Zwei Teilnehmer jeder Gruppe befassten sich anschließend mit je einer zuvor ausgewählten Basis- und einer Ergänzungs-LP. In *Abb. 2.5-6* ist ein Beispiel einer solchen Auswahl gezeigt. Dieses LP Nr. 246 wurde als Basis-LP für eine in *Kap. 2.6* zu entwickelnde Konzeptvariante *KV* 6 (gelber Kreis) und als Ergänzungs-LP für eine Konzeptvariante *KV* 2 (blauer Kreis) ausgesucht.

Den Gruppen wurde geraten, möglichst nicht mit den anderen Gruppen konkurrierende Basis-LP zu wählen, um eine frustrierende Gewinner-Verlierer-Situation zu vermeiden, die als "Wettbewerb" üblicherweise in der Lehre/ Praxis leider verbreitet ist. Ziel ist, der gemeinsame kreative Beitrag zu einer *optimalen* Lösung und nicht der Sieger im Spiel zu sein!

Abb. 2.5-6: Endgültige Auswahl von LP-Nr.246 als Basis-LP (gelber Kreis) für eine Weiterbearbeitung zu einer Konzeptvariante $KV6$ und als Ergänzungs-LP (blauer Kreis) für eine Konzeptvariante $KV2$

In *Abb. 2.5-7* sind die Basis- und Ergänzungs-LP aller 8 Teil-Gruppen zusammengefasst worden. Die dort verwendeten abgekürzten Wirkungseffekte der LP werden in *Kap. 2.6* als Konzeptvarianten $KV1$ bis $KV8$ umgesetzt.

Gruppe Nr.	TN	Basis-LP	Ergänzungs-LP	PK → KV
1	1/2	Spannzange	Spreizen	$KV1$
	3/4	Thermisch	Stempeldruck	$KV2$
2	5/6	Federspannung	Schlag	$KV3$
	7/8	Schlag	Dorn	$KV4$
3	9/10	Spreizen	Sägen	$KV5$
	11/12	Stempeldruck	Klinge	$KV6$
4	13/14	Sägen	Meißel	$KV7$
	15/16	Frost-Sprengung	(Mikrowelle)	$KV8$

Abb. 2.5-7: Die von den vier KOKÖ-Gruppen gewählten Lösungsprinzipien bzw. Prinzipkombinationen zur Erstellung von Konzeptvarianten $KV1$ bis $KV8$

2.6 Konzeptvarianten von KOKÖ erstellen ($KV1$ bis KVn)

Im Unterschied zur Darstellung bei CLEANY haben sich die Teilnehmer direkt für Prinzipskizzen entschieden, die teilweise mit PowerPoint™/ CAD, und nicht als Handskizzen, erstellt wurden.

Aus *Abb. 2.5-6* in *Kap. 2.5* lassen sich die von den einzelnen Gruppen gewählten Wirkprinzipien entnehmen. Danach hat sich die Gruppe von $KV4$ für „Schlag + Dorn" entschieden. Die zugrundeliegenden Lösungsprinzipien ergeben sich aus *Abb. 2.5-3* mit den LP-Nummern 47 und 256. Die vorgeschlagene Lösung ist in *Abb. 2.6-1* gezeigt.

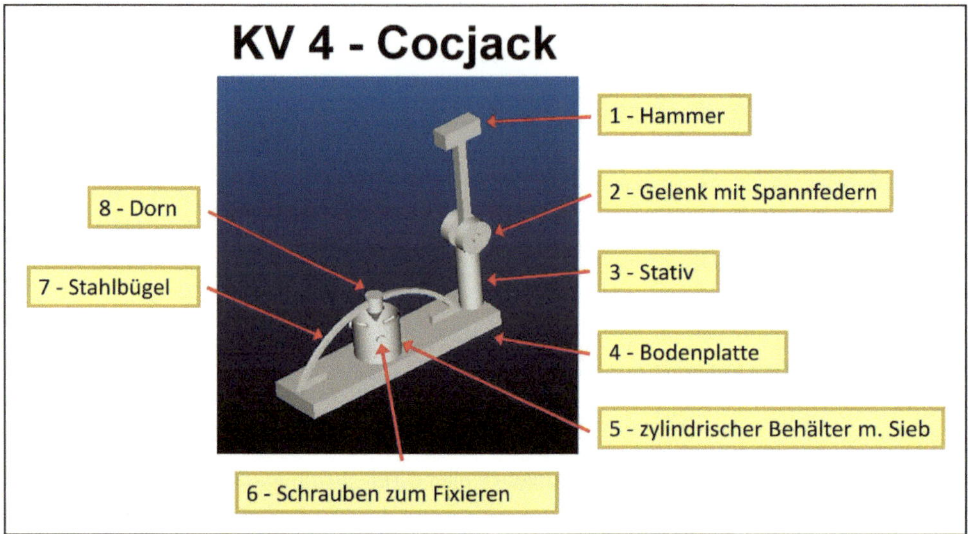

Abb. 2.6-1: Entwurf von $KV4$ „CocJack"

Das Prinzip wurde folgendermaßen erklärt:

„Die Kokosnuss wird in dem zylindrischen Behälter (5) vorgelegt und mittels der Fixierschrauben (6) stabilisiert. Hierbei verhindert der in den Behälter eingebaute Siebboden ein Herunterrutschen der Nuss.

Nach dem Fixieren der Nuss wird der Hammer (1) über das Gelenk mit Spannfeder (2) gespannt und schließlich auf den Dorn (8), der am Federstahlbügel (7) befestigt ist fallen gelassen. Der Dorn (8) spaltet somit die Nuss. Das austretende Nusswasser wird durch die Zylinderwände abgefangen und läuft durch das Sieb nach unten ab.

Auf dem Sieb werden die Bruchstücke der geöffneten Nuss, also die Schale und das im Inneren befindliche Mark, zurückgehalten und können einfach entnommen werden."

Die Gruppe von $KV5$ wählte aus *Abb. 2.5-6* die Lösungsprinzipien „Spreizen (Nr.19) + Sägen (Nr.36)", was zu der in *Abb. 2.6-2* dargestellten Lösungsskizze führte.

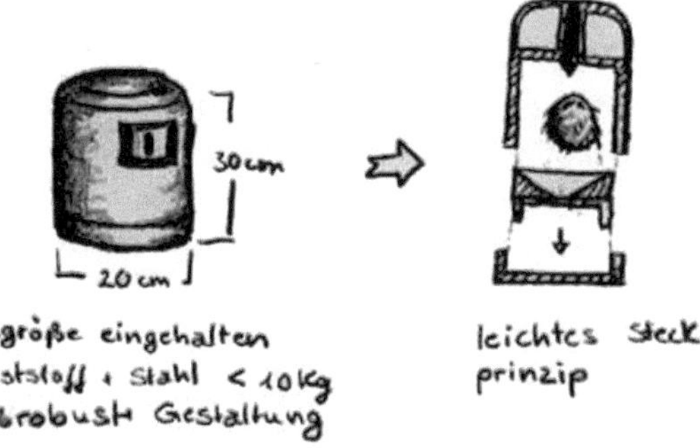

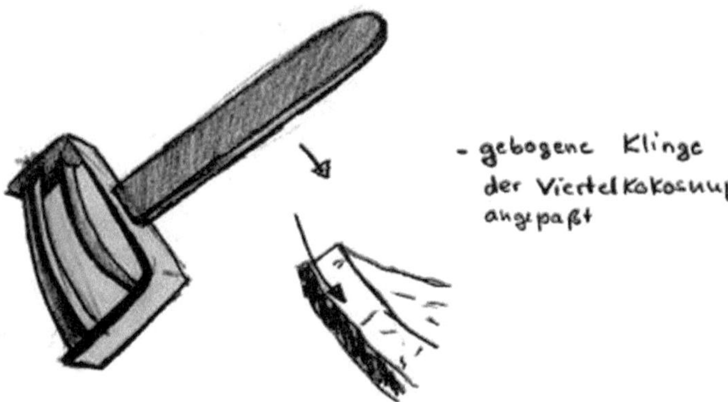

Abb. 2.6-2: Entwurf von $KV5$ „Affstein"

Zu $KV5$ wurden folgende Erläuterungen gegeben:

„Diese Konzeptvariante enthält das Öffnen einer Kokosnuss mit Hilfe der Vorgänge „spreizen + sägen". Der Kokosnussöffner „Affstein" wird in einer 3-teiligen zusammensteckbaren Kombination geliefert und zusätzlich durch einen Kokosmarkschäler mit integrierter Säge ergänzt.

Die Anwendung von $KV5$ erfolgt gemäß dem nachstehenden Ablauf:

Halterung der Kokosnuss in die Milchauffangschale setzen und Kokosnuss darauf fixieren. Mit Hilfe der Säge einen kreuzförmigen Schnitt in die Oberseite der Kokosnuss anbringen. Danach den Gehäusedeckel justieren. Und mit Hilfe des teleskopausfahrbaren Griffs kontinuierlich Druck auf die Kokosnuss aufbringen, bis sie in ihre vier Einzelteile zerspringt. Bei diesem Vorgang ist es wichtig, die Apparatur festzuhalten, damit ein Wegrutschen dieser vermieden wird. Danach kann man das Gerät wieder in seine drei Einzelteile zerlegen und die Milch aus der Milchauffangschale entnehmen und mit dem Kokosmarkschäler das Kokosmark von der Kokosschale und der Kokoshaut trennen. Hinterher sind die Einsatzteile leicht wieder mit Wasser waschbar."

Als weitere Variante sei mit *Abb. 2.6-3* noch $KV6$ aufgeführt, bei der die Lösungsprinzipien „Stempeldruck (Nr.246) + Klinge (Nr.238)" verwendet wurden. Mittels einer Klinge und eines Schraubstocks wurde die Wirksamkeit des gewählten Prinzips nachgewiesen.

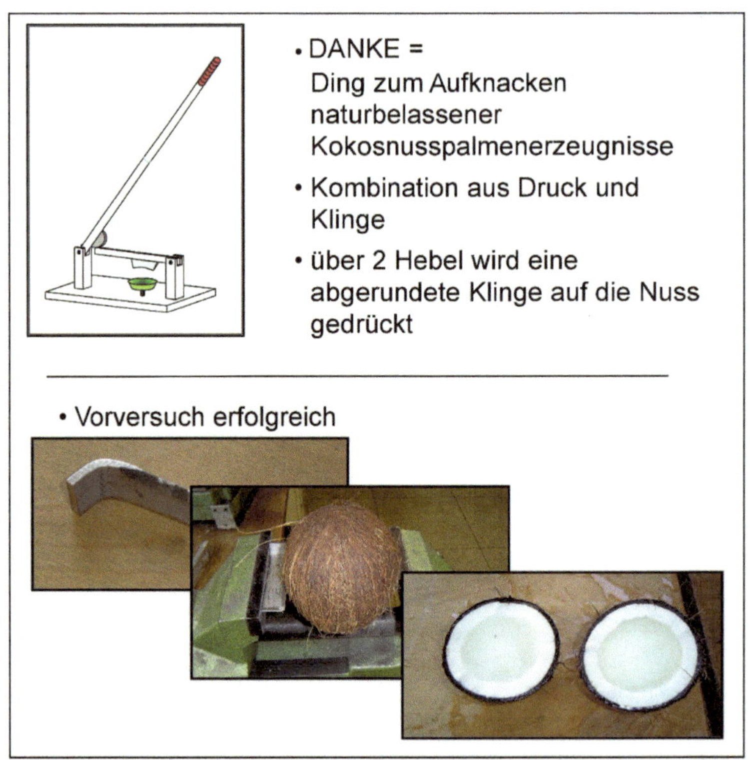

Abb. 2.6-3: Entwurf von $KV6$ „DANKE" und Improvisationsversuch

Die Abkürzung DANKE steht für

„**D**ing zum **A**ufknacken **n**aturbelassener **K**okosnusspalm**e**nerzeugnisse".

Folgendes Konstruktionsprinzip wurde angegeben:

Über eine Kombination aus Haupt- und Hilfshebel wird eine am Handgriff eingebrachte Kraft in einen Druck überführt, der von unten durch einen höhenverstellbaren Stempel und von oben durch eine angerundete Klinge auf die Nuss übertragen wird. Durch die Keilwirkung der Klinge wird der Druck auf eine Linie konzentriert, an der die Nuss aufbricht. Um den Raumbedarf gemäß Anforderungsliste einzuhalten, kann der Haupthebel in der Mitte auseinandergeschraubt werden. Die Vorrichtung ist auf einer Bodenplatte befestigt.

Benutzungsanleitung:

- Hebel in höchstmögliche Position aufklappen.

- Kokosnuss auf Stempel legen und durch Hochdrehen des Stempels unter der Klinge fixieren.

- Handgriff greifen und Hebel nach unten geben
  → Kraft wird durch Überträger auf Hilfshebel übertragen und drückt die Klinge in die Nussschale.

- Damit die Nuss nicht explosionsartig aufplatzt, den Hebel wippend bewegen, bis die Nuss bricht.

- Milch wird im Stempel aufgefangen.

- In weiteren Bearbeitungsschritten werden die Bruchstücke mit „DANKE" gemäß obenstehenden Punkten weiter auf die gewünschte Größe zerkleinert und das Mark anschließend mit einem normalen Küchenmesser ausgekratzt.

Die Kokosnusshaut kann bei Bedarf mittels Spargelschäler entfernt werden.

2.7 Schwachstellenanalyse der Konzeptvarianten und deren Optimierung bei KOKÖ (KV-OPT)

Es ist manchmal schmerzhaft, wenn einem die Probleme beim Öffnen einer Kokosnuss nicht bekannt waren (*Abb. 2.7-1*).

Abb. 2.7-1: KOKÖ-Cartoon und „Tests" (von Kristine Pretzsch-Schmitt)

Die unter CLEANY benutzte Vorgehensweise wurde analog auch bei KOKÖ verwendet.

Als exemplarische Beispiele werden hier die KOKÖ-Konzeptvarianten $KV1$, $KV6$ und $KV8$ mit den Ergebnissen der drei Schwachstellen-Arbeitsschritte dargestellt.

Schwachstellenanalyse für die KOKÖ - Konzeptvariante $KV1$ „KokoSpa"

Den ersten Konzeptentwurf und die zugehörigen Erläuterungen der $KV1$ zeigen *Abb. 2.7-2* und *Abb. 2.7-3*.

Der hier vorgestellte $KV1$ zeigt primär einen hydraulisch betätigten Keil, welcher in die Nuss dringt, wodurch diese zerspringt (Prinzip „Holzspalter").

Der hydraulisch geführte Dorn und eine Bodenplatte bilden das Grundgerüst. Diese Vorrichtung wird mithilfe einer Spannzange soweit modifiziert, dass die Kokosnuss einen sicheren Halt hat, um den hydraulischen Kräften standzuhalten.

Durch den Anpressdruck des Dorns dringt er in die Schale ein. Durch seine keilförmige Struktur bringt er die Schale zum Platzen.

Nach erfolgreicher Öffnung kann mithilfe des mitgelieferten Dreikant-Schabers das Fruchtfleisch entnommen werden.

Abb. 2.7-2: Funktionsbeschreibung des ersten Konzeptentwurfs von KOKÖ-$KV1$

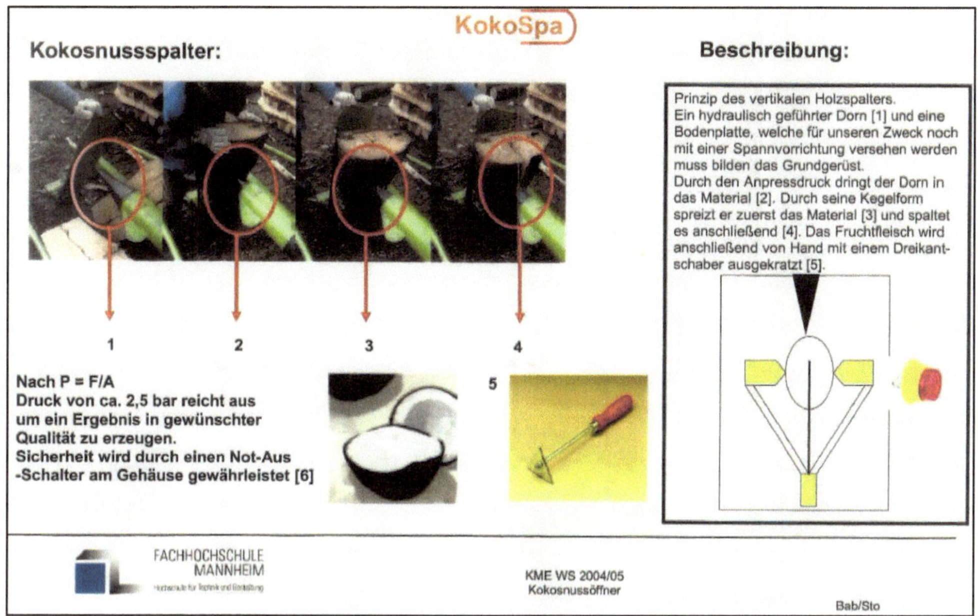

Abb. 2.7-3: 1. Konzeptentwurf von KOKÖ-*KV*1

Die Schwachstellenanalyse wurde analog zu *Kap. 1.7* in drei Schritten durchgeführt:

1. Fragestellung und 2. Schwachstellen-Priorisierung

Um den ersten Konzeptentwurf bezüglich seiner möglichen Schwachstellen zu untersuchen, wurde folgende Fragestellung gewählt:

> *„Welche Probleme und Fehler können bei der KOKÖ-Konzeptvariante KVn auftreten,*
> *so dass die Kokosnuss nicht geöffnet werden kann?"*

Die *Abb. 2.7-4* zeigt das Ergebnis in der Form eines Ishikawa-Diagramms. Basis der Ermittlung war wieder die Team-Ideen-Galerie. In diesem Diagramm wurden zusätzlich die von der *KV*1-Gruppe als am wichtigsten erachteten Schwachstellen grün eingerahmt.

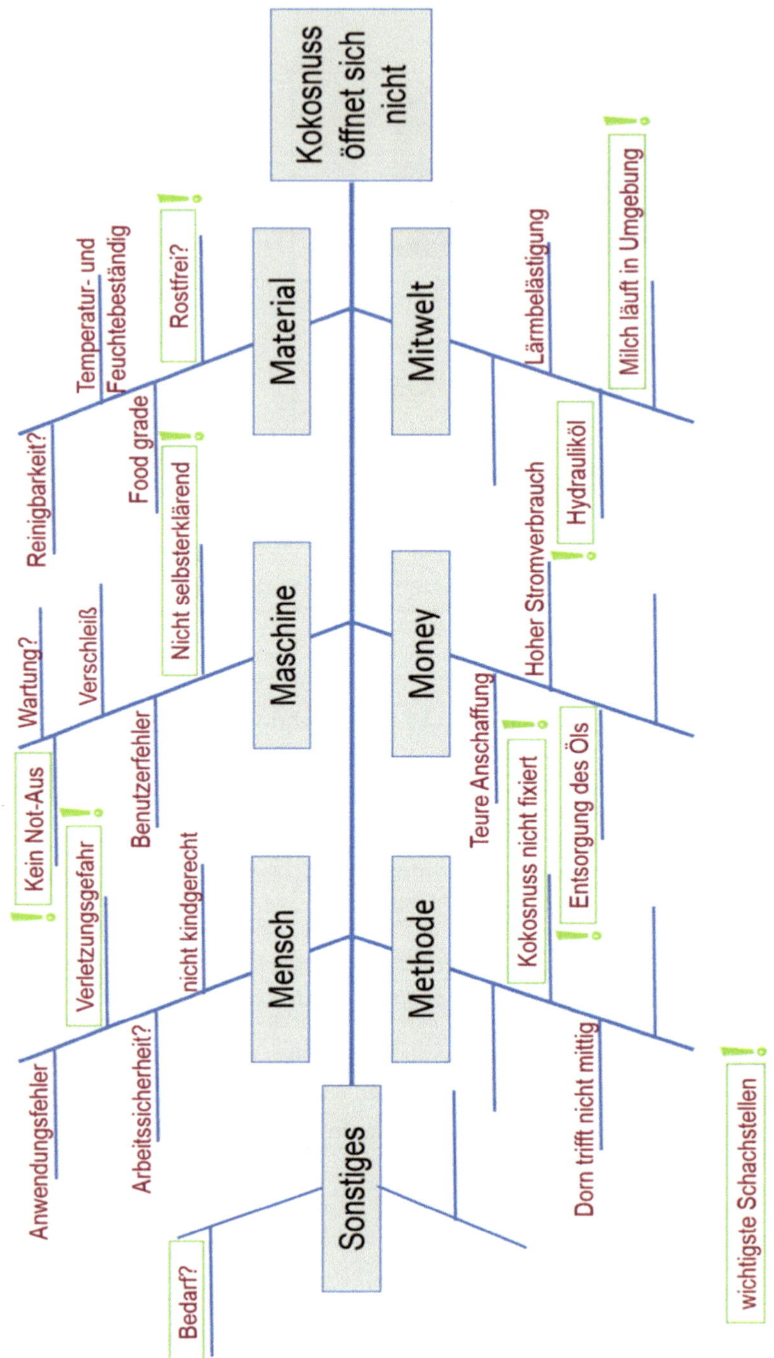

Abb. 2.7-4: Ishikawa-Diagramm und wichtigste Schwachstellen für die KOKÖ-*KV*1

3. Konzept-Optimierung

An dem Erstentwurf von KOKÖ-*KV*1 wurden anschließend die in *Abb. 2.7-5* beschriebenen Verbesserungen vorgenommen, bzw. für eine eventuelle Realisierung vorgesehen.

Bereich	Schwachstellen	Verbesserung
Mensch	Verletzungsgefahr	2-Hand-Schalter für Gerätestart
Maschine	kein Not-Aus	Not-Aus-Schalter vorsehen
	nicht selbsterklärend	Benutzungsaufkleber vorsehen und „Zwangsablauf" durch Geräteschalter sicherstellen
Material	nicht rostfrei	rostfreie Werkstoffe verwenden
Methode	Kokosnuss nicht fixiert	„Start" nicht freigeben, bevor Fixierung nicht erfolgt ist
Mitwelt	Hydrauliköl	Bio-Öl verwenden
	Milch läuft in Umgebung	Auffangbehälter vorsehen (einklicken)
Money	Entsorgung des Öls	Bio-Öl
Sonstiges	Bedarf?	Marktanalyse vor Detail-Konstruktion

Abb. 2.7-5: Vorgeschlagene Schwachstellen-Verbesserungen für die KOKÖ-*KV*1

Schwachstellenanalyse für die KOKÖ - Konzeptvariante *KV*6 „DANKE"

Den ersten Konzeptentwurf und die zugehörigen Erläuterungen der *KV*6 zeigen *Abb. 2.7-6* und *Abb. 2.7-7*. Der Name „DANKE" wurde als Abkürzung aus dem Satz „**D**ing zum **A**ufbrechen **n**aturbelassener **K**okospalmen**e**rzeugnisse" abgeleitet.

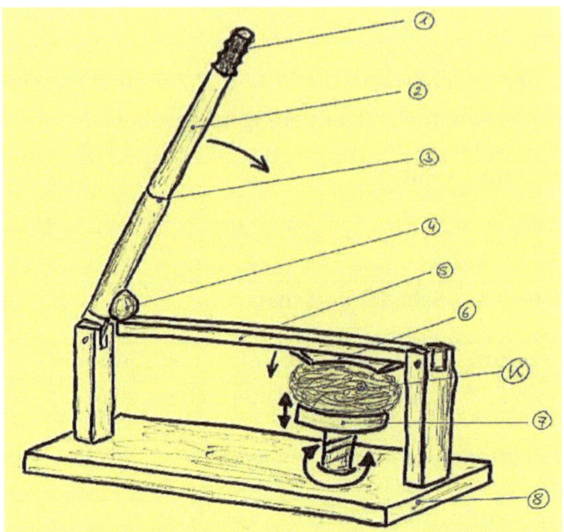

Abb. 2.7-6: 1. Konzeptentwurf von KOKÖ-*KV*6 „DANKE"

Abb. 2.7-7: Original der Funktionsbeschreibung des 1. Konzeptentwurfs von KOKÖ-*KV*6

Die Schwachstellenanalyse wurde analog wie bei KOKÖ-*KV*1 in drei Schritten durchgeführt.

1. Fragestellung, 2. Schwachstellen-Priorisierung und 3. Konzept-Optimierung

Wie bei KOKÖ-*KV*1 wurde ein Ishikawa-Diagramm erstellt, bei dem allerdings nur die wichtigsten zu verbessernden Schwachstellen bei einer eventuellen Realisierung eingetragen sind (*Abb. 2.7-8*).

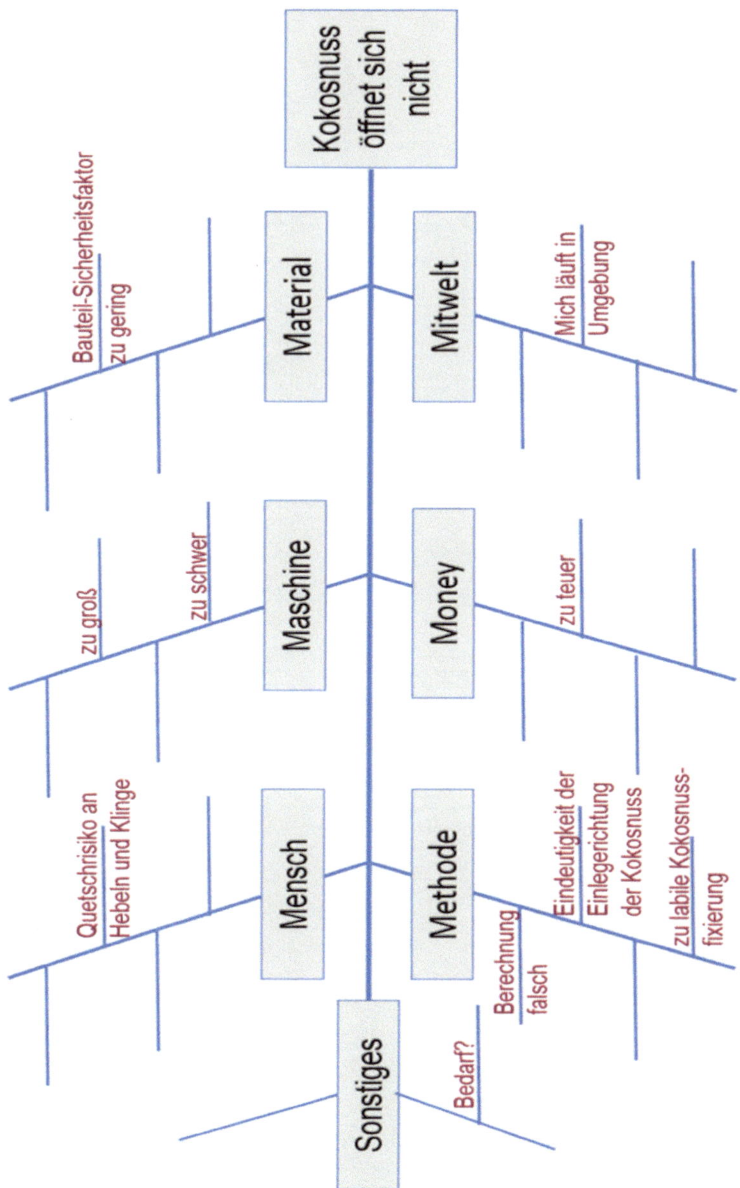

Abb. 2.7-8: Ishikawa-Diagramm der wichtigsten Schwachstellen für KOKÖ-*KV*6

Schwachstellenanalyse für die KOKÖ - Konzeptvariante *KV*8 „Cool-Crusher"

Den ersten Konzeptentwurf und die zugehörigen Erläuterungen der *KV*8 zeigen *Abb. 2.7-9* und *Abb. 2.7-10*. Der Name „Cool-Crusher" wurde aus der deutschen Bedeutung „Kälte-Brechmaschine" abgeleitet, obwohl damit alles andere als eine „Maschine" verbunden ist, wie es gleich aufgezeigt wird.

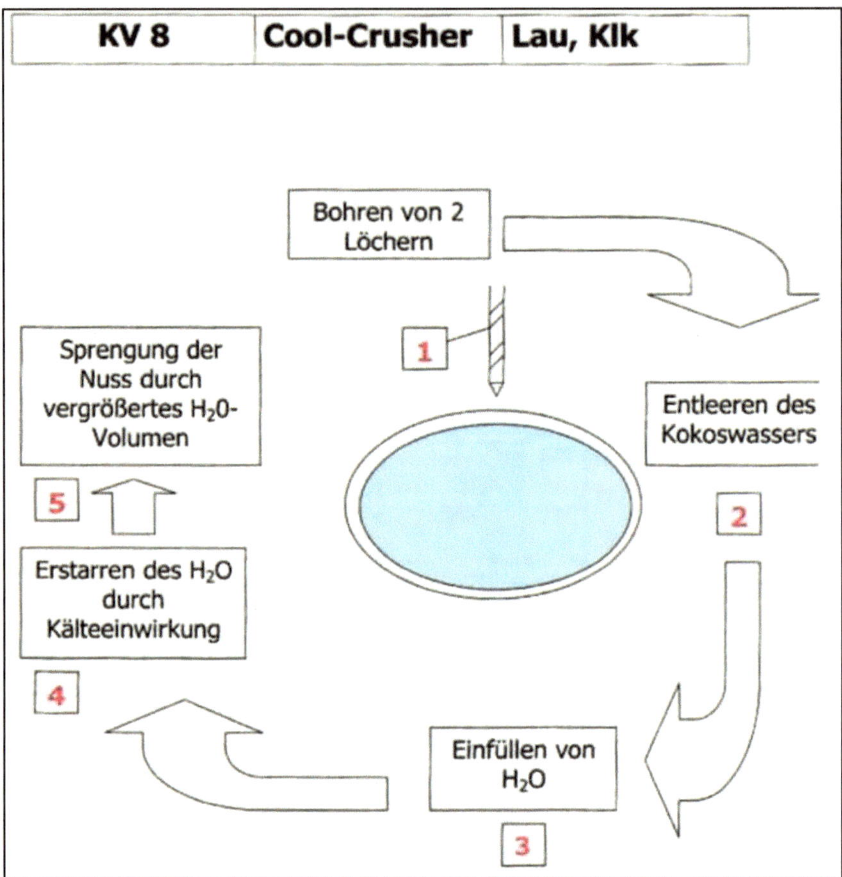

Abb. 2.7-9: 1. Konzeptentwurf von KOKÖ-*KV*8 „Cool-Crusher"

Konstruktionsprinzip

1. In zwei der drei „Augen" der Kokosnuss werden Löcher mit HSS-Bohrer (Ø 4,2mm) gebohrt. Eines der „Augen" ist besonders groß und weich. Eine Bohrung dient der Entlüftung, die andere dem Austritt des Kokoswassers.
2. Das Kokoswasser nun vollständig aus der Kokosnuss laufen lassen.
3. Die Kokosnuss wird mit Wasser gefüllt. Den gesamten Wasserinhalt in einem Messbecher abgießen, um das Hohlraumvolumen der Kokosnuss zu bestimmen. Anschließend erneut die Kokosnuss mit Wasser befüllen.
4. Die aufgebohrten „Augen" der Kokosnuss müssen mit den Stopfen fest verschlossen werden, dann erst kann die Kokosnuss für mehrere Stunden tiefgekühlt werden. Das Wasser im Inneren der Kokosnuss soll durch die Kälteeinwirkung gefrieren.
5. Da das Wasservolumen im gefrorenen Zustand größer als im flüssigen ist, soll durch die Volumenvergrößerungen und die dadurch entstehenden Druckkräfte die Kokosnussschale gesprengt werden.

Berechnung:

Gemessen inneres Volumen der Kokosnuss: $V_{innen} = 0,25\,l$
Dichte von Wasser: $\rho_{Wasser} = 999,8\ g/l$
Dichte von Eis: $\rho_{Eis} = 917\,g/l$

Masse des Wassers: $m_{Wasser} = V_{innen} * \rho_{Wasser} = 249,95\ g$

Volumen des Eiskörpers: $V_{Eiskörper} = m_{Wasser}/\rho_{Eis} = 0,273\,l$

Volumenverhältnis: $U = V_{innen}/V_{Eiskörper} = 0,916$

$\Longrightarrow$ **Volumenvergrößerung um 8,4%**

Abb. 2.7-10: Funktionsbeschreibung des ersten Konzeptentwurfs von KOKÖ-*KV*8

1. Fragestellung und 2. Schwachstellen-Priorisierung

Wie bei KOKÖ-*KV*6 wurde ein Ishikawa-Diagramm erstellt, bei dem aus insgesamt 56 aufgedeckten Schwachstellen nur die wahrscheinlichsten und grün eingerahmt nur die wichtigsten zu verbessernden Schwachstellen bei einer eventuellen Realisierung eingetragen sind (*Abb. 2.7-11*). Die vorgesehenen Verbesserungen sind in *Abb. 2.7-12* aufgezeigt

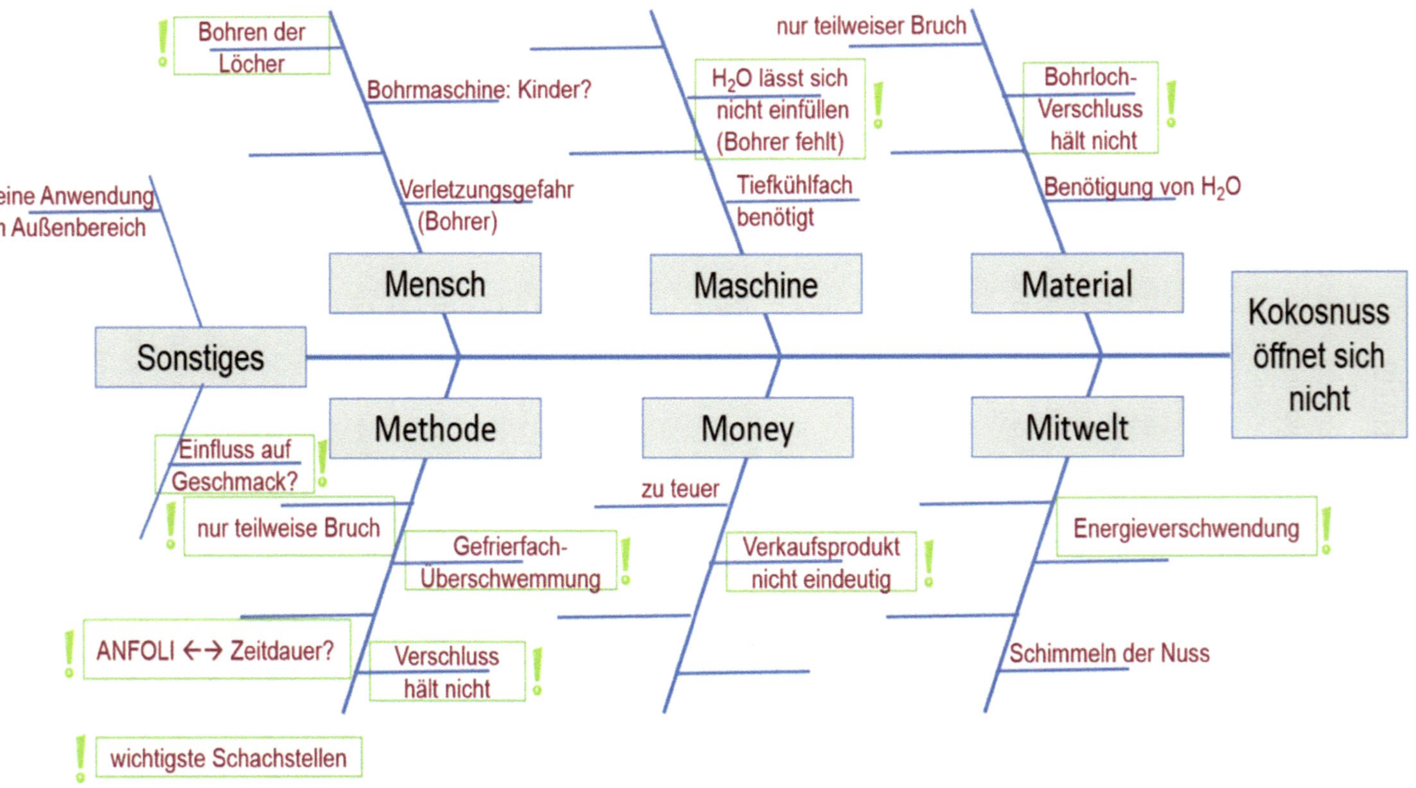

Abb. 2.7-11: Ishikawa-Diagramm mit wahrscheinlichen und wichtigsten Schwachstellen für die KOKÖ-*KV*8

Bereich	Schwachstellen	Verbesserung
Mensch	Bohren der Löcher	Experiment: Mit Dorn durchstoßen ebenfalls möglich!
Maschine	H_2O lässt sich nicht einfüllen (Bohrer fehlt)	s. Experiment bei „Mensch"
Material	Bohrloch-Verschluss hält nicht	Experiment: Bohrloch nicht verschließen und Auffangbehälter. Kein H_2O-Austritt, wenn Nuss senkrecht steht und Löcher nach oben!
Methode	ANFOLI $\leftrightarrow$ Zeitdauer?	„Über-Nacht"-Gefrieren reicht aus ($\geq 10h$ bei -18°C)!
	Nur teilweise Bruch	Nicht bei H_2O-Vollfüllung!
	Gefrierfach-Überschwemmung	Auffangbehälter unter der Nuss!
	Verschluss hält nicht	s. Experiment bei „Material"
Mitwelt	Energieverschwendung	Analog wie bei jedem Tiefgefrieren von Lebensmitteln.
Money	Verkaufsprodukt nicht eindeutig	Kokosnuss-Öffnungs-Set (besteht aus Handbohrer mit Griff, evtl. Dorn mit Griff, Stöpseln aus Kork, evtl. Spezialschälmesser)
Sonstiges	Einfluss auf Geschmack?	Experiment: Keine Veränderung! Zusatzvorteil: Leichtere Trennung von Schale und Mark!

Abb. 2.7-12: Vorgeschlagene Schwachstellen-Verbesserungen für die KOKÖ-$KV8$

Erst wenn mit allen Varianten eine Schwachstelleanalyse und eine theoretische Beseitigung der wichtigsten Mängel stattgefunden hat, darf der nächste Arbeitsschritt *Optimalkonzept finden* begonnen werden.

2.8 Optimalkonzept von KOKÖ systematisch finden (TOP)

Die schrittweise Berechnung erfolgt analog zu derjenigen bei CLEANY in *Kap. 1.8*. Für KOKÖ ist diese aber nicht mehr so detailliert dargestellt. Die Abarbeitung erfolgt in zehn Schritten:

1. Lösungsvarianten ermitteln
2. Vorauswahl treffen
3. Bewertungskriterien festlegen
4. Gewichtungsfaktoren g_i für Bewertungskriterien ermitteln
5. Bewertungsmaßstab/ Wertefunktion vorgeben
6. Varianten systematisch bewerten
7. Wertigkeit W_t und W_w berechnen
8. Stärkendiagramm erstellen
9. Netzdiagramme erstellen
10. Entscheidung Optimalkonzept

1. Lösungsvarianten ermitteln

Die aus *Kap. 2.6* ermittelten Konzeptvarianten $KV1$ bis $KV8$ und deren verbesserte Versionen von *Kap. 2.7* bilden die Grundlage für die zehn Schritte. Alle KV müssen denselben Konkretisierungsgrad haben.

2. Vorauswahl treffen

Auch bei KOKÖ wurden alle KV übernommen, da alle die Anforderungen laut ANFOLI erfüllen.

3. Bewertungskriterien festlegen

Während der Teamtreffen wurden ebenso wie bei CLEANY die Gewichtungsfaktoren per Team-Diskussion festgelegt. Anschließend gab es ebenfalls eine Teamentscheidung durch Handheben. Die wichtigsten Punkte wurden in eine Tabelle eingetragen (*Abb. 2.8-1*).

Technische/ ökologische Kriterien	Wirtschaftliche/ ökologische Kriterien
• sichere Nussöffnung • sichere Separierung • klein + leicht • hohe Lebensdauer • leichte Nutzbarkeit • hohe Anwendersicherheit • leichte Wartung etc. • recycling-/ entsorgungsfähig	• geringe Herstellungskosten • geringe Betriebskosten (ökologisch) • geringe Recycling-/ Entsorgungskosten (ökologisch) • geringe Instandhaltungskosten • kurze Amortisationszeit • kurze "time to market"

Abb. 2.8-1: Für KOKÖ ausgewählte Bewertungskriterien

4. Gewichtungsfaktoren g_i für Bewertungskriterien ermitteln

Auch bei KOKÖ wurde die Wahl per Handzeichen durchgeführt. Hierbei ergaben sich die Gewichtungsfaktoren für die wirtschaftlich/ ökologischen Kriterien gemäß *Abb. 2.8-2* und für die technisch/ ökologischen Kriterien gemäß *Abb. 2.8-3*.

Gewichtungsmatrix wirtschaftlich/ ökologische Kriterien — Datum:

Wi = Wichtigkeit

Kriterien	Nr.	Zweitgenannt 1	2	3	4	5	6	∑ Wi	$gi = \dfrac{\sum Wi}{\sum aWi}$
geringe Herstellkosten	1		0 / 0,1	+ / 0,5	+ / 1	0 / 0,5	0 / 0,5	3,5	0,22
geringe Betriebskosten	2	0 / 0,5		0 / 0,5	+ / 1	0 / 0,5	0 / 0,5	3	0,19
geringe Recycling.-/ Entsorgungskosten	3	- / 0,1	0 / 0,5		0 / 0,5	- / 0,1	- / 0,1	1,3	0,09
geringe Instandhaltungskosten	4	- / 0,1	- / 0,1	0 / 0,5		- / 0,1	- / 0,1	0,9	0,06
kurze Amortisationszeit	5	0 / 0,5	0 / 0,5	+ / 1	+ / 1		0 / 0,5	3,5	0,22
kurze „time to market"	6	0 / 0,5	0 / 0,5	+ / 1	+ / 1	0 / 0,5		3,5	0,22

Erstgenanntes Kriterium: wichtiger + 1 / gleichwichtig = 0 / weniger wichtig - 0,1 — als zweitgenanntes — ∑ aWi = 15,7 — (1,00)

Abb. 2.8-2: Gewichtungsfaktoren g_i für die wirtschaftlich/ ökologischen Bewertungskriterien von KOKÖ

Gewichtungsmatrix technisch/ ökologische Kriterien — Datum:

Wi = Wichtigkeit

Kriterien	Nr.	Zweitgenannt 1	2	3	4	5	6	7	8	∑ Wi	$gi = \dfrac{\sum Wi}{\sum aWi}$
sichere Nussöffnung	1		+ / 1	+ / 1	+ / 1	+ / 1	0 / 0,1	+ / 1	0 / 0,5	5,6	0,19
sichere Separierung	2	- / 0,1		0 / 0,5	+ / 1	0 / 0,5	- / 0,1	+ / 1	0 / 0,5	3,7	0,12
klein + leicht	3	- / 0,1	0 / 0,5		0 / 0,5	0 / 0,5	- / 0,1	0 / 0,5	0 / 0,5	2,7	0,09
hohe Lebensdauer	4	- / 0,1	- / 0,1	0 / 0,5		0 / 0,5	- / 0,1	0 / 0,5	- / 0,1	1,9	0,06
leichte Nutzbarkeit	5	- / 0,1	0 / 0,5	0 / 0,5	0 / 0,5		- / 0,1	+ / 1	- / 0,1	2,8	0,09
hohe Anwendungssicherheit	6	+ / 1	+ / 1	+ / 1	+ / 1	+ / 1		+ / 1	+ / 1	7,0	0,24
leichte Wartung etc.	7	- / 0,1	- / 0,1	0 / 0,5	0 / 0,5	- / 0,1	- / 0,1		- / 0,1	1,5	0,05
recycling-/ entsorgungsfähig	8	0 / 0,5	0 / 0,5	0 / 0,5	+ / 1	+ / 1	- / 0,1	+ / 1		4,6	0,16

Erstgenanntes Kriterium: wichtiger + 1 / gleichwichtig = 0 / weniger wichtig - 0,1 — als zweitgenanntes — ∑ aWi = 29,8 — (1,0)

Abb. 2.8-3: Gewichtungsfaktoren g_i für die technisch/ ökologischen Bewertungskriterien von KOKÖ

5. Bewertungsmaßstab/ Wertefunktion vorgeben

Für KOKÖ ist man etwas anders vorgegangen als bei CLEANY. Statt in den einzelnen KV-Gruppen, wurden von allen Teilnehmern die Punkte für die Bewertungslisten durch Handabstimmung ermittelt, und zwar für alle Bewertungskriterien. Daher entfällt der Teil mit den Wertefunktionen und es geht direkt zu Schritt 7. Dieses Vorgehen ist aber nur möglich, wenn die Gruppe nicht zu groß ist. In diesem Fall waren es 16 Teilnehmer.

6. Varianten systematisch bewerten

Entfällt. Siehe Schritt 5.

7. Wertigkeit W_t und W_w berechnen

Manchmal werden Kriterien ausgewählt, die von allen KV gleich gut oder gleich schlecht erfüllt werden. Diese Kriterien werden gestrichen. Die Auswirkung durch die gleiche Bewertung eines Kriteriums für alle KV hat zur Folge, dass später die Punkt-Abstände zwischen den KV geringer werden, was einer nicht gewollten Nivellierung des Ergebnisses entspricht.

In *Abb. 2.8-4* ist die technisch/ ökologische Bewertungsliste für KOKÖ abgebildet. Kriterium 2 und 8 sind für alle KV gleich und werden daher gestrichen.

Abb. 2.8-5 zeigt die wirtschaftlich/ ökologische Bewertungsliste.

| Bewertungsliste für KOKÖ | | | | | | | | | | | | | Datum: |

technisch/ ökologische Wertigkeit

Nr. (n)	Bewertungskriterium	gi		Konzeptvariante Nr.									
				KV1	KV2	KV3	KV4	KV5	KV6	KV7	KV8	KV9	KV10
1	sichere Nussöfnung		ohne gi	3,00	3,00	3,00	3,00	4,00	4,00	3,00	3		
		0,19	mit gi	0,57	0,57	0,57	0,57	0,76	0,76	0,57	0,57		
2	sicheres Separieren		ohne gi	2,00	2,00	2,00	2,00	2,00	2,00	2,00	2		
		0,12	mit gi	0,24	0,24	0,24	0,24	0,24	0,24	0,24	0,24		
3	klein + leicht		ohne gi	1,00	2,00	2,00	1,00	2,00	2,00	2,00	3		
		0,09	mit gi	0,09	0,18	0,18	0,09	0,18	0,18	0,18	0,27		
4	hohe Lebensdauer		ohne gi	3,00	3,00	2,00	2,00	2,00	3,00	2,00	3		
		0,06	mit gi	0,18	0,18	0,12	0,12	0,12	0,18	0,12	0,18		
5	leichte Nutzbarkeit		ohne gi	3,00	2,00	2,00	2,00	2,00	2,00	3,00	4		
		0,09	mit gi	0,27	0,18	0,18	0,18	0,18	0,18	0,27	0,36		
6	hohe Anwendersicherheit		ohne gi	1,00	1,00	2,00	2,00	3,00	2,00	3,00	3		
		0,24	mit gi	0,24	0,24	0,48	0,48	0,72	0,48	0,72	0,72		
7	leichte Wartung etc.		ohne gi	3,00	3,00	2,00	3,00	2,00	3,00	2,00	4		
		0,05	mit gi	0,15	0,15	0,10	0,15	0,10	0,15	0,10	0,2		
8	recycling-/entsorgungsfähig		ohne gi	3,00	3,00	3,00	3,00	3,00	3,00	3,00	3		
		0,16	mit gi	0,48	0,48	0,48	0,48	0,48	0,48	0,48	0,48		
9	-		ohne gi										
			mit gi										
10	-		ohne gi										
			mit gi										
ohne gi													
	$\Sigma\,P_i$			14,00	14,00	13,00	13,00	15,00	16,00	15,00	20,00		
	$P_{max}=n*P_{imax},P_{imax}=4$			24,00	24,00	24,00	24,00	24,00	24,00	24,00	24,00		
	$W_t=\Sigma\,P_i/P_{max}$			0,58	0,58	0,54	0,54	0,63	0,67	0,63	0,78		
	Rangfolge			4	4	5	5	3	2	3	1		
mit gi													
	$\Sigma\,P_{i(g)}$			1,50	1,50	1,63	1,59	2,06	1,93	1,96	2,30		
	$P_{max.g}=n*gmax,\,gmax=4$			2,88	2,88	2,88	2,88	2,88	2,88	2,88	2,88		
	$W_t(g)=\Sigma\,P(g)/P(g)max$			0,52	0,52	0,57	0,55	0,72	0,67	0,68	0,80		
	Rangfolge			7	7	5	6	2	4	3	1		

Abb. 2.8-4: Technisch/ ökologische Wertigkeit von KOKÖ

Bewertungsliste für KOKÖ — Datum:

wirtschaftlich/ökologische Wertigkeit

Nr. (n)	Bewertungskriterium	gi		Konzeptvariante Nr.									
				KV1	KV2	KV3	KV4	KV5	KV6	KV7	KV8	KV9	KV10
1	geringe Herstellkosten	0,22	ohne gi	2,00	2,00	1,00	2,00	2,00	2,00	1,00	4		
			mit gi	0,44	0,44	0,22	0,44	0,44	0,44	0,22	0,88		
2	geringe Betriebskosten	0,19	ohne gi	3,00	2,00	3,00	3,00	3,00	4,00	4,00	2		
			mit gi	0,57	0,38	0,57	0,57	0,57	0,76	0,76	0,38		
3	geringe Rec.-/Entsorgungskosten	0,09	ohne gi	3,00	2,00	3,00	3,00	3,00	3,00	3,00	2		
			mit gi	0,27	0,18	0,27	0,27	0,27	0,27	0,27	0,18		
4	geringe Instanhaltungskosten	0,06	ohne gi	2,00	2,00	2,00	3,00	2,00	3,00	2,00	3		
			mit gi	0,12	0,12	0,12	0,18	0,12	0,18	0,12	0,18		
5	kurze Amortisationszeit	0,22	ohne gi	3,00	2,00	2,00	3,00	2,00	2,00	2,00	3		
			mit gi	0,66	0,44	0,44	0,66	0,44	0,44	0,44	0,66		
6	kurze "time to market"	0,22	ohne gi	3,00	3,00	3,00	3,00	2,00	3,00	2,00	3		
			mit gi	0,66	0,66	0,66	0,66	0,44	0,66	0,44	0,66		
7	-		ohne gi										
			mit gi										
8	-		ohne gi										
			mit gi										
9	-		ohne gi										
			mit gi										
10	-		ohne gi										
			mit gi										
ohne gi													
	$\sum P_i$			16,00	13,00	14,00	17,00	14,00	17,00	14,00	17,00		
	$P_{max}=n*P_{imax}, P_{imax}=4$			24,00	24,00	24,00	24,00	24,00	24,00	24,00	24,00		
	$W_w=\sum P_i/P_{max}$			0,67	0,54	0,58	0,71	0,58	0,71	0,58	0,71		
	Rangfolge			2	4	3	1	3	1	3	1		
mit gi													
	$\sum P_{i(g)}$			2,72	2,22	2,28	2,78	2,28	2,75	2,25	2,94		
	$P_{max.g}= n*gmax, gmax=4$			4,00	4,00	4,00	4,00	4,00	4,00	4,00	4,00		
	$Ww(g)=\sum P(g)/P(g)max$			0,68	0,56	0,57	0,70	0,57	0,69	0,56	0,74		
	Rangfolge			4	6	5	2	5	3	6	1		

Abb. 2.8-5: Wirtschaftlich/ ökologische Wertigkeit von KOKÖ

8. Stärkendiagramm erstellen

Aus *Abb. 2.8-4* und *Abb. 2.8-5* wird das folgende Stärkediagramm *Abb. 2.8-6* abgeleitet.

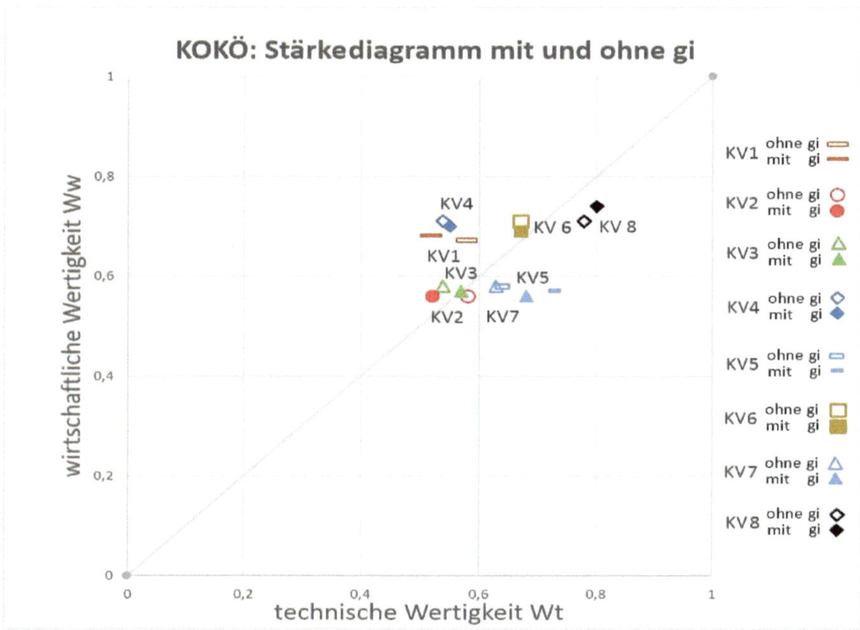

Abb. 2.8-6: Stärkediagramm KOKÖ mit und ohne g_i

Die Variante $KV8$ erfüllt demnach bei Berücksichtigung von g_i die gewählten Kriterien am besten.

TOP

9. Netzdiagramme erstellen

Aus den Tabellen in Schritt 7 folgen nun die Netzdiagramme *Abb. 2.8-7* und *Abb. 2.8-8*, die sinnvollerweise ohne Gewichtung gi dargestellt werden.

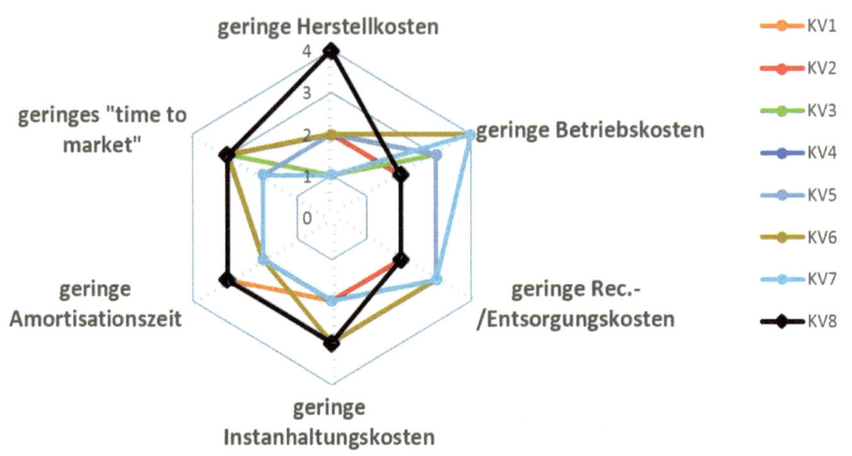

Abb. 2.8-7: Netzdiagramm für die wirtschaftlich/ *ökologische* Bewertung aller KOKÖ-Konzeptvarianten

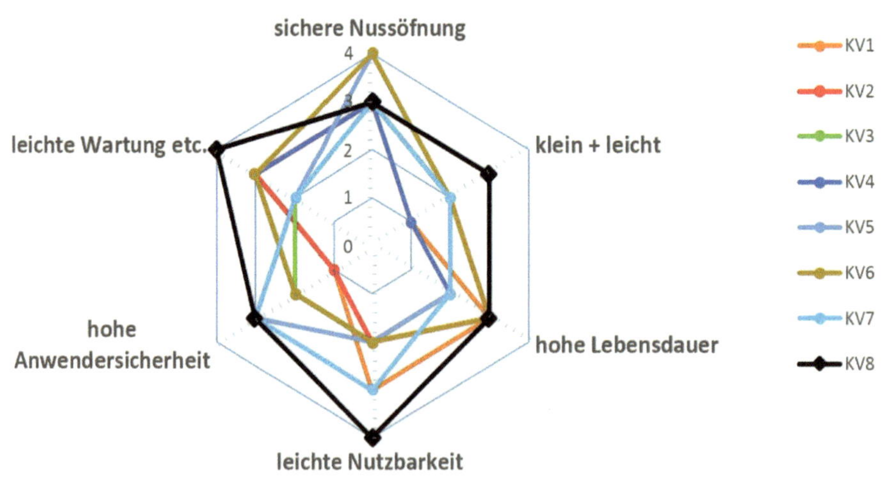

Abb. 2.8-8: Netzdiagramm für die *technisch/ ökologische* Bewertung aller KOKÖ-Konzeptvarianten

Aus den Netzdiagrammen lassen sich die Vor- und Nachteile jeder einzelnen *KV* besonders leicht erkennen (Größe der aufgespannten Fläche und Bewertungspunkte in der Nähe zur dünnen blauen Ideallinie erkennt man „auf einen Blick").

10. Entscheidung Optimalkonzept

Aus allen Konzeptvarianten kristallisiert sich *KV8* „Cool-Crusher" als besonders geeignet heraus. Diese Variante wird in *Kap. 2.9* weiter ausgearbeitet.

2.9 Optimalkonzept von KOKÖ detailliert ausarbeiten (WORK)

Diese ursprünglich als Konstruktionsprojekt gedachte Teamaufgabe führte überraschend nicht zu einer „Konstruktion", sondern *KV8* (Cool-Crusher) zu einer im weitesten Sinne „verfahrenstechnischen" Lösung, die im ersten Schritt mit einer erläuternden Bilderserie eines praktischen Versuchs (analog zu einem Kochrezept) für jeden anwendbar wird (andere „Möglichkeiten" s. auch *Abb. 2.9-1*). Anschließend werden einige Tipps zur Vermeidung von Fehlern bei der Anwendung gegeben.

Abb. 2.9-1: Übersicht zu einigen Varianten einer Kokosnussöffnung (Cartoon von Kristine Pretzsch-Schmitt)

Kochrezept zum Öffnen einer Kokosnuss und zum Genuss der Inhalte

Wenn Sie die folgenden Schritte jetzt richtig durchführen, werden Sie morgen feststellen, wie lecker die Inhalte einer Kokosnuss schmecken können und in Zukunft beobachten, wie gesund dies ist [NEW 14].

1. Bereitstellen

Besorgen Sie sich folgende Utensilien aus Ihrem Haushalt (*Abb. 2.9-1*):

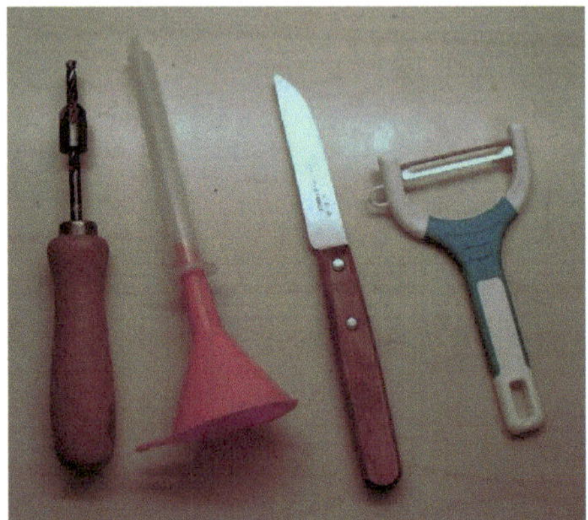

Abb. 2.9-1: Benötigte Haushaltsgeräte

- Einen Bohrer (Durchmesser 4-6 mm) mit Griff (von einer Feile) oder einen Schaschlikspieß (Metall und Holz)

- Optional einen kleinen Trichter, dem Sie das zylindrische Teil einer Spritze überstülpen

- Ein kleines, scharfes Küchenmesser

- Optional einen Gemüseschäler

2. Kokosnuss an zwei „Augen" anbohren

Dazu evtl. die Kokosnuss in einen breiten Becher stellen, damit sie beim Bohren nicht umfallen kann. Echte Handwerker können das auch mit einer Bohrmaschine „in der Hand" erledigen. *Abb. 2.9-2* zeigt die Profitechnik (geht auch mit Spieß oder kleinem Schraubendreher!). Falls vorhanden, kann auch eine zweite Person die Nuss beim Bohren festhalten.

Abb. 2.9-2: Löcher in zwei der drei „Augen" der Kokosnuss bohren oder stechen

3. Kokosmilch ausgießen

Durch eines der beiden durchbohrten Augen lässt sich jetzt die in der Kokosnuss enthaltene süße Kokosmilch in ein Glas gießen (*Abb. 2.9-3*).

Abb. 2.9-3: Kokosmilch im Glas (schmeckt lecker, falls Nuss i.O.)

Falls die Milch muffig riecht oder schleimige dunkle „Bestandteile" enthält, war die Nuss verdorben. Dann eine neue Nuss nehmen, es sei denn, Sie wollen sehen, wie eine verdorbene Nuss von innen aussieht!

4. Kokosnuss vollständig (!) mit Wasser füllen

Jetzt die Kokosnuss senkrecht stellen, mit den geöffneten Augen nach oben. Entweder über den in ein Auge gesteckten modifizierten Trichter solange Wasser in die Nuss gießen, bis es aus dem zweiten Augenloch überläuft, oder mit einem feinen Wasserstrahl direkt aus dem Wasserhahn in das Augenloch einfüllen, bis das Wasser aus dem zweiten Augenloch austritt.

5. Die wassergefüllte Nuss mit Stopfen verschließen

Stopfen können z. B. aus einem alten Flaschenkorken als kleine „quasirunde" Kegel geschnitten werden (*Abb. 2.9-4*). Auch käufliche Ohrstöpsel eignen sich hierzu. Es geht auch mit Holzspießen, wie im Bild rechts gezeigt.

Abb. 2.9-4: Augen mit (Kork- oder Holzspieß-)Stopfen verschließen

6. Kokosnuss ca.12 Stunden in Tiefkühlfach (-18 °C) stellen

Damit das Wasser in der Kokosnuss seine „Sprengkraft" zur Schalenöffnung entfalten kann, muss es vollständig gefrieren (-18 °C für 12 Stunden ausreichend, z. B. über Nacht). Dabei vergrößert sich sein Volumen, während die Kokosnuss-Schale nur unwesentlich ihr Volumen verändert und dadurch vom Wasser wie ein spröder Behälter in zwei Teile gerissen wird (*Abb. 2.9-5*). Theoretisch ist dies ein umlaufender Riss in der Nussmitte, wegen Inhomogenität der Schale kann die Nuss aber auch teilweise gezackt oder teilweise in Längsrichtung reißen.

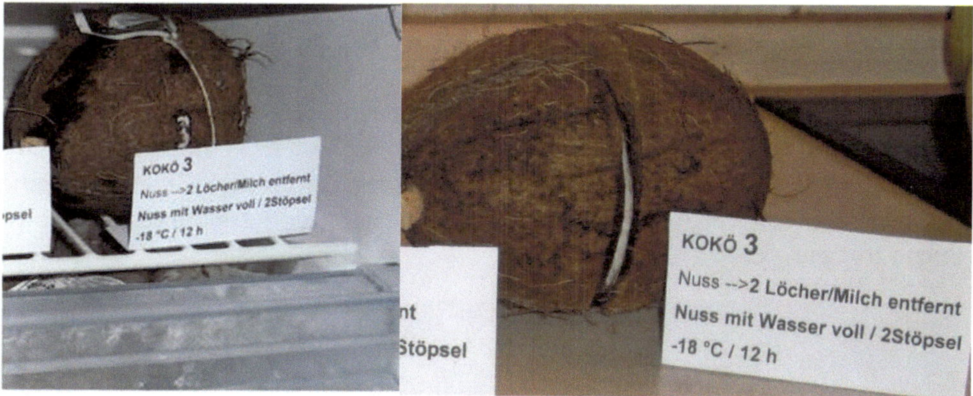

Abb. 2.9-5: Kokosnuss im Tiefkühlfach und mit Riss nach 12 Stunden

7. Nusshälften trennen und Eis-Ei entfernen

Nach Trennung der Nusshälften und Entfernung der Eis-Ei-Hälften (*Abb. 2.9-6*), wartet man noch einige Minuten, bis sich die Nuss erwärmt hat, sonst gibt es kalte Finger.

Abb. 2.9-6: Trennung der gerissenen Nusshälften und Eis-Ei-Reste

8. Weiße Fruchtschale segmentweise einschneiden und aus Nussschale entfernen

Jetzt die Nussfrucht mit einem spitzen, scharfen Küchenmesser segmentweise aus der Nussschale ausschneiden. Dabei das erste Segment so mit zwei Schnitten einschneiden, dass ein V-förmiger Fächer entsteht, der sich leicht zur Nussmitte hin ausheben lässt. Das Ausheben erfolgt dadurch, dass das Messerblatt (oder ein Schraubendreher) zwischen Nussschale und Fruchtfleisch gesteckt und leicht nach innen zur Nussmitte geschwenkt wird (*Abb. 2.9-7*, A bis C).

Abb. 2.9-7: Trennung des Fruchtfleischs von der Nussschale

Durch die Tiefkühlbehandlung ist nicht nur die Nussschale gerissen, sondern durch die Relativbewegung zwischen Nussschale und Fruchtfleisch (verschiedene Ausdehnungs-koeffizienten) haben die Schubkräfte eine Trennung der beiden Bestandteile bewirkt!

9. Abschälen der braunen Fruchthaut vom weißen Fruchtfleisch (optional)

Obwohl die braune, aber etwas harte Fruchthaut mitgegessen werden kann, wird häufig die Farbe als wenig ansprechend empfunden. Für diesen Fall lässt sich die Haut leicht von den Fruchtsegmenten mit dem Küchenmesser oder einem Kartoffelschäler trennen (*Abb. 2.9-8*).

Abb. 2.9-8: Abschälen der braunen, harten Fruchthaut vom weißen Fruchtfleisch

Und jetzt guten Appetit beim Genießen der Kokosnuss-Frucht!

Tipps zur Vermeidung von Fehlern beim Öffnen einer Kokosnuss

Falls bei den neun Schritten des vorhergehenden Abschnitts nicht alle Details beachtet wurden, kann es zu Problemen kommen. Die wichtigsten Fehler und deren Wirkungen sind (*Abb. 2.9-9* und *Abb. 2.9-10*):

- Die Nuss wurde ohne Vorbehandlung in die Gefriertruhe gelegt, d. h. die Kokosmilch befindet sich noch in der Nussschale.
  → Die Kokosnussschale wird nicht reißen, da zu wenig Ausdehnungsflüssigkeit in der Nuss vorhanden ist (jeweils links in den Bildern dargestellt = KOKÖ 1).

- Die Nuss wurde zwar mit Vorbehandlung in die Gefriertruhe gelegt, doch wurde zu wenig Wasser eingefüllt.

→ Die Kokosnussschale wird wahrscheinlich nicht reißen, da zu wenig Ausdehnungs-flüssigkeit in der Nuss vorhanden ist (jeweils in der Mitte der Bilder dargestellt = KOKÖ 2).

Abb. 2.9-9: Fehlermöglichkeiten bei der Vorbehandlung der Kokosnuss (KOKÖ 1 und KOKÖ 2)

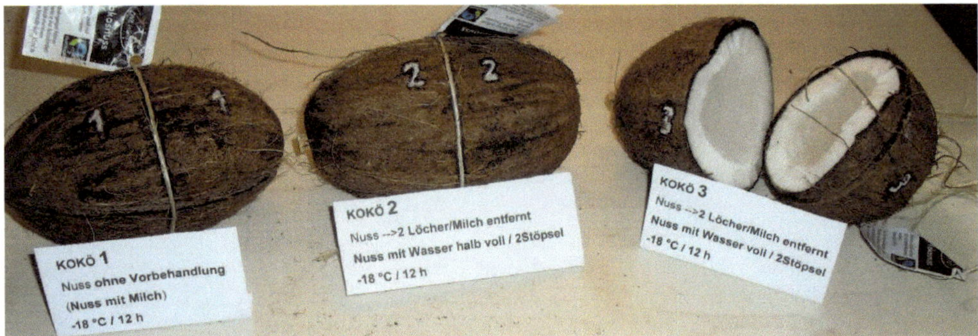

Abb. 2.9-10: Ergebnis einer fehlerhaften Vorbehandlung der Kokosnuss (KOKÖ 1 und KOKÖ 2 nicht gerissen) und der korrekten Vorbehandlung (KOKÖ 3 mit Riss am Umfang)

Des Weiteren kann es bei den folgenden Fehlern zu Unannehmlichkeiten kommen:

- Die Verschlussstopfen dichten nicht ab oder die Nussschale weist bereits Risse auf, bzw. die Kokosnuss wurde ohne Auffangschale in den Gefrierschrank gelegt.
  → Wasser tropft in den Gefrierschrank und bildet dort eine schlecht zu entfernende Eisschicht.

- Es wurde nicht auf den Zustand der auslaufenden Kokosmilch geachtet (z. B. schlierig, schimmelig, verdorbener Geruch).
  → Vorbehandlungs- und Kühlaufwand nutzlos, da die Kokosfrucht nicht genießbar ist!

Hinweis:

Nichts ist so gut (einfach), dass man es nicht auch noch besser (einfacher) machen könnte!

Denn bei einem Aufenthalt an einem afrikanischen Strand, hatte ein Einheimischer eine in der

Hand gehaltene Kokosnuss geschickt mit einem schweren Messer umlaufend auf einer Äquator-Linie der Kokosnuss so lange „behämmert", bis die Nuss nach einiger Zeit staunend in zwei Teile zerbrach! Man sieht: „Auch althergebrachte Erfahrungen sind gut"! Zuhause mit Geduld nachgemacht, trat der gleiche Effekt sowohl mit einem großen Messer (*Abb. 2.9-11*), als auch mit einem normalen Hammer (*Abb. 2.9-12*) ein. Natürlich muss vorher die Kokosmilch entfernt werden, sonst gibt es Ferkelei. Auch ist die erforderliche Geschicklichkeit höher als bei der „Cool-Crusher"-Methode.

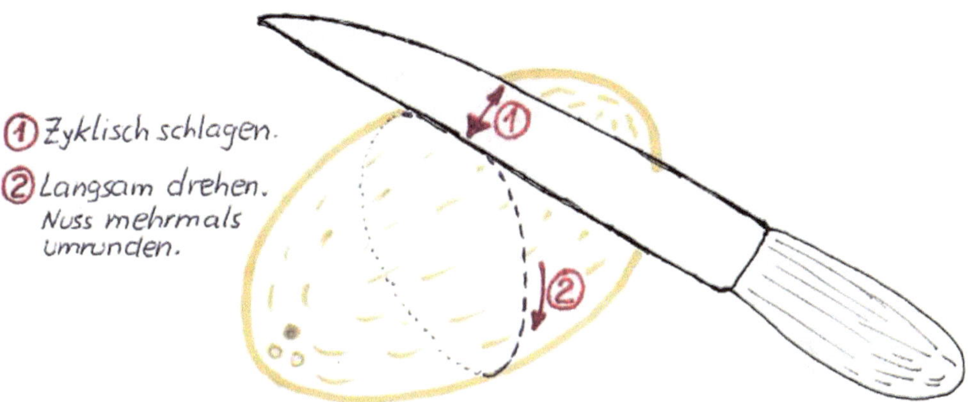

Abb. 2.9-11: Öffnung einer Kokosnuss mit einem Schlagmesser (Kokosnuss in der Handfläche langsam drehen)

Abb. 2.9-12: Öffnung einer Kokosnuss durch zyklisches Schlagen mit der Hammerfinne und langsames Drehen

Bei dieser Methode zum Öffnen einer Kokosnuss wurden übrigens von den Einheimischen intuitiv die folgenden wissenschaftlichen Aussagen der Bruchmechanik und Festigkeitslehre genutzt (*Abb. 2.9-13)*:

- Spröde Werkstoffe (z. B. Nussschalen) brechen immer unter der größten Zugspannung, beim Überschreiten der werkstoffabhängigen Zugbruchfestigkeit.
- Die benutzte Schlagtechnik kann vereinfacht durch das Ersatzbild eines beidseitig fest eingespannten Biegebalkens beschrieben werden, wobei die örtlich von außen auf die Schale eingebrachten Schlag-Druckkräfte auf der Innenseite der Schale die Zugspannungen erzeugen. Dabei dienen die übrigen, nahezu unbeteiligten, Zonen der Schale als „Auflager = Stütze".
- Die Schlageinleitung erfolgt örtlich umlaufend jeweils an der Stelle, bei der die größte Zugspannung eines Biegebalkens entsteht: In der Mitte der Kokosschale auf der Innenseite.

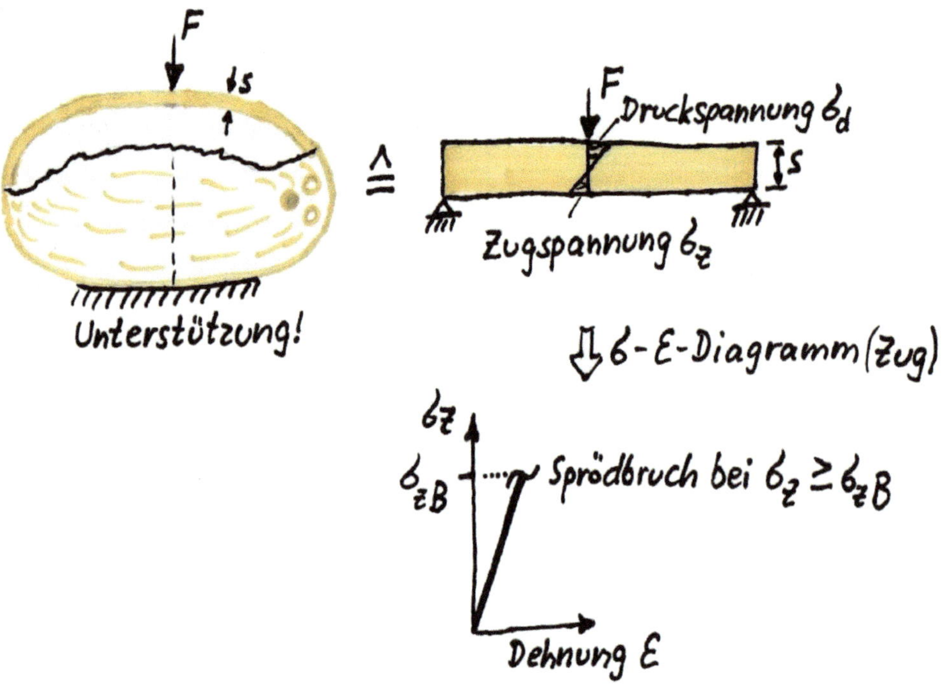

Abb. 2.9-13: Parameter der Bruchmechanik und Festigkeitslehre beim Öffnen einer Kokosnuss

2.10 Projektergebnis von KOKÖ dokumentieren, präsentieren und umsetzen (OK)

Zur „Dokumentation" (Projektbericht) wurden in *Kap. 1*.10 für CLEANY ausführlich Hinweise gegeben, die analog auch für KOKÖ angewendet wurden. Zugunsten einer erweiterten Darstellung der Präsentation wurde hier aber darauf verzichtet.

Es kommt in Projekten häufig vor, dass ein Zwischenstand oder das Ergebnis Außenstehenden präsentiert werden müssen, die oft auch Entscheidungen über das weitere Vorgehen treffen. An Hochschulen sind dies in der Regel Assistenten oder Professoren, in Firmen Bereichsleiter und in Vereinen die Vorsitzenden. Für KOKÖ fand zum Semesterende ebenfalls eine Präsentation statt, bei der jeder (!) Projektteilnehmer einen Vortragsteil übernehmen musste. Zur Vorgehensweise folgen jetzt einige Hinweise.

Der *1. Schritt* besteht in der Erstellung eines *Ablaufplans der Präsentation*, der am besten handschriftlich auf einem Flip-Chart entsteht (*Abb. 2.10-1*) oder z. B. mit Windows Journal™ und Beamer-Anzeige für alle Teilnehmer sichtbar ist. Dieser Plan berücksichtigt die von den Teilnehmern freiwillig gewählten Schwerpunkte und wird bezüglich der Vortragszeiten iterativ so erstellt, dass die vorgesehene Gesamtzeit eingehalten werden kann.

Präsentationsablauf KOKÖ							20.12.20xx
Teilnehmer	Kapitel	Thema	Zeit [min]	Teilnehmer	Kapitel	Thema	Zeit [min]
BIR	-	Begrüßung und Agenda	3	KLK/LAU	4.9	Konzeptvariante KV8 „Cool Crusher" Erstentwurf	2
WOR	2.	Projektthema	2	STO	4.10	Schwachstellenanalyse	2
KLK	3.1	Sitzungsbegleit. Protokolle	2	LAU	4.10	Optimierte Konzeptvariante KV8	1
PES	3.1	Video-Dokumentation	2	STO/BAB	4.9/4.10	Konzeptvariante KV1	3
STO	3.1	Kommunikations-Plattform	2	MÜL/WIN	4.9/4.10	Konzeptvariante KV2	3
BAB	3.1	Team-Ideen-Galerie	2	FIC/HOß	4.9/4.10	Konzeptvariante KV3	3
WIN	3.1	Team-Ideen-Kreisel	2	KAC/WOR	4.9/4.10	Konzeptvariante KV4	3
FIC	3.1	Team-Entscheidung	2	SCH/MAY	4.9/4.10	Konzeptvariante KV5	3
LAU	3.2-3.12	Übersicht Arbeitsschritte	2	BIR/UHL	4.9/4.10	Konzeptvariante KV6	3
ALA	4.2	Ergebnisse →Blackbox	2	ALA/SAA	4.9/4.10	Konzeptvariante KV7	3
SCH	4.3	Anforderungsliste	2	BAB/SCH	4.11	Technisch-Wirtschaftlich-Ökologische Bewertung	3
UHL	4.4	Funktions – Ablaufplan	2	FIC	4.12	Optimallösung(en)	3
KAC	4.5	Grundfunktionsstruktur	2	SCH	5.	Ausblick zur Umsetzung der Ergebnisse	2
WOR	4.6	Variation der Fu.-Str. und optimale Fu.-Str.	2	SCH	1.	Zusammenfassung	3
MÜL	4.7	Lösungsprinzipien (LP)	4			Gesamtpräsentation	**75min**
MAY	4.8	LP-Favoriten v. Prinzipkombination	2	Alle	-	Diskussion	15
		Übertrag	**36min**			Gesamtdauer	**90min**

Abb. 2.10-1: Präsentationsablauf für KOKÖ

Im *2. Schritt* sollte anschließend von einem Freiwilligen mit der in PowerPoint verfügbaren Funktion *„Masterfolie"* eine *Formatvorlage* erstellt werden, die alle Teilnehmer benutzen müssen.

Bei KOKÖ wurden eine *Kopfzeile* (Hochschule, und Bereich) und eine *Fußzeile* (Foliennummer, Veranstaltung, Semester/ Datum und Projektthema) erstellt, die nicht unbedingt zu lesen sein muss. Sie dienen lediglich für eine Zuordnung beim Ausdruck von *Handzetteln* (Handout). Sinnvoll wäre allerdings bei *Abb. 2.10-2* gewesen, wenn die Folien-Nummer nur als größer geschriebene Zahl und das TN-Kürzel zusätzlich in der Fußzeile erscheinen würde, um in der späteren Diskussion leichter auf die Foliennummer verweisen zu können. Im Mittelteil der Masterfolie erscheint die *Kapitelnummer* bzw. die *Kapitelüberschrift* gut lesbar in Arial/ 35, *Textteile* mindestens in Arial/ 24 und bei Bedarf ein *Bildfeld*. Als Hintergrundfarbe wurde bei KOKÖ in Anlehnung an die braune Kokosnuss ein warmer Hellbraunton gewählt. Bei einer Projektstudie zu Wasserturbinen würde beispielsweise ein hellblauer Hintergrund passen.

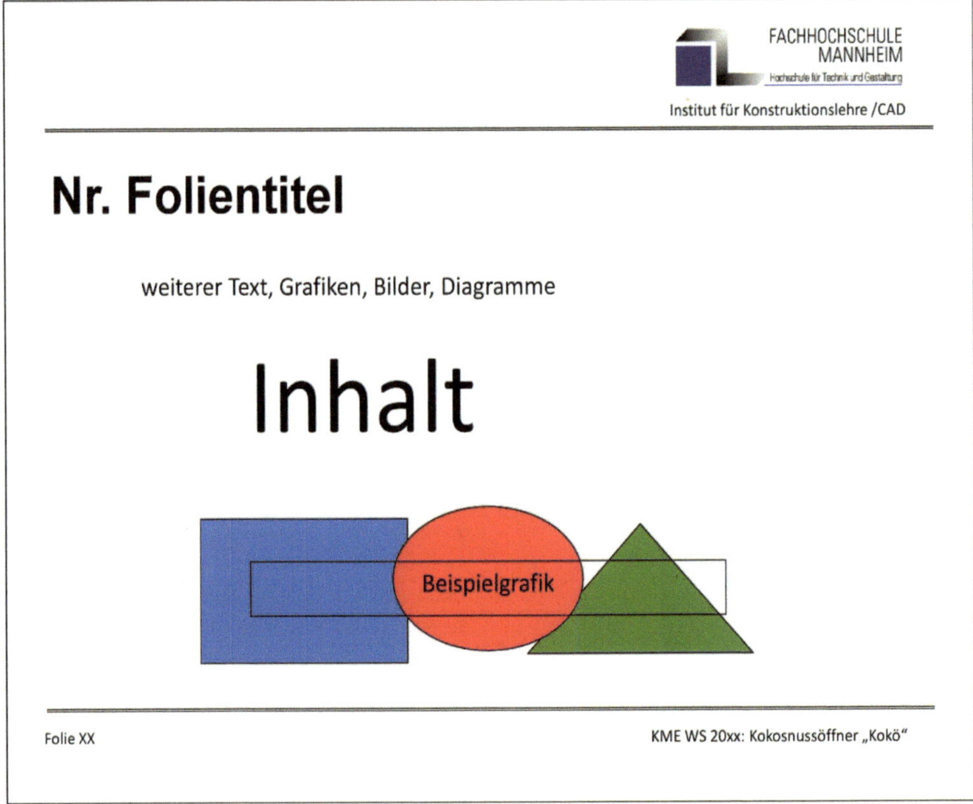

Abb. 2.10-2: Masterfolie für die KOKÖ-Endpräsentation

 **Beachte** 

Folien möglichst nicht nur mit wenig (groß geschriebenem) Text gestalten, sondern (zusätzlich) mit Bildern und einfachen Grafiken verständlich darstellen. Animationen wirken in der Regel als unnötige Spielerei und häufig als störend. Farbe für Text dezent verwenden. Besondere Aufmerksamkeit wird durch **weiße Schrift auf dunklem Grund** erzeugt! Für den Druck muss dieser Hintergrund wegen zu hohem Tonerverbrauch in Weiß und die Schrift wieder in Schwarz zurückverwandelt werden.

Als Daumenregel gilt: maximal eine Folie pro Minute zeigen!

Aufbau-Folien, bei denen aus didaktischen Gründen ein Bild in Teilschritten entsteht, werden dabei als eine Folie betrachtet.

Die folgende *Abb. 2.10-3* zeigt eine durch Komponenten-Bezeichnung verständlich ergänzte Aufbau-Bildfolie, während in *Abb. 2.10-4* eine gut gelungene Text-Bild-Folie dargestellt ist.

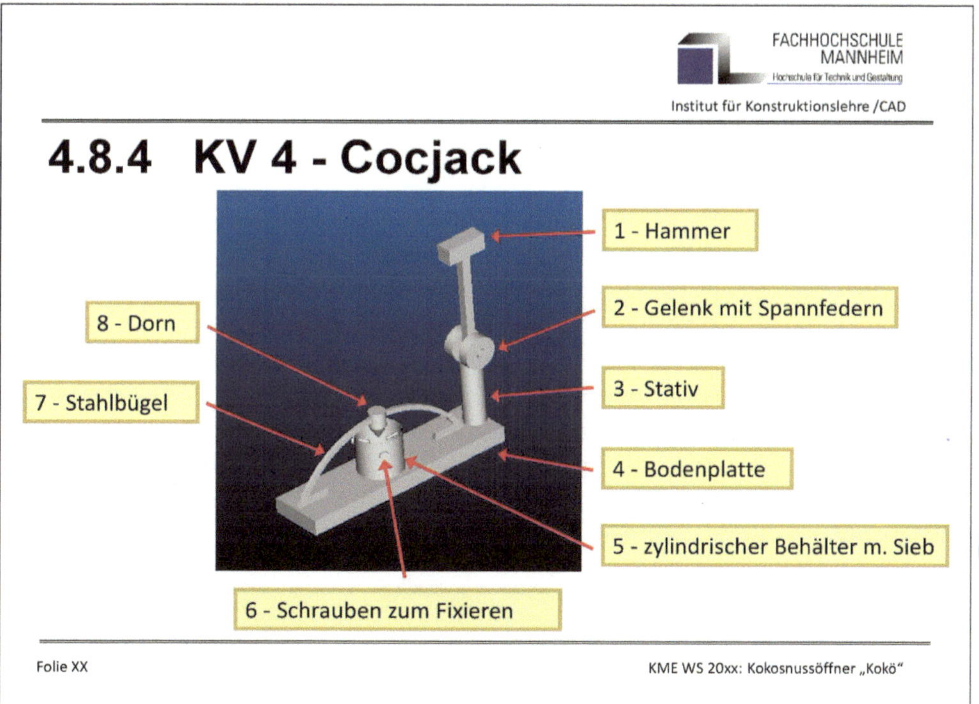

Abb. 2.10-3: Verständliche Aufbau-Folie der KOKÖ-*KV*4

OK

Abb. 2.10-4: Gut gelungene Text-Bild-Folie bei der KOKÖ-Präsentation (Cartoon von Kristine Pretzsch-Schmitt)

Im *3. Schritt* gestalten die Teilnehmer ein bis zwei Tage vor dem Präsentationstermin einen *Probevortrag*, durch den noch bestehende Fehler ausgemerzt, Vorhandenes verbessert, die veranschlagten Zeiten überprüft und vor allen Dingen das Lampenfieber durch ein sich bildendes Sicherheits- und Beruhigungsgefühl beim Probevortrag reduziert werden.

Der *4. Schritt* beinhaltet dann die Durchführung der eigentlichen *Präsentation*. Da Projektarbeiten an Hochschulen (leider noch) in der Regel prüfungs- und notenrelevant sind, kann neben den schwergewichtigen Notenanteilen „Dokumentation + Mitarbeit + Zusatzaufgaben" auch die Präsentation mitberücksichtigt werden. Dies kann vom Lehrenden (unabhängig unterstützend auch durch anwesende (Hilfs-) Assistenten) begleitend zur Präsentation durch Ausfüllen eines einfachen Bewertungsschemas erledigt werden (*Abb. 2.10-5*).

<table>
<tr><td colspan="6">Datum: 20.12.20xx

Präsentation: KOKÖ-Projekt</td></tr>
<tr><td rowspan="2">Uhrzeit
von - bis</td><td rowspan="2">Name
(Kürzel)</td><td rowspan="2">Thema</td><td colspan="3">Bewertung</td></tr>
<tr><td>Inhalt</td><td>Medien</td><td>Wirkung</td></tr>
<tr><td>10:34 – 10:36</td><td>…</td><td>…</td><td>…</td><td>…</td><td>…</td></tr>
<tr><td>10:37 – 10:40</td><td>ABS</td><td>3.1 Video-Dokumentation</td><td>1</td><td>2</td><td>2</td></tr>
<tr><td>10:40 – 10:43</td><td>…</td><td>…</td><td>…</td><td>…</td><td>…</td></tr>
</table>

Abb. 2.10-5: Einfache Bewertung der Vortragenden durch Noten

Ergänzende Bemerkungen zur „Lehr-/ Lern-Beurteilung"

Die Noten-Bewertung der Studierenden durch Professoren wird zu Recht als sehr einseitig empfunden. Ein seit langem vom Autor praktiziertes einfaches, gerechtes und wirkungsvolles Modell zur Verbesserung der Team- und Handlungskompetenz aller Beteiligten ist in *Abb. 2.10-6* schematisch gezeigt. Ergänzend zur (leider noch) standardmäßigen *Notengebung* (Prof. $\rightarrow$ Student TN_n) und der zunehmend verwendeten *Evaluation der Lehre* (Student TN_n $\rightarrow$ Prof. ; leider oft mit einer wenig authentischen und kaum hilfreichen Multiple-Choice-Aussage verbunden), vergibt jeder Studierende an jeden Team-Teilnehmer ein *„Team-Lob"* (Student TN_n $\leftrightarrow$ ΣStudenten-TN). Dieses „Team-Lob" enthält die, aufgrund einer Team-Idee-Galerie mit vielen Teilnehmern erhaltenen, wichtigsten Teamfähigkeit-Eigenschaften (*Abb. 2.10-7a* und *2.10-7b*).

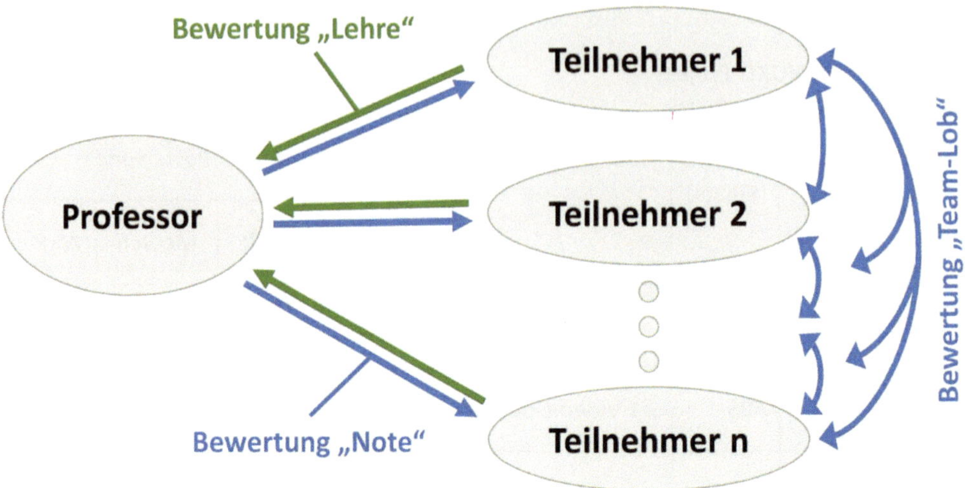

Abb. 2.10-6: „Rundum"-Bewertung in Hochschul-Projekten

Teambewertung der Teilnehmer zu ... KOKÖ ...   **Teilgruppe: KVx ...**

(Nur Pfeil- Felder ausfüllen! Den eigenen Namen bitte streichen!)

Rückgabe bis: 22.12.20xx → Bau H, Postfach "Peschges Nr. 87"   © Fachhochschule Mannheim, 2004, Prof. Dr. Peschges)

Name	g_i	TN 1		TN 2		TN 3		~~TN 4~~		TN 5		TN 6		TN 7		TN 8		TN 9	
Kriterium	g_i	↓	$*g_i$	↓	$*g_i$	↓	$*g_i$	↓	$*g_i$	↓	$*g_i$	↓	$*g_i$	↓	$*g_i$	↓	$*g_i$	↓	$*g_i$
Fachlich-inhaltlicher Beitrag z. Ergebnis	8	+				+				++				+				++	
kreativ (Ideenlieferant)	8	+				+						+				+		++	
hilfsbereit (bei Engpässen)	6	+		+										++					
konsensorientiert (gute Diskus.-kultur)	5	+				+				++				+					
verläßlich (hält Absprachen ein)	4					++						+				+			
respektvoll (tolerant zu allen Teammitgl.)	4	++		++										+				++	
kommunikativ (ver-teilt Wichtiges sofort	3			+		+						+		++		+			
pünktlich (termintreu)	2	+										++		+					
Σ (Σg_i = 40)																			
Ø = Σ / 40																			

Hinweis: siehe Rückseite!

Abb. 2.10-7a: Team-Lob-Bewertung der TN untereinander (s. *Abb. 2.10-7b*), ausgefüllt durch Teilnehmer *TN*4

Geben Sie für alle Teilnehmer (sinnvoll kriterienweise) durch **Symbole** an, was Ihnen
besonders positiv = **++**
oder   positiv = **+**
aufgefallen ist, d.h. verteilen Sie ehrlich ein verdientes Lob!
Zusätzlich können Sie einzelnen Teilnehmern ein persönliches Feedback geben:

> TN 7 war besonders aktiv im Projekt. Ohne seine Hilfe hätten wir vielleicht das Projekt nicht zum vorgesehenen Zeitpunkt abschließen können!
>
> TN 9 hat sehr gute Beiträge zum Thema geliefert!

Abb. 2.10-7b: Team-Lob-Bewertung der TN untereinander (*s. Abb. 2.10-7a*, ausgefüllt durch Teilnehmer *TN* 4).

Nach Auswertung aller von den Studierenden an den Professor zurück gegebenen Beurteilungsblätter erhält jeder einzelne Studierende im verschlossenen Umschlag sein individuelles Feedback für alle acht Team-Eigenschaften. Außerdem werden ihm für jede der acht Eigenschaften die maximal, minimal und durchschnittlich vergebenen „Lobkreuze" mitgeteilt. Damit erhält er vielleicht erstmals, und unter Umständen sogar letztmals, eine vergleichende neutrale Beurteilung seiner „Teamfähigkeit", ohne dass damit ein Nachteil für ihn verbunden ist.

Es wurde bereits auf die oftmals sehr aufwändige Lehr-Evaluation hingewiesen, die mit vorgefertigten Multiple-Choice-Fragen mit immer größerem Aufwand zu immer unwichtigeren Details der Lehre unbrauchbare Antworten liefert. Was eigentlich gebraucht wird, sind authentische und persönliche Anregungen der Studierenden zur Verbesserung der Lehrveranstaltungen. Aus diesem Grund wird in den Veranstaltungen des Autors lediglich ein einfacher, einseitiger Fragebogen benutzt, wie er in *Abb. 2.10-8* gezeigt ist. Die darauf handschriftlich formulierten authentischen Hinweise von Studierende sind aus deren Sicht und für die Verbesserung des Lehr-/ Lernerfolgs wirklich wichtig (Pareto-Prinzip).

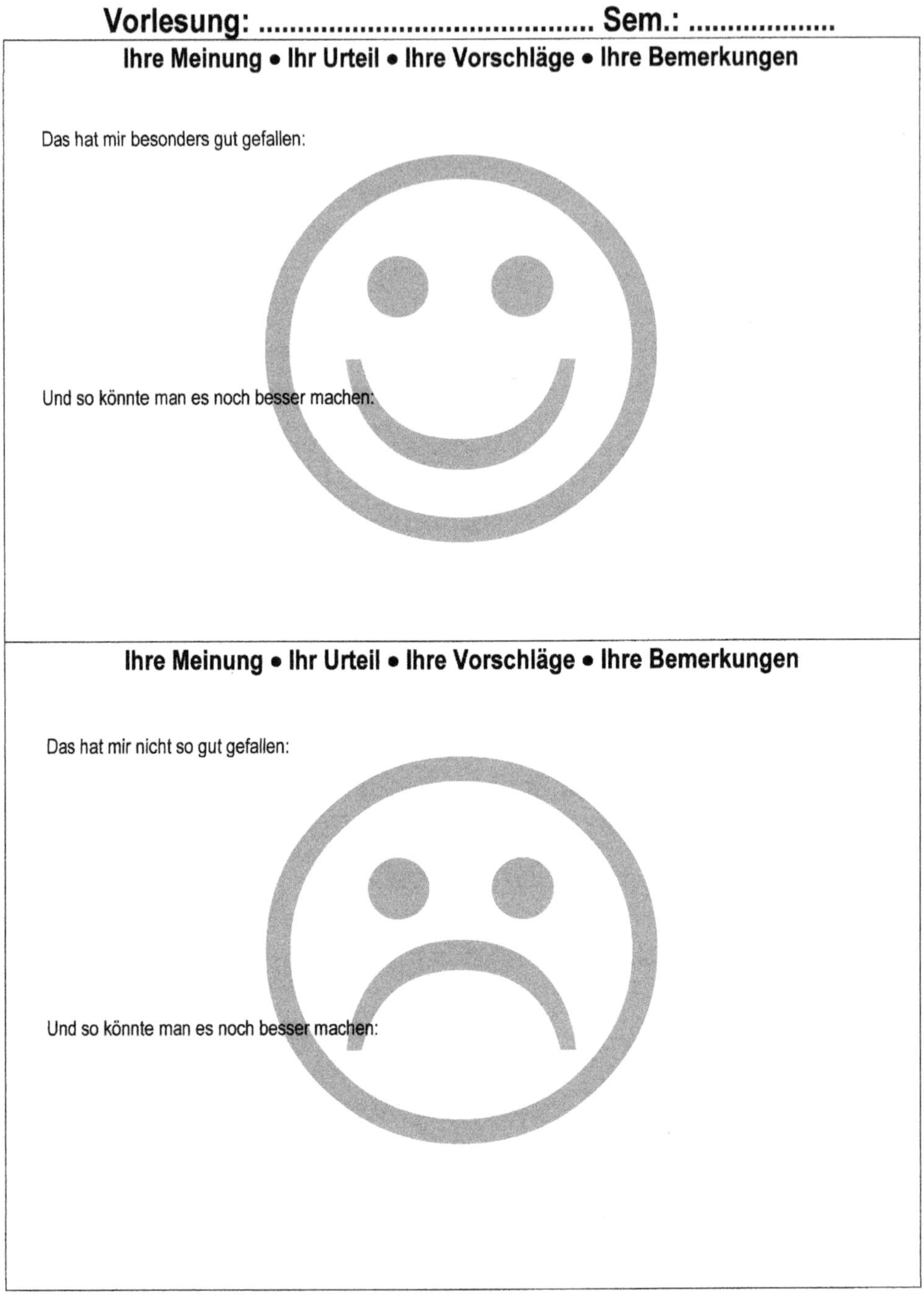

Vorlesung: .... Sem.: ....

Ihre Meinung • Ihr Urteil • Ihre Vorschläge • Ihre Bemerkungen

Das hat mir besonders gut gefallen:

Und so könnte man es noch besser machen:

Ihre Meinung • Ihr Urteil • Ihre Vorschläge • Ihre Bemerkungen

Das hat mir nicht so gut gefallen:

Und so könnte man es noch besser machen:

Abb. 2.10-8: Einfacher Fragebogen zur Evaluation von Lehrveranstaltungen

Und dass es auch noch ganz anders und völlig ohne Prosatext geht, zeigt der Cartoon einer KOKÖ-Team-Teilnehmerin (*Abb. 2.10-9*).

Abb. 2.10-9: Beurteilungsskizze der KOKÖ-Projektveranstaltung zur Konstruktionsmethodik „KME" (Cartoon von Kristine Pretzsch-Schmitt)

In diesem Zusammenhang wird auch auf die Problematik von fairen Prüfungen/ Klausuren und deren Bewertung hingewiesen. In [PES 20] findet sich ein Link zum kostenlosen Download des entsprechenden Kapitels (*Kap. 5*). Diese Informationen sind besonders für die Lehrkräfte an den Hochschulen empfehlenswert

3 Konzeptentwicklungsbeispiele

Um zu zeigen, dass die methodische Vorgehensweise nicht nur auf technische Entwicklungen, sondern auch auf beliebige andere Entwicklungsbereiche anwendbar ist, werden jetzt für jeden einzelnen Arbeitsschritt wechselnde Themenstellungen zur Anregung für eigene Aufgabenstellungen bearbeitet. Fällt Ihnen spontan eine derzeitige (möglichst noch nicht zu komplexe) Aufgabenstellung aus Ihrem privaten oder beruflichen Umfeld ein, an der Sie die 10 Arbeitsschritte (oder nur exemplarische Einzelschritte) austesten wollen, so sind dazu die unter dem QR-Code abrufbaren Formulare hilfreich.

Lassen Sie sich jetzt durch die folgenden Beispiele zu eigenen Anwendungen anregen, wobei besonders *Kap. 3.1* hilfreiche Anregungen liefert.

 **Beachte** 

Wie bereits zu Beginn von *Kap. 2* erwähnt, finden Sie nützliche Zusatztipps/ -informationen zu den entsprechenden Einzelkapiteln in Form eines solchen Kastens in der detaillierten Ausführung des Projekts CLEANY, das vollständig in *Kap. 1* dargestellt ist.

3.1 Selbstgewähltes Team-Projekt (METEOR)

Es ist ein gesichertes Erfahrungswissen der Menschheit, dass ein anwendungsbezogenes Handeln zum nachhaltigsten Lernerfolg führt. Was selbst einmal mit Bewusstsein getan wurde oder was jemand unter mitarbeitender Anleitung eines Experten oder Gleichgesinnten einem Projektergebnis mit seinen Fähigkeiten beisteuern konnte, bleibt auch langzeitig verfügbar. Ein „Pauken" auf eine Klausur hin, um zu bestehen oder eine gute Note zu erhalten, liefert zwar ein angestrebtes Ergebnis, wird aber selten ein zweites Mal im Leben benötigt. Im praktischen Berufsalltag werden auch selten die Wissensinhalte eines Studiums komplett abgefragt. Es sei denn man studiert Mathematik und wird Mathematiklehrer oder Mathematikprofessor. Schätzungen besagen, dass Ingenieure lediglich zwischen 5 % und 30 % des in Klausuren als Einzelkämpfer abgeprüften Fachwissens im praktischen Alltag benötigen. Von den wichtigen Dingen, also den komplexen Zusammenhängen zwischen Technik, Organisationsstrukturen, Mitwelt und Gesellschaft sowie den oft als schwierig empfundenen Rahmenbedingungen bei Teamarbeit, haben die meisten während ihres Studiums nur wenig erfahren. Deswegen:

→ Wenn Sie *Student(in)* sind, suchen Sie sich umgehend Kommilitonen und beginnen ein interessantes Teamprojekt!

→ Wenn Sie *Lehrender* an einer Schule oder Hochschule sind, stellen Sie Teile ihrer Vorlesung oder Alles auf projektorientiertes Lernen um!

→ Wenn Sie in einem *Verein* sind, suchen Sie sich umgehend Partner und starten ein für den Verein förderliches Gemeinschaftsprojekt!

→ Wenn Sie in einem *Unternehmen* arbeiten, organisieren Sie mit Gleichgesinnten ein für den Unternehmenserfolg bedeutendes Projekt!

→ Wenn Sie ein *ungebundener Leser* sind, begeistern Sie Freunde und Bekannte bei einer für ihr Umfeld relevanten Problemlösung mitzumachen!

Wie Sie dabei gemeinsam methodisch und systematisch vorgehen sollten, ist in den 10 Arbeitsschritten in *Kap.* 1 und *Kap.*2 an zwei Beispielen ausführlich erläutert worden. Ihr eigenes Projekt wird mit den erforderlichen Formularen und Informationen schrittweise begleitet. Denken Sie bei allem was sie dann tun, nicht an die Schwierigkeiten und die gesamten zu erwartenden Problembereiche, sondern konzentrieren Sie sich auf den nächsten vor Ihnen liegenden Arbeitsschritt. Wenden Sie das „Beppo-Straßenkehrer-Prinzip" an, und freuen Sie sich auf die gemeinsam erreichbaren Erfolge!

Die folgende Tabelle in *Abb. 3.1-1* ordnet die wesentlichen Arbeitsschritte zur Organisation einer *Methodischen Teamarbeit* den zugehörigen Lernkapiteln, Abbildungen und einzusetzenden Formularen/ Hilfsmitteln zu.

Nr.	Arbeitsschritt	Lernkapitel	Abbildungen	nützliche Formulare
1.1	Kennenlernen	*1.1* (CLEANY)	*Abb. 1.1-1* bis *Abb. 1.1-6*	(Adressen)
1.2	Projektthema	*1.1* (CLEANY)	*Abb. 1.1-7* bis *Abb. 1.1-14*	Ideenkarte Wahlkarte
1.3	Projektprotokolle	*1.1* (CLEANY) *2.1* (KOKÖ)	*Abb. 1.1-15* und *Abb. 1.1-16* *Abb. 2.1-2*	(EDV-Protokoll) Protokoll
1.4	Projektplanung/ -management	*1.1* (CLEANY)	*Abb. 1.1-17* bis *Abb. 1.1-21*	(AP-ZP) (AP-ZP$_{EDV}$) To-Do-Karte
1.5	Spezialaufgaben	*1.1* (CLEANY)	*Abb. 1.1-22*	(Aufgaben)
1.6	Sonstiges	*1.1* (CLEANY)	*Abb. 1.10-3* *Abb. 1.10-5* *Abb. 1.10-6*	(Bericht-Struktur)

Abb. 3.1-1: Arbeitsschritte und zugehörige Hilfsmittel beim Mitmach-Projekt

Sie haben alle 6 Schritte geschafft und dokumentiert? Prima! Dann viel Erfolg für den nächsten Schritt, er wird Ihnen weniger Mühe bereiten.

Sind Ihnen Verbesserungen eingefallen? Dann schreiben Sie es uns eine E-Mail an:

im.team.entwickeln@springer.com

3.2 BLACK BOX für ein selbstgewähltes Team-Projekt (VEIN)

Für Ihr unter *Kap. 3.1* gewähltes Projektthema kann im Falle einer Produktentwicklung (Gerät, Anlage…) die gleiche Vorgehensweise wie in *Kap. 1.2* und *Kap. 2.2* zur Darstellung der Black Box gewählt werden.

Aber auch bei einem allgemeinen Projektthema ist die Black-Box-Darstellung hilfreich. Wenn z. B. Ihr Thema „Neuorganisation eines **Ver**ein**s**" lauten würde, so könnte die Black Box vereinfacht wie in *Abb. 3.2-1* aussehen.

Abb. 3.2-1: Black Box für ein allgemeines Projekt (Beispiel: Verein neu organisieren)

Beim **Stoffumsatz** ist es sinnvoll zuerst abstrakte Begriffe am Eingang E einzutragen. Diese können dann in Klammern beispielhaft beschrieben werden. Wenn mehrere Begriffe zu einer Kategorie passen, werden diese ebenfalls in die Klammer geschrieben. Anstelle von

Schreibmaschine → Geräte (z. B. Schreibmaschine)

oder statt

Rundbriefe → Hilfsmittel (z. B. Rundbriefe)

Wenn der Begriff nicht sinnvoll kategorisch einzuordnen ist, so ist der Begriff selbst einzutragen. Zum Beispiel gibt es für Vereinsmitglieder keine sinnvolle Kategorie. Daher wird „Vereinsmitglieder" eingetragen.

Am Ausgang ist das gewünschte, verbesserte Ziel

dargestellt:

- Geräte (z. B. PC)

- Hilfsmittel (z. B. E-Mail)

- mehr Vereinsmitglieder.

Der **Energieumsatz** stellt bei diesem Beispiel „Verbrauchsenergie" und „Energie der Macher" als Eingangsgröße dar. Auch hier ist als Ausgangsgröße das Ziel der Neuorganisation dargestellt. In diesem Fall ist es die Reduzierung der „Verbrauchsenergie" bzw. die Steigerung der Arbeitseffizienz bzw. des Arbeitseinsatzes.

Als **Signalumsatz** wird am Eingang die aktuelle Momentaufnahme der folgenden Größen eingetragen:

- Vereins-Informationen (IST)

- Öffentlichkeitsarbeit (IST)

- Information/ Kommunikation (IST)

Am Ausgang wird auch in diesem Fall das Ziel eingetragen. Beispielsweise sollte die Kommunikation untereinander verbessert werden.

In einigen Fällen (z. B. bei sehr überschaubaren, kleineren Projekten) kann auf die Erstellung einer Black Box verzichtet werden.

Im folgenden *Kap. 3.3* werden die *Zusatzanforderungen Z* der Black Box mit Hilfe einer *Anforderungsliste* konkretisiert.

3.3 ANFOLI (Anforderungsliste) für ein selbstgewähltes Team-Projekt (PARTY)

Es wird für das erste Team-Projekt (z. B. mit einem Anregungsbeispiel zu Räumlichkeiten für eine Geburtstagsparty PARTY) empfohlen, sich zunächst auf eine *ANFOLI-Kurzfassung* zu beschränken und dabei nur die wichtigsten und zutreffenden Hauptmerkmale der Leitlinie nach Pahl für die Formulierung zu benutzen (Abb. 3.3-1). Weitere Projekte können dann mit einer formularbasierten ANFOLI durchgeführt werden.

Da eine wichtige Geburtstagsfeier (z. B. „runder Geburtstag") meist nur von einem kleinen Personenkreis geplant wird, bietet sich ein einfaches Brainwriting mittels *Team-Ideenkreisel* (s. *Kap. 1*.3) an. So lassen sich alle Bedingungen für ein Gelingen leicht zusammentragen und eine Anforderungsliste erstellen.

Kurzfassung ANFOLI für PARTY

Geometrie:
Als Räumlichkeit sollte für die PARTY eine Räumlichkeit mit einem minimalen
Platzangebot für 60 Personen dienen. Des Weiteren sollte ein ganzzeitlich benutzbarer
Außenbereich vorhanden sein, an dem Unterhaltungen geführt werden können, ohne
etwaige Anwohner zu stören.

Energie:
Die Energieversorgung muss mindestens 10 Stunden vor Beginn der PARTY vorhanden
sein. Sie muss auf mindestens 3000 W ausgelegt sein, bei einer Netzspannung von 230 V.

Sicherheit:
Feuerlöscher müssen aufgrund von (Wunder-)Kerzen permanent gut erreichbar und
ausreichend vorhanden sein. Aus diesem Grund sollten Rauchmelder deaktiviert sein. Um
die Gesundheit der Gäste nicht zu gefährden, soll im Innenbereich Rauchverbot herrschen
und im selbigen keine Aschenbecher aufgestellt sein.

Montage:
In den Ecken des Innenbereichs sollte die Möglichkeit vorhanden sein, mindestens vier
Standlautsprecher aufzubauen. Des Weiteren sollte der Fußboden unempfindlich gegen
Kleber sein, um das Verlegen von Kabelkanälen zu gewährleisten. Wünschenswert wäre
eine exponierte Stelle, an der ein Mischpult aufgebaut werden kann.

Transport:
 Die Räumlichkeit muss mit einem PKW mit einer Gesamtmasse unter 3500 kg erreichbar
sein. Außerdem sollten Türen und Zugänge nach Möglichkeit mindestens 90 cm breit sein.

Recycling & Entsorgung:
Getränke und Essen werden nicht mit Einweggeschirr dargeboten. Es ist darauf zu achten,
dass Getränke in Mehrwegflaschen gekauft werden. Im Außenbereich werden gut
sichtbar die für eine recyclingorientierte Anzahl von Mülltonen und mindestens vier
Aschenbecher aufgestellt.

Kosten:
Die Miete der Räumlichkeit darf für einen Abend maximal 300 € betragen. Zusätzliche
Ausstattung wie eine HiFi-Anlage, mehrere Kühl- und Gefrierschränke, eine Bar und
sonstige sinnvolle Erweiterungen können einen höheren Preis rechtfertigen.

Termin:
Die PARTY findet am 25.Juni ab 20:00 Uhr statt. Zehn Stunden zuvor wird die Klangtechnik
aufgebaut und der Kühlschrank befüllt. Am nächsten Morgen wird von 10 bis 13 Uhr
aufgeräumt und abgebaut.

Abb. 3.3-1: Kurzfassung der Anforderungsliste für PARTY

3.4 Funktionsablaufplan für ein selbstgewähltes Team-Projekt (AUWA)

Für die Bearbeitung des unter *Kap. 3.1* gewählten Mitmach-Beispiels kann analog zu *Kap. 1.4* und *Kap. 2.4* vorgegangen werden. Sei z. B. das Projekt eine **Au**tomatische Zimmerplanzen-Be**W**ässerungs**A**nlage (AUWA), könnte der entsprechende Funktionsablauf wie folgt per Roboterprinzip ermittelt werden (*Abb. 3.4-1*).

Stoffumsatz-Teilfunktion Nr.	„Roboter-Schritte" für „Pflanze gießen von Hand"	Stoffumsatz-Teilfunktionen (abstrakt)
1	Gießkanne bereitstellen und mit Wasser/ Dünger befüllen	AUWA und Hilfsstoffe bereitstellen
2	Gefüllte Gießkanne zur Pflanze tragen	AUWA und Hilfsstoffe transportieren
3	Auslass der Gießkanne über die Pflanzenerde halten	AUWA und Hilfsstoffe positionieren
4	Gießen der Pflanze je nach Bedarf	Hilfsstoffe dosiert (mittels AUWA) zuführen
5	Gießkanne und Restflüssigkeit zurückstellen	AUWA und Hilfsstoffreste magazinieren
6	Wasser und Dünger in Gießkanne nachfüllen	Hilfsstoffe (in AUWA) ergänzen

Abb. 3.4-1: Ergebnis der Robotersimulation und Teilfunktionen (Stoffumsatz) zur Erstellung des Funktionsablaufplans für eine automatisierte Pflanzenbewässerung (AUWA)

Aus diesem Funktionsablauf lassen sich dann die Grundfunktionsstruktur und die optimale Funktionsstruktur ableiten. Wie sieht das jetzt bei Ihrem Mitmach-Beispiel aus? Einfach mal *Roboter* spielen und konventionellen *von Hand-Ablauf* simulieren.

3.5 LP (Lösungsprinzipien) für ein selbstgewähltes Team-Projekt (TRIP)

Für Ihr gemäß *Kap. 3.1* gewähltes Mitmach-Beispiel kann nun die gleiche Vorgehensweise wie bei CLEANY (*Kap 1.5)* und KOKÖ (*Kap. 2.5*) angewendet werden.

Beispielsweise könnte bei der Neuentwicklung eines Autos als wichtige Stoffumsatz-Teilfunktion „**Tr**eibstoff **ein**sparen (TRIP)" aufgetreten sein. Aufgrund einer methodischen Ideensuche wären dabei z. B. die in Abb. 3.5-1 gezeigten drei Lösungsprinzipien entstanden.

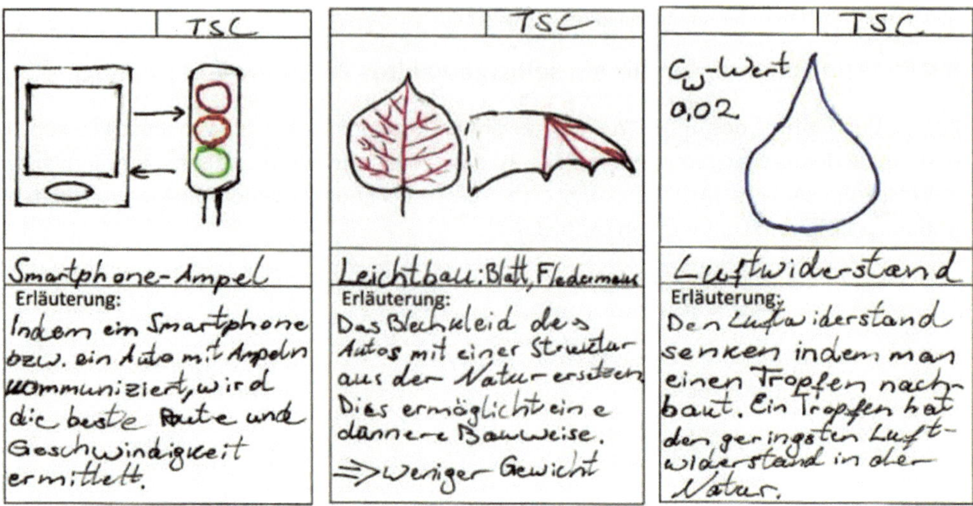

Abb. 3.5-1: Lösungsprinzipien für eine Treibstoff-Einsparung

Die erste Idee schlägt eine Kommunikation des Autos mit den Ampeln vor, damit nicht nur die kürzeste, sondern auch die „flüssigste" Route mit dem geringsten Verkehr gewählt wird.

Die zweite Idee bezieht sich auf die Gewichtreduzierung, indem man ein dünneres Blechkleid baut, das aber dieselben Kräfte wie das herkömmliche aushält. Erreicht werden soll das Ziel durch einen Nachbau der Struktur aus der Natur (z. B. Blatt, Fledermausflügel).

Die dritte Idee verweist auf einen besseren Luftwiderstand, indem die Form des Autos einem Tropfen nachgeformt wird. Ein Tropfen hat einen c_w-Wert von nur 0,02, dicht gefolgt von einem Pinguin mit einem c_w-Wert von 0,03. Serienmodelle haben heutzutage einen c_w-Wert von 0,24 bis 0,35.

Nach der Ermittlung aller dem Team möglich erscheinenden Lösungsprinzipien (LP) durch verschiedene Ideenfindungstechniken, werden diese dann methodisch favorisiert, die besten LP zu Prinzipkombinationen (PK) zusammengefasst und schließlich zu verschiedenen Konzeptvarianten ausgearbeitet.

 **Beachte** 

Bei der Erarbeitung von Lösungsprinzipien im Team darf bis nach der Bewertung keine Kritik an den vorgestellten LPs geäußert werden! Nur so lassen sich wirklich neue Ideen finden.

3.6 *KV* (Konzeptvarianten) für ein selbstgewähltes Team-Projekt (PBA)

Ein mögliches Anregungsbeispiel könnte darin bestehen, dass bei Urlaubsabwesenheit die im Haus befindlichen Pflanzen bewässert werden können (vgl. *Kap. 3.4*). Es könnte dazu ein automatisches **P**flanzen-**B**ewässerungs-**S**ystem (PBA) entwickelt werden, mit folgendem Vorschlag für eine Konzeptvariante *KV*1 „Tropf".

Wirkprinzip:

Mit Hilfe der Schwerkraft läuft Wasser aus einem verformbaren Vorlagebehälter (1), mit Schraubverschluss über ein ventilgeregeltes Schlauchsystem (2), in das umgebende Erdreich einer Pflanze. Die Dosiermenge ist über ein Ventil (3) einstellbar (siehe *Abb. 3.6-1*). Alternativ wäre die Durchflussmenge auch über den Ausfluss-Durchmesser des Schlauches (2) und über die Höhenvariation des Vorlagebehälters (1) regelbar.

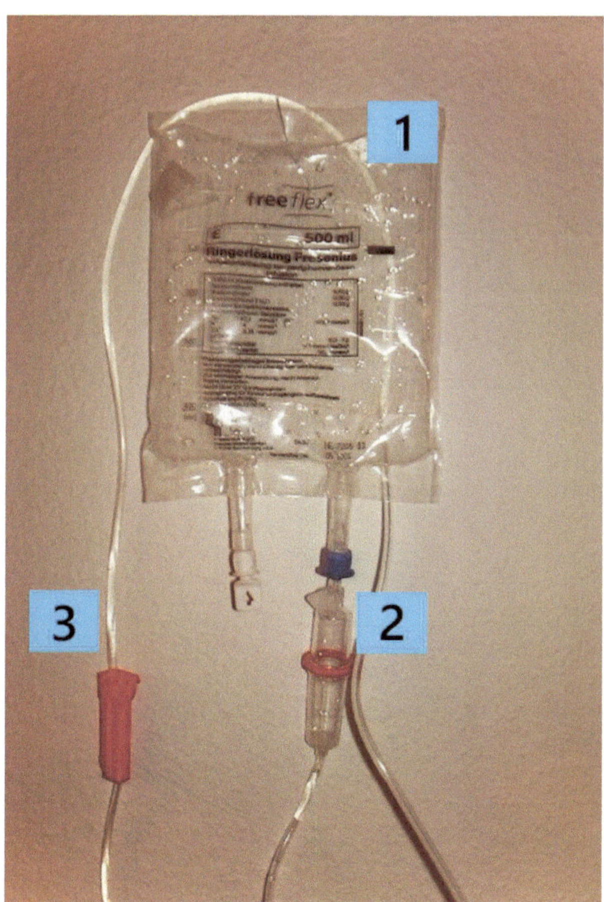

Abb. 3.6-1: Konzeptvariante *KV*1 „Tropf" für einen Pflanzen-Bewässerungs-Automat

<u>Gestaltanforderungen:</u>

- Unterschiedliche Größen für Vorlagebehälter

- Ventil mit Dosiermengenskala

- ggf. Stativständer als Wassersackhalterung optional anbieten

- ggf. Verteiler für Mehrfachbewässerung

- verschiedene Designvarianten

<u>Versuche:</u>

Um Versuche bezüglich der Funktionalität eines Tropfsystems als Pflanzenbewässerungssystem durchzuführen, wird hier ein handelsüblicher Infusionstropf (eigentlich für medizinische Zwecke gedacht) benutzt. Ziel der Versuche ist es, die Fähigkeit des Systems, Wasser in geeigneten Mengen abzugeben, zu prüfen. Die abgegebene Wassermenge sollte bei etwa 40 ml bis 5 l pro Tag liegen. Mit Hilfe des einfachen Regelventils, das den Querschnitt des Schlauches verringert, wird dies erreicht. Folglich erfüllt der Tropf bei richtiger Handhabung die Anforderungsliste. Jedoch müsste ein größerer Wassersack entwickelt werden, damit das System längere Zeit ohne Nachfüllung funktioniert.

 **Beachte** 

Es lohnt sich in jedem Falle bei jeder Art von Projekt variable Lösungswege (= Konzeptvarianten) schriftlich zu fixieren. Bei allgemeinen Aufgabenstellungen ist es dazu nicht erforderlich, die hier gezeigten technischen Skizzen zu erstellen. Schematische Darstellungen (z. B. Flussdiagramme) sind aber meistens hilfreich.

3.7 *KV*-OPT (Schwachstellenanalyse) für ein selbstgewählte Team-Projekt (UPLA)

Das Ishikawa-Diagramm kann in allen möglichen Problem-Bereichen eingesetzt werden. Das folgende Anregungsbeispiel bezieht sich auf eine wichtige **UrlaubsPLA**nung (z. B. Weltreise). In *Abb. 3.7-1* wird die Frage gestellt, was dazu führen kann, dass der Urlaub nicht stattfindet.

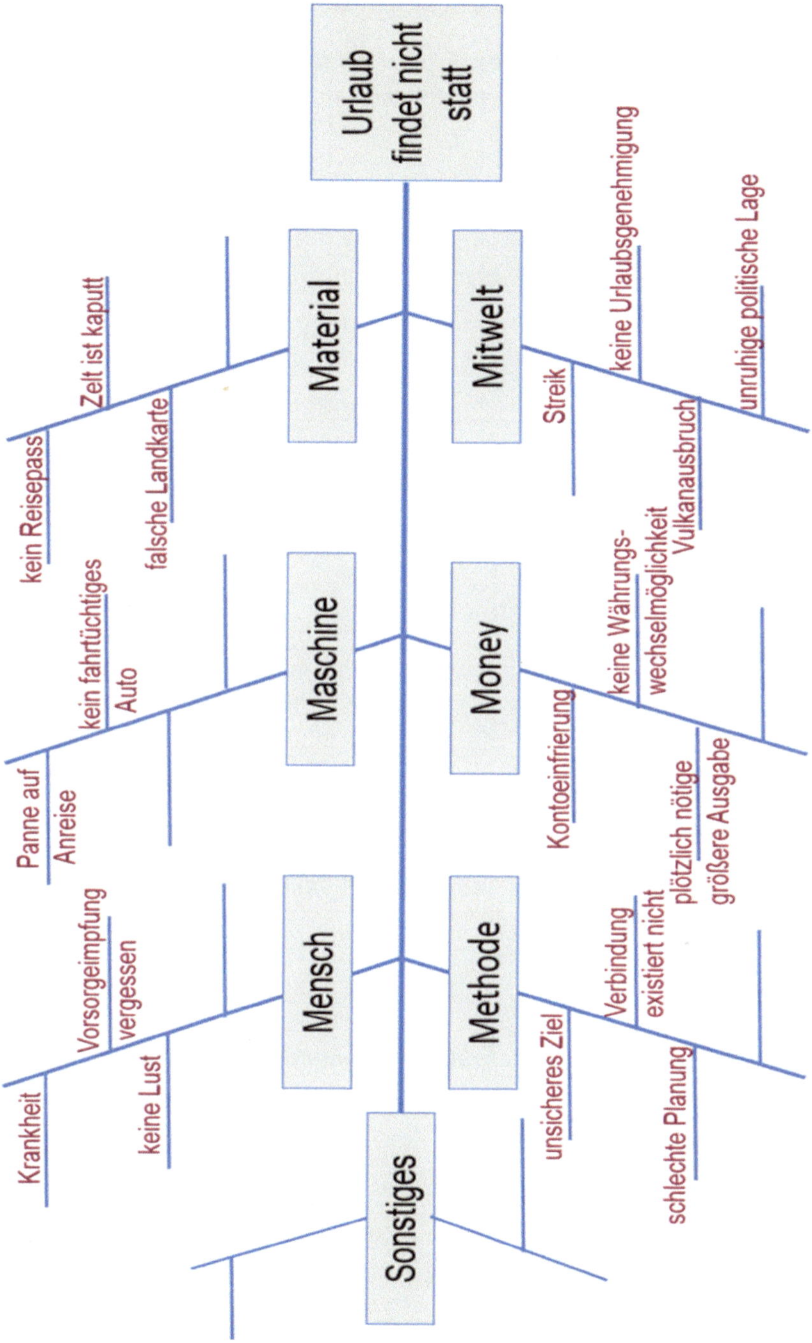

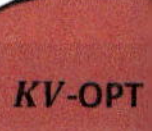

Abb. 3.7-1: Ishikawa-Diagramm für eine fehlerarme Urlaubsplanung

Die Gegenmaßnahmen für die wichtigsten dieser Schwachstellen könnten wie folgt aussehen:

Krankheit

Um einer Krankheit zu entgehen, kann man z. B. mehr auf die Ernährung achten, mehr Sport treiben und gerade vor dem Urlaub sich mehr schonen, um das Immunsystem nicht zu stark zu strapazieren.

Kein fahrtüchtiges Auto

Sich um das Auto rechtzeitig kümmern. Eventuell einen Urlaubscheck in einer Werkstatt durchführen lassen.

Vulkanausbruch/ Streik

Die Aschewolken des isländischen Vulkans Eyjafjallajökull führten im April 2010 zu einem langen Luftverkehrsverbot in Europa. Um nicht nur auf ein Verkehrsmittel angewiesen zu sein, könnte man Alternativen einplanen, die man auf dem Landweg erreichen kann. Z. B. Italien statt den Malediven.

Keine Urlaubsgenehmigung

Rechtzeitig den Urlaub beantragen und sich eventuell nicht den begehrtesten Zeitpunkt aussuchen.

Nicht genug Geld

Rechtzeitig anfangen zu sparen. Den Urlaub nicht in die Hauptsaison legen, sondern in die Nebensaison, da deutlich günstiger.

Kein Reisepass

Zeitlich um eine Beantragung kümmern, am besten schon Monate voraus und nicht auf den letzten Drücker.

Schlechte Planung

Gerade wenn eine größere Reise ansteht ist eine gute Planung das A und O. Die richtige Planung muss bereits Monate, wenn nicht sogar Jahre zuvor (z. B. bei einer Weltreise) anfangen, um alle wichtigen Dinge zu klären.

3.8 TOP (Optimalkonzept) für ein selbstgewähltes Team-Projekt (PKW-Kauf)

Ein Autokauf steht an. Das Fahrzeug soll ein Familien-Reise-PKW werden, mit möglichst viel Platz für Kinder, Gepäck und einigen familienspezifischen Wünschen. Auch hier ist es möglich und sinnvoll, nach „Kochrezept" mit 10 Schritten vorzugehen.

1. Lösungsvarianten ermitteln
2. Vorauswahl treffen
3. Bewertungskriterien festlegen
4. Gewichtungsfaktoren g_i für Bewertungskriterien ermitteln
5. Bewertungsmaßstab/ Wertefunktion vorgeben
6. Varianten systematisch bewerten
7. Wertigkeit W_t und W_w berechnen
8. Stärkendiagramm erstellen
9. Netzdiagramme erstellen
10. Entscheidung Optimalkonzept

1. Lösungsvarianten ermitteln

Aus Prospekten, auf Messen, im Internet, in Automobil-Zeitschriften oder beim Händler vor Ort verschaffen Sie sich einen Überblick zu den verfügbaren Modellen, die Ihren Vorstellungen auf den ersten Blick genügen.

2. Vorauswahl treffen

Aus der großen Modellvielfalt an Fahrzeugen bleiben meistens nur einige wenige übrig, weil sie ihre k.-o.- Kriterien nicht erfüllen (Fest- und Mindestforderungen aus der ANFOLI, z. B. maximaler Kaufpreis). Nach der Vorauswahl bleiben drei Fahrzeuge (A1-A3) übrig.

3. Bewertungskriterien festlegen

Aus der Fülle der möglichen Bewertungskriterien (in der Regel Mindestforderungen und Wünsche aus der ANFOLI), werden nur die wichtigsten in die Entscheidung einbezogen. Folgende subjektiv wichtigen Kriterien bleiben übrig (*Abb. 3.8-1*).

Technische/ ökologische Kriterien	Wirtschaftliche/ ökologische Kriterien
<ul><li>hohe Fahrgeschwindigkeit (Dauer, Spitze)</li><li>großer Gepäckraum</li><li>geringe Fahrgeräusche</li><li>großer Innenraum (aus Testbericht)</li><li>hohe Zuladung</li><li>große Fahrtstrecke pro Tankfüllung</li><li>große Beschleunigung (Sicherheit)</li></ul>	<ul><li>geringer Kaufpreis</li><li>günstige Steuern</li><li>günstige Versicherung</li><li>geringer Kraftstoffverbrauch</li><li>geringe Ersatzteilkosten</li><li>geringe Wartungskosten</li></ul>

Abb. 3.8-1: Bewertungskriterien für den Kauf eines Familien-Reise-PKW

4. Gewichtungsfaktoren g_i für Bewertungskriterien ermitteln

Da sich die Kriterien in der Wichtigkeit unterscheiden, wird ein *paarweiser Kriterienvergleich* durchgeführt. *Abb. 3.8*-2 zeigt die Matrix für die technisch/ ökologischen Kriterien und *Abb. 3.8*-3 jene für die wirtschaftlich/ ökologischen Kriterien.

Gewichtungsmatrix für Kriterien PKW-Kauf — technisch/ ökologische Kriterien   Datum:

Wi = Wichtigkeit

Kriterien	Nr.	1	2	3	4	5	6	7	∑ Wi	$gi = \dfrac{\sum Wi}{\sum aWi}$
hohe Fahrgeschwindigkeit	1	■	- 0,1	0 0,5	- 0,1	0 0,5	+ 1	+ 1	2,2	0,1
großer Gepäckraum	2	+ 1	■	+ 1	0 0,5	0 0,5	+ 1	+ 1	5,0	0,23
geringe Fahrgeräusche	3	0 0,5	- 0,1	■	0 0,5	+ 1	+ 1	+ 1	4,1	0,19
großer Innenraum	4	+ 1	0 0,5	0 0,5	■	+ 1	+ 1	+ 1	5,0	0,23
hohe Zuladung	5	0 0,5	0 0,5	- 0,1	- 0,1	■	0 0,5	+ 1	2,7	0,13
große Fahrstrecke pro Tankfüllung	6	- 0,1	- 0,1	- 0,1	- 0,1	0 0,5	■	+ 1	1,9	0,09
große Beschleunigung	7	- 0,1	- 0,1	- 0,1	- 0,1	- 0,1	- 0,1	■	0,6	0,03

(Legende: Erstgenannt in Pfeilrichtung nach unten, Zweitgenannt nach rechts.)

Erstgenanntes Kriterium: wichtiger + 1 / gleichwichtig = 0 / weniger wichtig - 0,1   als zweitgenanntes   ∑ aWi = 21,5   (1,0)

Abb. 3.8-2: Gewichtungsfaktoren für die *technisch/ ökologischen Kriterien* beim Kauf eines Familien-Reise-PKW

Gewichtungsmatrix für Kriterien PKW-Kauf wirtschaftlich/ ökologische Kriterien								Datum:	

Wi = Wichtigkeit

Kriterien	Nr.	Zweitgenannt						Σ Wi	$gi = \dfrac{\Sigma \text{Wi}}{\Sigma \text{aWi}}$
		1	2	3	4	5	6		
geringer Kaufpreis	1	■	+ 1	+ 1	0 0,5	0 0,5	0 0,5	3,5	0,29
günstige Steuern	2	- 0,1	■	0 0,5	- 0,1	- 0,1	- 0,1	0,9	0,07
günstige Versicherung	3	- 0,1	0 0,5	■	- 0,1	- 0,1	- 0,1	0,9	0,07
geringer Kraftstoffverbrauch	4	0 0,5	0 0,5	- 0,1	■	0 0,5	0 0,5	2,1	0,17
geringe Ersatzteilkosten	5	0 0,5	+ 1	+ 1	0 0,5	■	0 0,5	2,5	0,2
geringe Wartungskosten	6	0 0,5	+ 1	+ 1	0 0,5	0 0,5	■	2,5	0,2

Erstgenanntes Kriterium	wichtiger	+	1			
	gleichwichtig	=	0	als zweitgenanntes	Σ aWi = 12,4	(1,00)
	weniger wichtig	-	0,1			

Abb. 3.8-3: Gewichtungsfaktoren für die w*irtschaftlich/ ökologischen Kriterien* beim Kauf eines Familien-Reise-PKW

5. Bewertungsmaßstab/ Wertefunktion vorgeben

Im Automobilbau lassen sich die meisten Kriterien zahlenmäßig festlegen, da hierzu in Fachzeitschriften und Automobil-Firmenprospekten Messdaten und Informationen veröffentlicht sind. Daraus lässt sich dann für die Kriterien der „Stand der Technik" ermitteln, der für die Anfertigung von Wertefunktionen benötigt wird. Mit dem Bewertungsschema 0 bis 4 Punkte und der tabellarischen Festlegung, welcher Kriterienwert als ungeeignet (0 Punkte) und welcher als ideal (4 Punkte) angesehen wird (*Abb. 3.8-4* und *Abb. 3.8-6*), lassen sich dann die Wertefunktionen aller Bewertungskriterien darstellen (*Abb. 3.8-5* und *Abb. 3.8-7*)

Technisch/ ökologisch	Ideal = 4 Punkte	Ungeeignet = 0 Punkte
hohe Fahrgeschwindigkeit	$190\,\frac{km}{h}$	$150\,\frac{km}{h}$
großer Gepäckraum	$0,7\,m^3$	$0,4\,m^3$
geringe Fahrgeräusche [bei 100 km/h]	$60\,dB(A)$	$80\,dB(A)$
großer Innenraum (aus Testbericht)	sehr gut = 1	Ungeeignet = 4
hohe Zuladung	$550\,kg$	$300\,kg$
hohe Fahrtstrecke pro Tankfüllung	$1100\,km$	$500\,km$
große Beschleunigung $(0 \rightarrow 100\,\frac{km}{h})$	$11\,s$	$17\,s$

Abb. 3.8-4: Bewertungsbereich für die *technisch/ ökologischen Kriterien* beim Kauf eines Familien-Reise-PKW

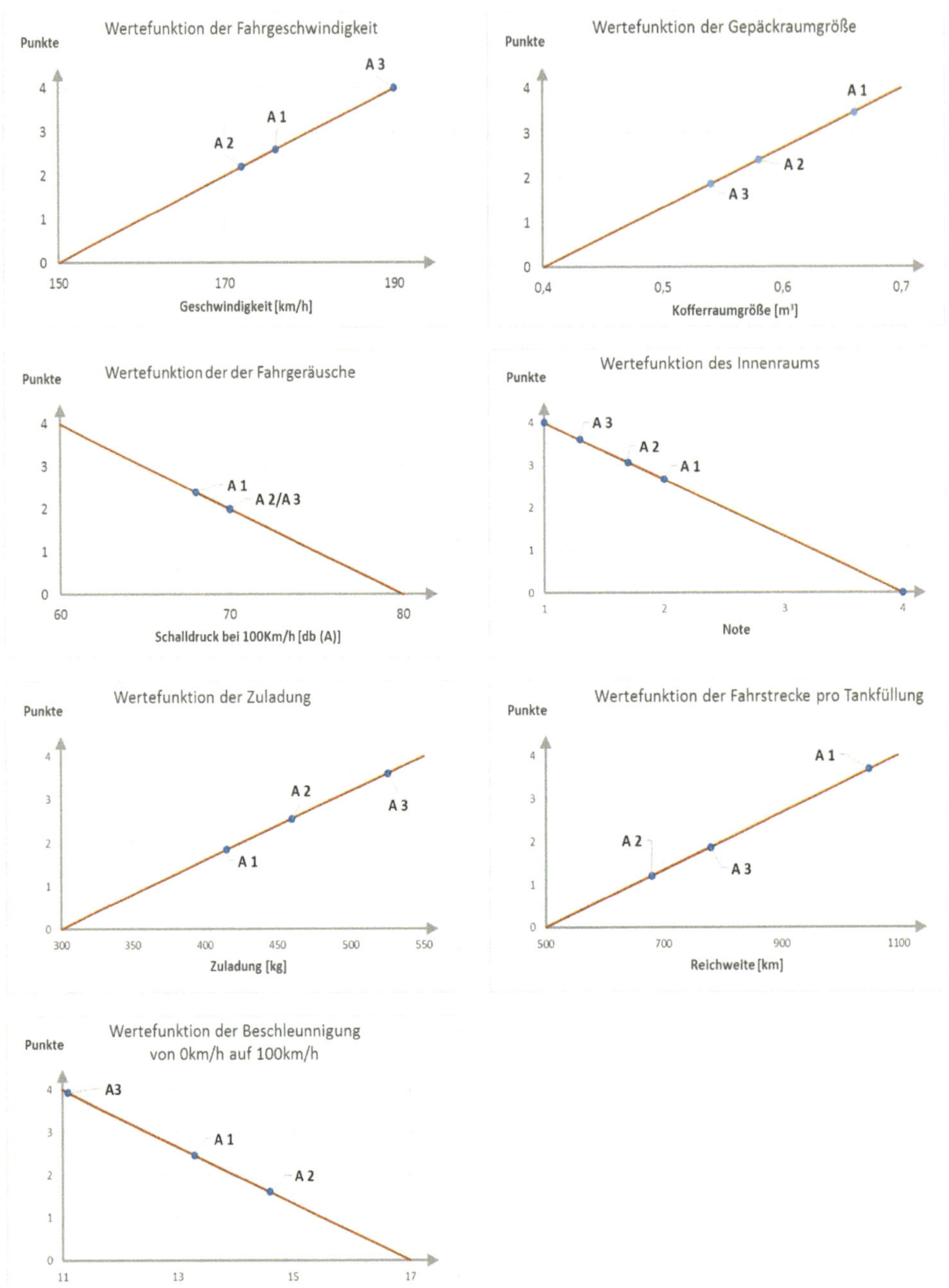

Abb. 3.8-5: Wertefunktionen für die *technisch/ ökologischen Kriterien* beim Kauf eines Familien-Reise-PKW

Wirtschaftlich/ ökologisch	Ideal = 4 Punkte	Ungeeignet = 0 Punkte
geringer Kaufpreis	23.000 €	29.000 €
günstige Steuern	$200\ \frac{€}{a}$	$300\ \frac{€}{a}$
günstige Versicherung	$250\ \frac{€}{a}$	$400\ \frac{€}{a}$
geringer Kraftstoffverbrauch	$6\ l/\ 100\ km$	$12\ l/\ 100\ km$
geringes Ersatzteilkostenniveau (aus Testbericht)	sehr gut = 1	Ungeeignet = 4
geringe Wartungskosten	$300\ \frac{€}{a}$	$700\ \frac{€}{a}$

Abb. 3.8-6: Bewertungsbereich für die wirtschaftlich/ *ökologischen Kriterien* beim Kauf eines Familien-Reise-PKW

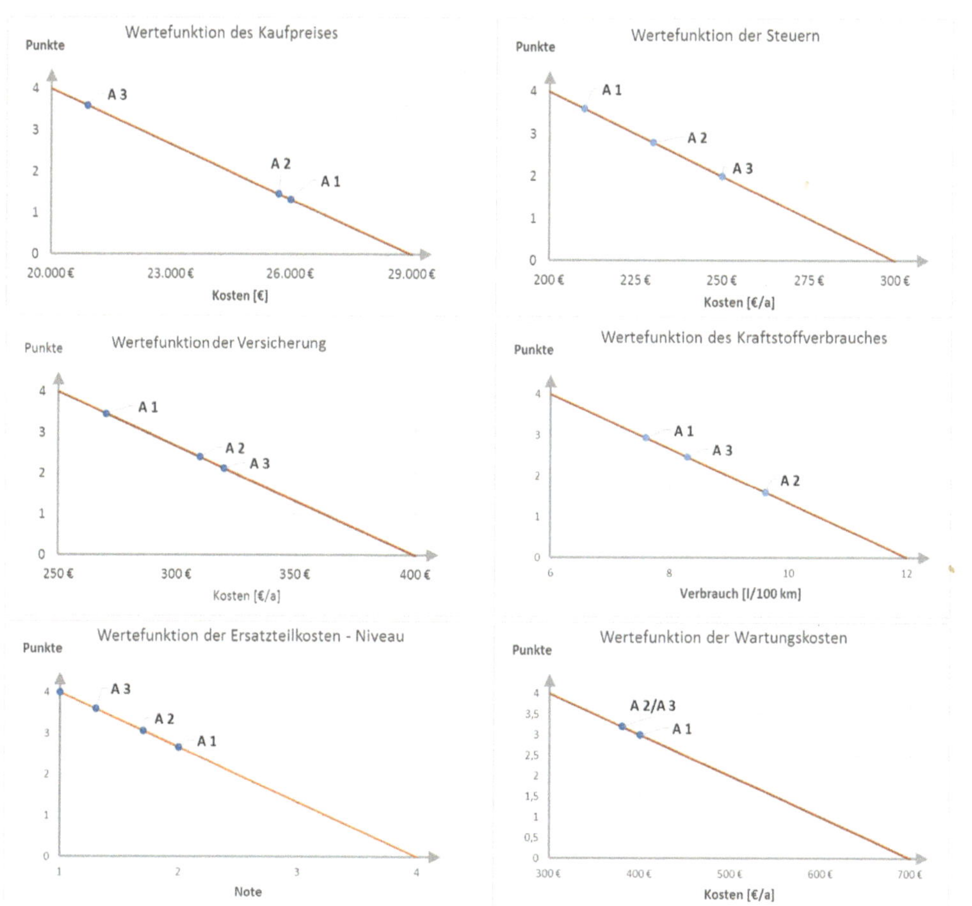

Abb. 3.8-7: Wertefunktionen für die *wirtschaftlich/ ökologischen Kriterien* beim Kauf eines Familien-Reise-PKW

6. Varianten systematisch bewerten/ 7. Wertigkeit W_t und W_w berechnen

Da alle gewählten Bewertungskriterien durch Wertefunktionen darstellbar sind (vergleiche Schritt 5), fallen die normalerweise erforderlichen subjektiven Einschätzungen weg. Deshalb sind für dieses Beispiel Schritt 6 und 7 zusammengefasst und in vereinfachten Bewertungstabellen für die technisch/ ökologischen (*Abb. 3.8-8*) und die wirtschaftlich/ ökologischen Kriterien (*Abb. 3.8-9*) dargestellt worden.

Bewertungsliste für Autokauf					Datum:		
Technisch/Ökologische Wertigkeit							
Nr. (n)	Bewertungskriterium	gi		Konzeptvariante Nr.			
				A1	A2	A3	
1	hohe Fahrgeschwindigkeit		ohne gi	2,60	2,20	4,00	
		0,1	mit gi	0,26	0,22	0,40	
2	großer Gepäckraum		ohne gi	3,46	2,40	1,87	
		0,23	mit gi	0,80	0,55	0,43	
3	geringe Fahrgeräusche		ohne gi	2,40	2,00	2,00	
		0,19	mit gi	0,46	0,38	0,38	
4	großer Innenraum		ohne gi	2,67	3,07	3,60	
		0,23	mit gi	0,61	0,71	0,83	
5	hohe Zuladung		ohne gi	1,84	2,56	3,60	
		0,13	mit gi	0,24	0,33	0,47	
6	hohe Fahrstrecke pro Tankfüllung		ohne gi	3,67	1,20	1,87	
		0,09	mit gi	0,33	0,11	0,17	
7	hohe Beschleuniguung		ohne gi	2,47	1,60	3,93	
		0,03	mit gi	0,07	0,05	0,12	
ohne gi							
		$\sum P_i$		19,10	15,03	20,87	
	$P_{max}=n*P_{imax}, P_{imax}=4$			28,00	28,00	28,00	
	$W_t=\sum P_i/P_{max}$			0,68	0,54	0,75	
	Rangfolge			2	3	1	
mit gi							
		$\sum P_{i(g)}$		2,77	2,35	2,79	
	$P_{max.g}=\sum g*P_{imax}$ mit $\sum g=1,0$ und $P_{imax}=4$			4,00	4,00	4,00	
	$W_{t(g)}=\sum P_{i(g)}/P_{max.g}$			0,69	0,59	0,70	
	Rangfolge			2	3	1	

Abb. 3.8-8: *Technisch/ ökologische* Wertigkeit beim Kauf eines Familien-Reise-PKW

Bewertungsliste für Autokauf			Datum:			
Wirtschaftlich/Ökologische Wertigkeit						
Nr. (n)	Bewertungskriterium	gi		Konzeptvariante Nr.		
				A1	A2	A3
1	geringer Kaufpreis		ohne gi	1,47	1,33	3,60
		0,29	mit gi	0,43	0,39	1,04
2	günstige Steuern		ohne gi	3,60	2,00	2,80
		0,07	mit gi	0,25	0,14	0,20
3	günstige Versicherung		ohne gi	2,47	2,40	2,13
		0,07	mit gi	0,17	0,17	0,15
4	geringer Kraftstoffverbrauch		ohne gi	2,93	1,60	2,47
		0,17	mit gi	0,50	0,27	0,42
5	geringes Ersatzteikosten-Niveau		ohne gi	2,67	3,07	3,60
		0,2	mit gi	0,53	0,61	0,72
6	geringe Wartungskosten		ohne gi	3,00	3,20	3,20
		0,2	mit gi	0,60	0,64	0,64
ohne gi						
	$\sum P_i$			16,13	13,60	17,80
	$P_{max}=n*P_{imax}, P_{imax}=4$			24,00	24,00	24,00
	$W_w=\sum P_i/P_{max}$			0,67	0,57	0,74
	Rangfolge			2	3	1
mit gi						
	$\sum P_{i(g)}$			2,48	2,22	3,17
	$P_{max.g}=\sum g*P_{imax}$ mit $\sum g=1,0$ und $P_{imax}=4$			4,00	4,00	4,00
	$W_{w(g)}=\sum P_{i(g)}/P_{max.g}$			0,62	0,55	0,79
	Rangfolge			2	3	1

Abb. 3.8-9: *Wirtschaftlich/ ökologische Wertigkeit* beim Kauf eines Familien-Reise-PKW

8. Stärkendiagramm erstellen

Mit den W_t und W_w- Ergebnissen von Schritt 7, mit und ohne Gewichtungsfaktor gi, lässt sich nun das Stärkediagramm erstellen (*Abb. 3.8-10*).

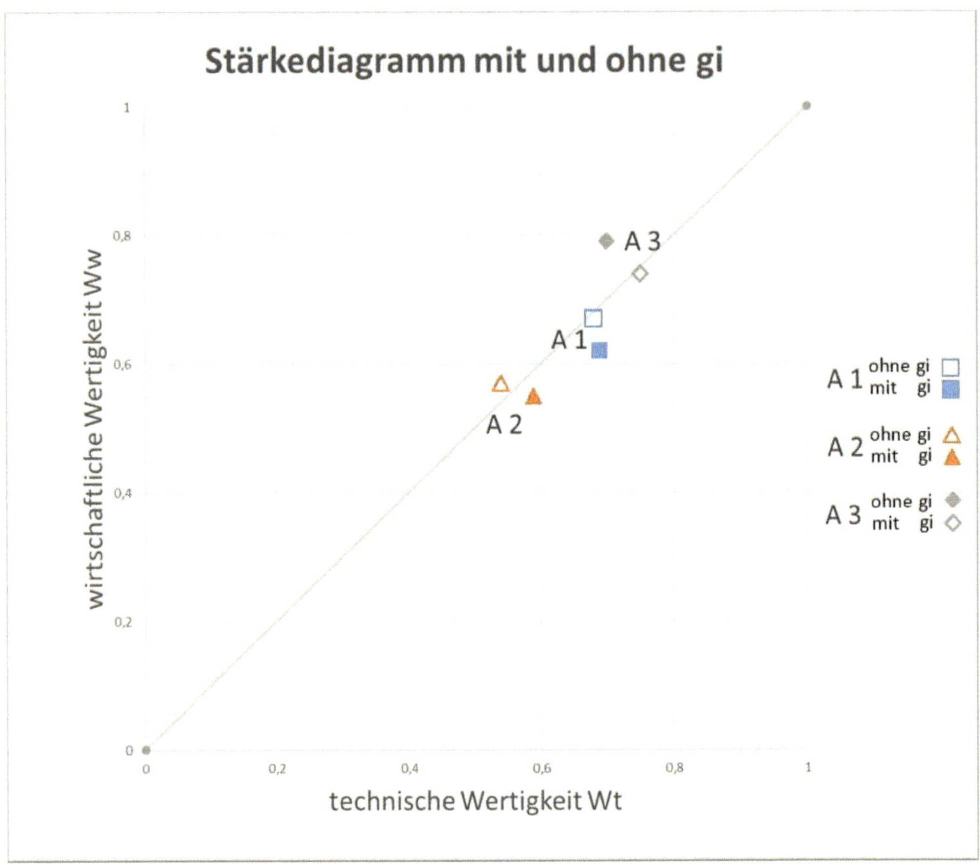

Abb. 3.8-10: *Stärkediagramm* für drei Varianten (A1, A2, A3) beim Kauf eines Familien-Reise-PKW

Die PKW-Variante Nr. A3 weist demnach die meisten Vorzüge auf.

9. Netzdiagramme erstellen

Um die Stärken und Schwächen der einzelnen Fahrzeuge etwas genauer zu betrachten, werden die Bewertungen der einzelnen Kriterien ohne Gewichtung noch einmal in Netzdiagrammen für die technisch/ ökologischen (*Abb. 3.8-11*) und die wirtschaftlich/ ökologischen Kriterien (*Abb. 3.8-12*) dargestellt.

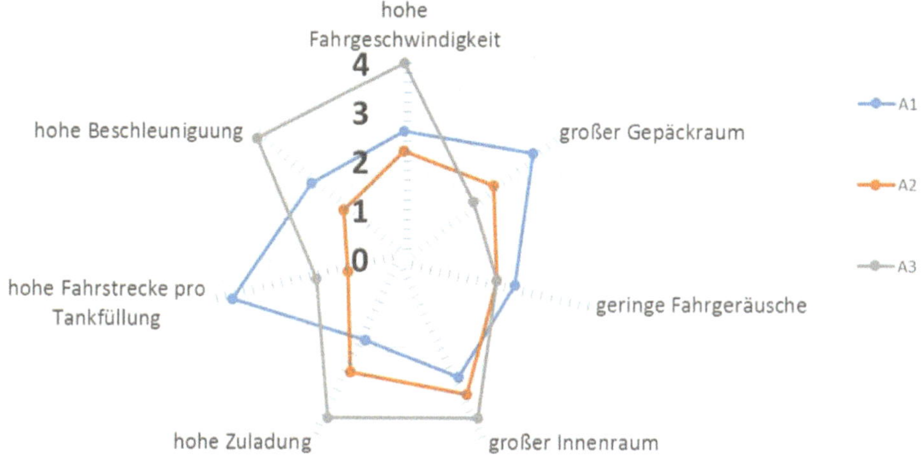

Abb. 3.8-11: Netzdiagramm der *technisch/ ökologischen Bewertung* für drei Varianten (A1, A2, A3), beim Kauf eines Familien-Reise-PKW

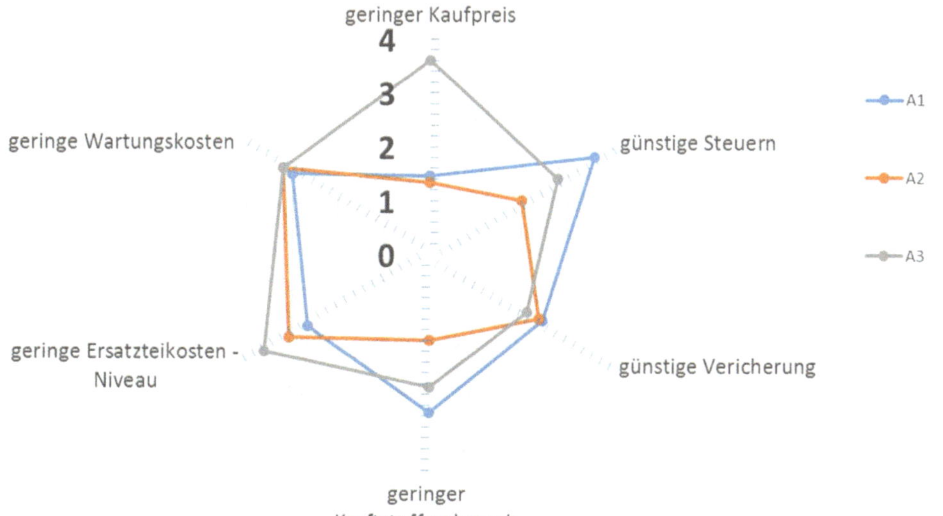

Abb. 3.8-12: Netzdiagramm der *wirtschaftlich/ ökologischen Bewertung* für drei Varianten (A1, A2, A3), beim Kauf eines Familien-Reise-PKW

10. Entscheidung Optimalkonzept

Aufgrund der durchgeführten Entscheidungstechnik und den gewählten Kriterien, **weist die Kaufvariante A3 die besten Gesamteigenschaften auf**. Bei der *subjektiv möglichen* Wahl anderer Kriterien und anderer Gewichtungsfaktoren würde die Entscheidung unter Umständen anders ausfallen können! Unter den Gesichtspunkten "Nachhaltigkeit" und "Mitwelt/ Klimaschutz" werden in Zukunft vor allem die Reduzierung des Individualverkehrs (Angebotssteigerung des öffentlichen Personennahverkehrs (ÖPNV)), neue Mobilitätstechniken (E-Bike) und neue Antriebstechnologien (E-Motor, Brennstoffzelle) eine wichtige Rolle einnehmen.

3.9 WORK (Konzept-Ausarbeitung) eines selbstgewählten Team-Projekts (DREWEN)

Nehmen wir an, Sie haben ein optimales Konzept für Ihr selbstgewähltes Team-Projekt entwickelt. Alle Forderungen sind erfüllt, und Sie könnten mit der Ausarbeitung beginnen. Halten Sie trotzdem noch einmal kurz inne und erinnern Sie sich an das *Pareto-Prinzip*: Bisher haben Sie mit 20% Aufwand etwa 80% der Produkt-Lösungsqualität erarbeitet. Jetzt müssen Sie mit mindestens viermal so viel Aufwand (Zeit, Kosten) die restlichen 20% der Lösungsqualität erzeugen. Da lohnt es sich doch einfach nochmals über das Konzept nachzudenken, ob es nicht vielleicht eine gänzlich andere Lösung gibt, die sowohl effektiver als auch effizienter wäre. Es gibt mehr solcher Beispiele als bekannt!

Ein Absolvent hat dazu Folgendes geschrieben:

„Anbei eine Skizze einer Vorrichtung, die die Aufgabe hat, Drehteile zwischen zwei Bearbeitungsmaschinen zu transportieren und um 180° zu wenden (DREWEN, *Abb. 3.9-1*). Die obere Ausführung (*Abb. 3.9-2*), Kostenpunkt ca. 150.000 €, wurde von einem externen Maschinenhersteller geliefert. Die untere Ausführung (*Abb. 3.9-3*), intern angefertigt, wurde zu einem Bruchteil der Kosten erstellt, nämlich nur etwa 10.000 €! Beide Ausführungen sind in unseren Werken in XYZ, Großbritannien zu besichtigen."

Fertigungsschritt:	Rohling	Bearbeitungsphase 1	Transport	Bearbeitungsphase 2
Einrichtung:		*Drehautomat A*	*Transportvorrichtung*	*Drehautomat B*
Vorgang:	- An Maschine A spannen	-Ausbohren - Innenkontur drehen - Zylindrischen Ansatz drehen	- An Maschine A ausspannen - Teil wenden - Zu Maschine B transportieren - An Maschine B spannen	- Teil plandrehen - Keilrille einstechen - Teil fertigdrehen
Abbildung:				

Abb. 3.9-1: Aufgabe: Drehteil zwischen zwei Drehmaschinen-Bearbeitungen wenden

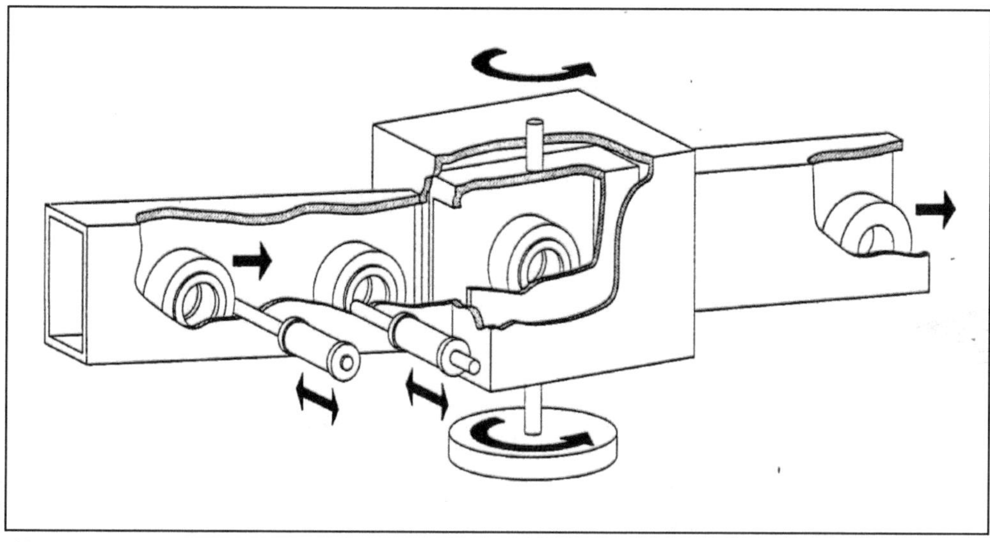

Abb. 3.9-2: Vollautomatisches Wendegerät für ein Drehteil, durch externen Maschinenhersteller geliefert. (Kosten ca. 150 T€)

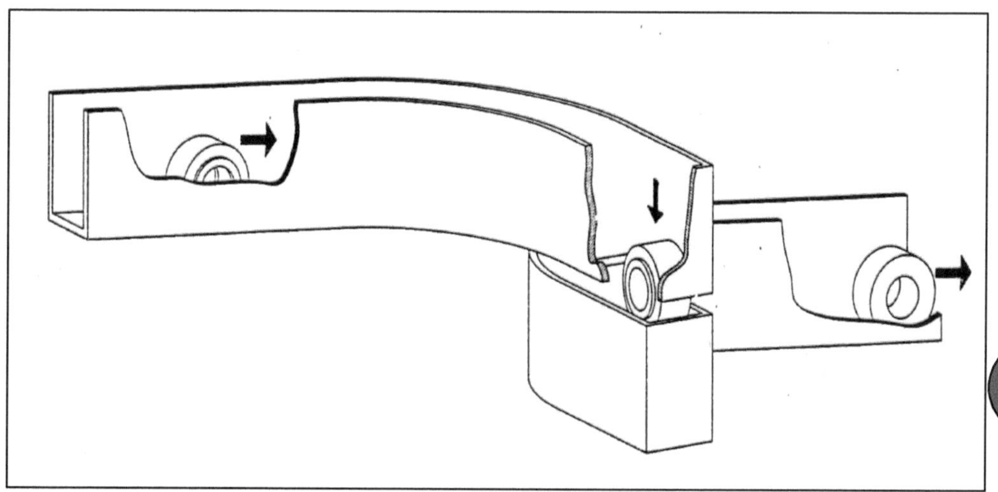

Abb. 3.9-3: Ebenfalls vollautomatische Wendevorrichtung für ein Drehteil, firmeninterne Entwicklung (Kosten ca. 10 T€)

Nachdenken lohnt sich also - besonders in diesem Stadium vor der Konzept-Ausarbeitung.

Wir hoffen, dass sich Ihr gewähltes Konzept, nachdem Sie im obigen Sinne darüber nochmals nachgedacht haben, für die vorgesehene Funktionserfüllung optimal hinsichtlich Kosten, Zeit, und Qualität eignen wird.

3.10 OK (Präsentation) eines selbstgewählten Team-Projekts (FAHRT)

Schon im alten Griechenland wurde das Mittel des Vortrags genutzt, um Menschen verständlich etwas zu vermitteln. Jeder wird schon einmal in die Situation gekommen sein, etwas vor einer Gruppe (Steigerung: einer Gruppe mit Fremden) vortragen zu müssen. Vielleicht blieb dabei das beklemmende Gefühl, dass der Vortrag schiefgelaufen ist.

Um eine gute Präsentation zu machen, bedarf es sicher viel Erfahrung, Übung und Struktur. Wie bei vielen Dingen des Lebens kommt dies durch Übung.

In *Kap. 3.7* ging es im Mittmachbeispiel um die Planung einer Reise. Die zentrale Frage war, was passieren kann, damit die Reise nicht stattfindet und wie das zu verhindern ist. Nun soll die Reise stattgefunden haben, allerdings mit dem **FAHR**rad von Deutschland um die WelT (FAHRT).Um das Erlebte auch den Daheimgebliebenen mitzuteilen, möchten Sie nun einen Vortrag zur Reise erstellen und diesen vor Freunden und Fremden vortragen. Wie kann so etwas aussehen?

Das elementare Vorgehen bei einem Vortrag ist in den folgenden Stichpunkten erläutert.

Der Titel

Durch einen griffigen Titel wird das Interesse der Zuhörer geweckt. Der Titel ist das, was das Publikum überhaupt erst bewegt in den Vortrag oder zu einer Präsentation zu gehen. Vorteilhaft besteht der Titel aus zwei Teilen. Mit dem ersten Teil wird das Überthema abgesteckt, mit dem zweiten Teil das Thema näher beschrieben. Zum Beispiel:

„Auf vier Rändern um die Welt – mit dem Fahrrad 50 000 km durch 40 Länder".

Der Zweck

Was will ich mit meinem Vortrag erreichen? Hinter jedem Vortrag verbirgt sich ein Ziel. Sei es das Interesse für ein Thema zu wecken, Wissen zu vermitteln, auf einen Missstand aufmerksam zu machen, Akzeptanz zu schaffen oder die Zuhörer für eine bessere Lebensführung zu begeistern. Bei diesem Reisevortrag kann es z. B. darum gehen, dass die Strecke durch den Balkan in einem ehemaligen Kriegsgebiet liegt, oder dem Publikum eher ein authentisches Bild über die Länder und die Menschen zu vermitteln.

Das Publikum

Was will das Publikum? Und wer sind die Zuhörer? Um einen interessanten und informativen Vortrag zu halten, sind diese Fragen sehr wichtig. Für unseren Reisevortrag heißt das, nicht die Dinge, die jeder kennt, sind interessant, sondern das, was sie noch nicht kennen (und nicht erwarten). Der Fokus liegt weniger auf den Ländern wie Österreich oder Frankreich, in denen die meisten schon waren, sondern eher auf den Ländern, in denen sie wahrscheinlich noch nicht im Urlaub waren, wie Tadschikistan, Peru, Armenien und dem Iran. Zudem sollte unterschieden werden, ob Zuhörer selbst Radreisende sind oder mit dem Thema noch keinen Kontakt hatten.

Der Inhalt

Bei einem Reisevortrag muss der Inhalt klar gegliedert sein, damit der Zuhörer den sog. „roten Faden" erkennen kann. In sich abgeschlossene Inhaltsbereiche vorsehen, bei denen sich der Zuhörer immer wieder orientieren kann, an welcher Stelle des Vortrags der Referent jetzt steht. Beschränken Sie sich auf das Wesentliche und wiederholen Sie Kernaussagen. Versuchen Sie Bilder in den Gedanken ihrer Zuhörer zu kreieren und Vergleiche heranzuziehen. Anstelle nur

„Wir sind 800 km auf einer Eisstraße gefahren"

zu sagen, ist es für den Zuhörer greifbarer zu ergänzen

„das ist etwa die Strecke von München nach Hamburg".

Zudem sollten Sie vermeiden, die einzelnen Punkte auf den Folien in Schriftdeutsch festzuhalten. Stichpunkte sind hierfür besser geeignet. Bei ausformulierten Sätzen besteht die Gefahr abzulesen. Nichts ist langweiliger als ein Referent, der seinen Vortrag komplett abliest. Bei technischen Vorträgen ist die in diesem Buch benutzte logische Gliederung für den Hauptteil und eine abschließende Zusammenfassung sinnvoll:

- **Anlass (IST-Zustand)**
- **Lösungsansatz (Wege zum Ziel)**
- **Ergebnis (Lösungserfolge)**
- **Ausblick (Zukunft)**

Die Hilfsmittel

In der heutigen Zeit ist es üblich, Präsentationen mit Bildern, Diagrammen, Informationen u. Ä. über einen Beamer vorzusehen. Aber Vorsicht: Halten Sie sich einen Plan B bereit (Overhead-Folien, Flip-Chart-Kurzfassungen), falls z. B. der Beamer streikt. Da es bestimmt einige Dinge gibt, die Sie auf keinen Fall vergessen möchten, können Sie Karteikärtchen nutzen. Allerdings werden darauf lediglich Stichpunkte notiert.

Der Mensch lernt am besten, wenn er über mehrere Kanäle angesprochen wird (Hören, Riechen, Sehen, Fühlen, Schmecken). Nutzen Sie dies! Zeigen Sie Bilder oder nutzen Sie Dinge zum Riechen, Fühlen oder Schmecken. Bringen Sie etwas von der Reise mit (eine Schale, Armbänder, Aufkleber…) oder warum bieten Sie nicht einen landestypischen Snack von dem Land an, über das Sie gerade berichten. Für die Türkei zum Beispiel Baklava. Auch wäre das Fahrrad ein großartiges Anschauungsmaterial (am besten mit allem was darauf gepackt war).

Probieren Sie **vor** dem Vortrag alle Hilfsmittel aus (Medien-Check)!

Der Vortragsort

Wenn die Möglichkeit besteht, vor dem Vortrag in den Vortragsraum zu kommen (am besten 1-2 Tage vorher), machen Sie das. Prüfen Sie die Akustik. Wie funktionieren das Licht und die Verdunkelung. Wo werde ich stehen? Wo sieht das gesamte Publikum mich gut? Habe ich ein Pult zur Verfügung für meine Unterlagen? Machen Sie sich vertraut!

Der Ablauf

Einleitung kurz (weniger als 15 % der Zeit):

Mit einer guten Einleitung ist das Publikum schon so gut wie gewonnen. Der Zuhörer soll sich interessieren für das Thema. Zeigen Sie, wo die Reise hin geht, was der Vortrag ihm bringt, und was der Zuhörer danach wissen wird. Beginnen Sie mit einer Frage, einem Gedichtzitat, einem aussagekräftigen Bild oder einer provokanten Aussage. Der Zuhörer möchte schon am Anfang ein Inhaltsverzeichnis oder einen Grobablauf des Vortrags sehen. Am besten ist es, wenn dieser auch während des gesamten Vortrags als „roter Faden" sichtbar ist. Ein zweiter Beamer oder ein Flipchart sind dazu gut geeignet. In diesem Beispiel würde sich auch eine Weltkarte anbieten, bei dem der aktuelle Punkt bzw. das aktuelle Land hervorgehoben wird.

Hauptteil (etwa 75 % der Zeit):

In die Thematik einführen. Warum ist der Vortrag überhaupt zustande gekommen? Egal ob Fallbeispiele, Resultate oder Vorgehensweisen, hier kommen die Kernthemen zur Sprache (vgl. „Der Inhalt"). Kaum jemand kann länger als 15 Minuten konzentriert einem Vortrag zuhören. Daher muss bewusst für eine Abwechslung gesorgt werden. Dies kann zum Beispiel eine Zwischenfrage an das Publikum sein oder eine kurze Diskussion. Eine Interaktion mit dem Publikum ist für die Aufmerksamkeit sehr förderlich und gibt den Zuhörern das Gefühl ein Teil des Vortrags zu sein.

Zusammenfassung (etwa 10 % der Zeit):

Brechen Sie nicht einfach ab, sondern nutzen Sie den Schluss für eine Zusammenfassung der wichtigsten Aussagen und einen Ausblick. Dies rundet den Vortrag ab.

Der gesamte Vortrag, und mag er noch so gut sein, sollte eine Dauer von 45 Minuten nicht überschreiten. Ist dies aber notwendig, so machen Sie eine kurze Pause. Bei Vorträgen mit wechselnden Sprechern, wie es bei Präsentationen einer Teamarbeit empfohlen wird (!), wird die Verdoppelung der Gesamtzeit auf 90 Minuten von den Zuhörern noch nicht nachteilig empfunden (vgl. *Abb. 2.10-1*).

Rhetorik, Gestik und Mimik

Die Vortragssprache unterscheidet sich von der geschriebenen Sprache. Die Sätze sind einfach und kurz gehalten. Fremdwörter werden nach Möglichkeit vermieden, damit der Zuhörer den Inhalt schneller erfassen kann. Die Sprache ist laut, deutlich und bewusst langsam. Dialekt hat an dieser Stelle nichts zu suchen. Die Körperhaltung ist offen und der Blick freundlich. Verschränkte Arme, egal ob vor oder hinter den Körper, geben unbewusst falsche Signale an die Zuhörer. Schauen Sie immer zu Ihrem Publikum (auch seitenbeachtend!), nur so ist es Ihnen möglich zu erspüren, was das Publikum von Ihrem Vortrag hält. Nutzen Sie diese Chance und reagieren Sie darauf.

Das Persönliche

Häufig wichtiger als der Inhalt ist für den Zuhörer der Referent. Streng genommen müssen Sie keine Ahnung haben von dem was Sie sagen, Sie müssen es nur gut rüberbringen (Dr. Fox Effekt). Wichtig ist, sich frühzeitig vorzubereiten. Bei sehr wichtigen Vorträgen (z. B. die Präsentation einer Bachelor- oder Masterthesis) können auch Hilfsmittel, wie der *Arbeitspaket-Zeitplan* von *Abb. 1.1-17* oder *Abb. 1.1-18* genutzt werden.

Um ein Gefühl zu bekommen, wie so ein Vortrag gestaltet werden kann, bietet es sich auch an, andere Vorträge anzuschauen und zu notieren, was einem gut gefallen hat und was nicht. Diese Erkenntnisse fließen in die Probevorträge ein, denn vor dem Vortrag ist nahezu jeder nervös, was auch vollkommen normal ist (Lampenfieber). Visualisieren Sie Ihren Erfolg! Die meisten Leistungssportler gehen vor einem Start in sich und stellen sich ihren Sieg vor. Durch die mentale Vorbereitung auf das Ziel können sie Dinge leisten, die sonst nicht möglich wären. Um das *Selbstvertrauen* zu stärken, rät der ehemalige Profi-Basketballspieler und Persönlichkeitstrainer *Christian Bischoff* sich mit vier Sätzen (täglich wiederholen!) zu motivieren:

„Ich mag mich!“

„Ich bin ein Geschenk für die Welt!“

„Das habe ich gut gemacht!“

„Ich glaube an mich und kriege das hin!“

Neben dem *Selbstvertrauen* sind *Nachdenken* und *Eigenverantwortung* unabdingbar auf dem Weg zum Erfolg.

Und in Ergänzung zum ersten Satz dieses Anregungsbeispiels zum Mitmachen, verdient eine Empfehlung aus Griechenland, die fast 2000 Jahre zurückliegt, im übertragenen Sinne auch im Zusammenhang mit dem eigenen Vortragsverhalten eine gewisse Beachtung. Im Brief von Paulus an die Thessaloniker (1.Thess 5,21) heißt es hierzu:

„Prüfet aber alles und das Gute behaltet“.

Nach dieser Prüfung und der Favorisierung des Guten, viel Erfolg für Ihren nächsten Vortrag!

Für alle an einer Weltreise mit dem Fahrrad Interessierte (*Abb. 3.10-1*) sind die Erlebnisse des Mitautors Andreas Starker während seiner nahezu dreijährigen Fahrrad-Weltreise nach seinem Studium anschaulich auf *www.ride-worldwide.com* geschildert.

Abb. 3.10-1: In Peru auf 5210 m über dem Meer

N1 Literatur- und Quellenverzeichnis

Zum Thema Teamarbeit und Methodisches Konstruieren existieren unzählige Veröffentlichungen, Bücher, Fachzeitschriften. Deshalb sind hier nur die wenigen wichtigen Quellen genannt, die unmittelbar und wesentlich die Inhalte dieses Buches beeinflusst haben. Die Kurzbezeichnung ist so gewählt, dass bei Literatur die ersten drei Buchstaben des Hauptautors und die zwei letzten Ziffern des Jahres in eckige Klammern gesetzt werden. Dadurch kann im laufenden Text bereits auf den Autor geschlossen werden. Bei Normen werden entsprechend die Normenstelle und die Nummer der Norm in eckige Klammern eingebunden. Internetquellenangaben werden mit dem Zugriffsdatum aufgeführt. Alle Quellen sind alphabetisch geordnet.

[GRA 90] Graßhoff (†): Persönliche Mitteilung von der früheren Sekretärin des Rektors der Hochschule Mannheim, ca. 1990

[PAH 13] G. Pahl, W. Beitz: "Konstruktionslehre", Springer Verlag, 6. Auflage, 2013

[PES 93] Peschges, Klaus-Jürgen, u. a.: CIM- Aus- und Weiterbildung: Entwicklung eines CIM- Lehr- und Lernsystems, Vieweg Verlag, Wiesbaden, 1993

[PES 05] Peschges, Klaus-Jürgen: Konstruktionsmethodik, projektorientierte Vorlesung an der Hochschule Mannheim, Fakultät Verfahrenstechnik, WS 04/05, Thema: Kokosnussöffner (KOKÖ)

[PES 09] Peschges, Klaus-Jürgen: Vortrag im F&E-Ausschuss der Hochschule Mannheim am 20. Januar 2009 zum Thema „Leistungsverhinderung bei F&E durch sog. Zulassungs-Kommissionen"

[PES 10] Peschges, Klaus-Jürgen: Projektmethoden, projektorientierte Vorlesung an der Hochschule Mannheim, Fakultät Verfahrenstechnik, Master-Studiengang Chemieingenieurwesen M.Sc., SS 2010, Thema: Studiengebühren und ihre Auswirkungen (STAU)

[PES 14] Peschges, Klaus-Jürgen: Konstruktionstechnik, projektorientierte Vorlesung an der Hochschule Mannheim, Bachelor-Studiengang Mechatronik, SS 2014, Thema: Tafelreinigungsgerät (CLEANY)

[PRO 14] Hailka Proske, Johannes F. Reichert, Eva Reiff: Richtig priorisieren, Taschenguide, Haufe-Lexware, Freiburg, 2014, S.57 ff

[VDI 2221 ff] VDI-Richtlinie 2221: Methodik zum Entwickeln und Konstruieren technischer Systeme und Produkte, Beuth-Verlag, Mai 1993 und November 2019.

Weitere ergänzende VDI-Richtlinien unter den Nummern 22xx zum Bereich „Entwicklung und Konstruktion" benutzt, z. B. VDI-R. 2225

© Der/die Herausgeber bzw. der/die Autor(en), exklusiv lizenziert durch
Springer Fachmedien Wiesbaden GmbH, ein Teil von Springer Nature 2020
K.-J. Peschges et al., *Im Team entwickeln – einfach, methodisch, erfolgreich*,
https://doi.org/10.1007/978-3-658-31843-7

[NEW 14]   Mary Newport: Alzheimer vorbeugen und behandeln. Die KETON-Kur, VAK-Verlag, 2014, ISBN 978-3-86731-112-0

[WIK 14.1]   http://de.wikipedia.org/wiki/Arbeitspaket , Zugriff am 22.11.2014

[WIK 14.2]   http://de.wikipedia.org/wiki/Gantt-Diagramm , Zugriff am 22.11.2014

[WIK 14.3]   http://de.wikipedia.org/wiki/Fraktal , Zugriff am 22.11.2014

Für die Erstauflage dieses Buches bzw. zu weiteren Informationen bezüglich vernetzten Denkens eignen sich die nachfolgenden Quellen

[PES 15]   Peschges, Klaus-Jürgen u. A.: Im Team entwickeln und konstruieren – der sichere Weg zum Erfolg, Springer Vieweg, 1. Auflage, 2015

[VES 13]   http://www.frederic-vester.de/deu/aktuell/ , Zugriff am 25.11.2015

[VES 14]   http://www.frederic-vester.de/deu/aktuell/ , Zugriff am 25.11.2014

Weitere Unterlagen finden Sie in den Anlagen zu diesem Buch unter dem folgenden QR-Code:

N2 Wem wir Dank sagen

„Mit einer Hand kann

man keinen Knoten knüpfen", so beschreibt ein mongolisches Sprichwort das erforderliche Zusammenwirken von Menschen an einer wichtigen Arbeit. Dieses Team-Arbeitsbuch verdankt seine Entstehung vielen guten Geistern, die wir aus der unterschiedlichen Sicht der Autoren beim Namen nennen wollen.

Klaus-Jürgen Peschges

Dieses Buch wäre nicht entstanden, ohne das kurze aber hochmotivierende Gespräch auf einer Messe mit dem damaligen Programmleiter Technik des Vieweg-Verlages, Herrn Ewald Schmitt, und seinem Tipp, dass ein Teamarbeitsbuch drei Bereiche ansprechen muss, um dem Leser einen Nutzen gegenüber dem Bestehenden zu bieten: *„beispielorientierte Projekt-, Team- und Präsentationsarbeit"*. Ihm danke ich besonders, und gleichermaßen dem Lektorat des Springer-Verlags, Herrn *Thomas Zipsner*, Cheflektor MB, Frau *Imke Zander* und Frau *Ellen-Susanne Klabunde*, das mit wesentlichen Verbesserungshinweisen zur jetzigen Form des Buches beigetragen hat. Viele ehemalige Kollegen und Mitarbeiter der Hochschule Mannheim haben entscheidend die Entwicklung dieser praktischen Teammethodik unterstützt und mitgestaltet. Allen voran der frühere Rektor Herr *Dr. hc. Dietmar von Hoyningen-Huene und alle Dekane*, die dem projektorientierten Ansatz wohlwollend aufgeschlossen waren, danke ich sehr. Von den zahlreichen Assistenten, die an meinem Institut oder in Forschungsprojekten an der Methodenentwicklung beteiligt waren, spreche ich Herrn *Peter Perle*, Herrn *Erich Reindel*, Herrn *Martin Kolb*, Herrn *Sven Nissen (†)* und Herrn *Roland Winkel* meinen besonderen Dank aus.

Wertvolle Sparringspartner bei der praktischen Bucherstellung waren für die 1. Auflage die studentischen Mitautoren aus dem Studiengang Mechatronik, Herr *Christoph Feßler*, Herr *Steffen Manser*, Herr *Andreas Starker* und Herr *Alex Tschumak*. Sie haben neben ihrer hilfreichen studentischen Sichtweise vor allem die multimediale Gestaltung wesentlich ermöglicht. Die inhaltliche und mediale Neufassung der 2. Auflage wäre ohne die kreativen und umsetzenden Mitautoren, Herrn *Steffen Manser* und Herrn *Andreas Starker*, nicht entstanden. Mit großem Dank werde ich diese angenehme Zusammenarbeit in Erinnerung behalten.
Die unendliche Geduld meiner Frau *Margot Peschges*, die sie nun in mehr als 50 Jahren gemeinsamer Lebenszeit meiner Arbeit gegenüber hat, weiß ich wohl zu schätzen, und danke ihr dafür und für alles wertvolle andere von ganzem Herzen.

Dieses Buch basiert letztlich auf einer prägenden Erinnerung an *meine Mutter Loni* (†) und einer kleinen Broschüre der inzwischen wieder erfolgreichen Firma MÄRKLIN: mit ca. 8 Jahren schenkte mir meine Mutter einen MÄRKLIN-Metallbaukasten. In der kleinen Gebrauchs-anweisung stand im Vorwort sinngemäß folgender elektrisierende Satz,

> *„... Einige Kinder, die mit diesen Bauteilen spielerisch einen Kran, einen Lastwagen u. A.*
> *gebaut haben, wurden später Maschinenschlosser, Maschinenbauingenieure und sogar*
> *Professoren für Maschinenbaukonstruktion! ...“*

Als mich 1981 nach meiner Berufung als Professor für Konstruktionslehre an die Hochschule Mannheim Studenten fragten, welcher berufliche Weg bis dahin von mir beschritten wurde, tauchte blitzschnell und erstmals wieder der oben angegebene Satz aus meinem Gedächtnis auf - und genau in dieser Reihenfolge folgte ohne mein bewusstes Zutun meine Berufsorientierung! Ein später Dank an meine Mutter und den unbekannten Ersteller dieser Gebrauchsanleitung!

Sie sehen vielleicht keinen Zusammenhang mit dem folgenden Dank in diesem Buch über Teamarbeit, doch ist ein wesentliches Merkmal einer harmonischen Teamarbeit ein altruistisches Grundverhalten. Deswegen danke ich *allen ehrenamtlichen Helfern der „Tafel“* in Deutschland, die dieses Verhalten vorbildlich verwirklichen. Ein Teil des Autorenhonorars für den Verkauf des Buches wird deswegen an die lokale Organisation *„Bensheimer Tafel“* gehen.

Steffen Manser

Die Arbeit an diesem Buch war Dank des außergewöhnlichen Autorenteams eine Freude. Mein herzlichster Dank geht daher an meine Mitautoren, die eine einmalige Arbeitsatmosphäre geschaffen und die Arbeitsmoral stets hochgehalten haben. Vor allem Dank gebührt Herrn Peschges, durch den sich diese einmalige Gelegenheit erst bot und der mit seiner Erfahrung und Methodik einen enormen Anteil an dem Gelingen dieses Projekts hatte. Zudem danke ich allen Menschen, die mich während der Erstellung dieses Buches unterstützt haben.

Andreas Starker

Ich möchte meinen Mitautoren danken für die herausragende Zusammenarbeit. Es war mir eine große Freude in so einem tollen Team zusammen zu arbeiten. Keiner hat sich geschont, wir haben alles gegeben und das ist bemerkenswert. Mein besonderer Dank gebührt zudem Herrn Peschges, der uns erst die Möglichkeit gegeben hat, eine solche Herausforderung in Angriff nehmen zu können. Danke!

Christoph Feßler

An dieser Stelle möchte ich mich bei meiner Familie bedanken, die mich auch in anstrengenden Zeiten unterstützt hat, meinen Freunden, die aufgrund der Mehrbelastung durch das Buch oftmals auf der Strecke geblieben sind und allen anderen, die in Mitleidenschaft gezogen wurden. Den restlichen Mitautoren gilt natürlich besonderer Dank, es war eine Freude in dieser Konstellation zu arbeiten. Wir haben uns sehr gut ergänzt. Herrn Peschges gebührt besondere Anerkennung, da er uns die Möglichkeit gab, diese einmalige Chance zu ergreifen. Auch hat er viel Wert daraufgelegt, die Inhalte demokratisch mit uns abzustimmen und für eine entspannte Arbeitsatmosphäre zu sorgen.

Alex Tschumak

Ein herzliches Dankeschön gebührt Herrn Peschges, der uns die tolle Möglichkeit gab, an diesem Projekt mitarbeiten zu dürfen. Er gehört nicht zu den Menschen, die „Wasser predigen und Wein trinken". Ganz im Gegenteil, die Methoden und die Philosophie des Buches wurden bei der Zusammenarbeit konsequent eingehalten. Auch bei den anderen Mitautoren möchte ich mich für eine interessante und konstruktive Teamarbeit bedanken.

N3 Sachwortverzeichnis

Im Folgenden finden Sie Stichwörter zu den *Vorab-Kapitel V2* bis *V4* und den *Kapiteln 1* bis *3*